ience Advancement and
ience Popularization in University

科学的发展与大学科普

靳　萍◎著

科学出版社
北　京

图书在版编目(CIP)数据

科学的发展与大学科普／靳萍著．—北京：科学出版社，2011．3

ISBN 978-7-03-030095-9

Ⅰ．①科…　Ⅱ．①靳…　Ⅲ．①自然科学史－研究②科学普及－研究
Ⅳ．①N09②N4

中国版本图书馆 CIP 数据核字（2011）第 012841 号

责任编辑：侯俊琳　张　凡　李　娈　卜　新／责任校对：张小霞

责任印制：李　彤／封面设计：无极书装

编辑部电话：010-64035853

E-mail：houjunlin@mail.sciencep.com

科学出版社 出版

北京东黄城根北街 16 号

邮政编码：100717

http://www.sciencep.com

北京凌奇印刷有限责任公司 印刷

科学出版社发行　各地新华书店经销

*

2011 年 3 月第　一　版　开本：B5（720 × 1000）

2023 年 2 月第五次印刷　印张：18　插页：2

字数：360 000

定价：85.00 元

（如有印装质量问题，我社负责调换）

从传统科普走向科学传播（代序）

科学技术普及，不但被认为是推动经济发展和社会进步、提高公民科学文化素质的重要手段，而且应该成为大学教育的重要内容。今日的大学，既要承担基本理论、基本技能专业教育的重任，也要承担科学知识和技术普及的重任。大学要成为科学技术研究的中心：一手抓诺贝尔科学奖获奖者的培养工作，成为高新技术成果的辐射中心；一手抓科学技术普及，促进科技成果向生产转移。大学的科学技术研究、科学文化教育应该更加紧密地与社会生活实际联系起来。

重庆大学科学技术协会秘书长靳萍，在全国高等学校开创性地进行大学科普教育，探索多年，成绩显著。最近她完成了《科学的发展与大学科普》的编著工作，将多年进行大学科普教学和研究的成果及经验总结出来。这是对中国科普事业的一个新贡献。

该书横跨哲学、科学技术和科学技术史，超越了传统的科普范畴。

作者认为，科普并不仅仅是普及科学技术专业知识，还包括科学技术史、科学技术哲学、科学技术观等知识与观念的普及。

该书第一篇从中西比较中阐述了大学和科学的关系，放眼世界，立足中国；第二篇以丰富的事例介绍了数学、物理学、化学、天文学、地学、生物学、逻辑学七个基础学科；第三篇详细介绍了科学实验与科学发现；第四篇具体介绍了世界著名科学奖和中国科学技术奖；第五篇从世界和中国两个方面介绍了科普学中的大学科普创新。该书旨在培养学生科学观察能力和操作能力，帮助学生树立正确的科学观，培养学生的综合素质，激发学生的科学创造力，让学生在本科阶段就具有开阔的科学思维和广阔的科学视野。

科普经常被理解为针对文化层次比较低的人群。其实，现实社会中的每个人都需要科普，都是科普的对象。因为当代社会处在一个知识和信息爆炸的时代，专业分化特征非常明显。每个人所学的专业都不可避免地存在着局限性，甚至有“最前沿的就是最狭窄的”之说。因此，即使科学文化程度很高的人，也经常是在自己专业的“洞穴”中思考。科普的一个重要功能就是要打破专业局限，跨越专业界限，使每个人既具有自身专业的精深学问，又具有其他专业的广博知识。

大学生作为接受高等教育的人才，应该具备很好的科学素养和人文素养，而大学科普教育则能够使大学生在接受专业教育的同时，接受广博的科学技术史、科学哲学、科学技术观、科学技术方法论等方面的教育。该书贴近大学生的需要，具有“通识教育”的特征，有助于把大学生培养成为既“专”且“博”的合格人才。

在公众教育程度尚低的年代，传统科普的主要功能确实是向公众普及一般的科学技术常识。但是，随着公众受教育程度的普遍提高，这个传统功能已经逐渐萎缩，因为对于一般的科学技术常识，公众或已经完成于学校教育的课程之中，或可以借助日益发达的媒体信息渠道自行学习获取。取而代之的，是向受过良好教育的对象进行科普，如对大学生进行科普。这就必然要求科普“升级换代”——从传统科普升级为科学传播（science communication）。

科学传播涉及科学、传媒和公众三者的互动。这种互动是新时代的要求，它大大超越了传统科普的范畴。科学传播不再是“科学精英”向假想中缺乏科学技术常识的芸芸众生进行单向灌输，因为这种灌输在许多情况下已无必要。

科学传播旨在让公众全面了解科学技术。科学技术的积极作用和正面价值固然应该被了解，但是科学技术的消极作用和负面价值也应该被公众了解，而不应一味对科学技术进行简单的歌颂。

科学传播以使公众正确看待科学技术在社会中的地位和作用为己任，帮助公众以平等的态度看待科学技术，而不是盲目地对科学技术进行迷信式的膜拜。

从传统科普走向科学传播，并不是对传统科普曾经取得的历史功绩的否定，而是对更新功能、更高境界的追求。大学中的科普教育无疑将在该书所代表的开创性努力的基础之上继续前进，取得更大的成功。

江晓原

2009年4月6日

于上海交通大学科学史系

前　言

英国学者贝尔纳（J. D. Bernal）指出："只有能够理解科学的好处的全部意义并且加以接受的社会才能得到科学的好处。"① 科学技术普及工作是一项崇高而神圣的事业，她需要全社会的努力。早在20世纪80年代，著名科学家钱学森就高瞻远瞩地倡导：大学生毕业时除了完成一篇毕业论文外，还应完成一篇科普文章。研究生应该完成两个版本的硕士或博士毕业论文：一个是专业版本，另一个是科普版本。② 而今天，在我国实施建设创新型国家战略的部署中，如何贯彻落实《全民科学素质行动计划纲要（2006—2010—2020年）》和《中华人民共和国科学技术普及法》（以下简称《科普法》），已成为我国高等院校责无旁贷的历史重任。

当代大学的根本任务在于培养人才，不仅要培养专业人才，而且要培养具有全面科学文化素质的通识人才。这里蕴涵两层历史含义：一是当今大科学时代呼唤大科学家的成长；二是当代大科普格局倡导公众理解科学，让科学和技术惠及亿万人民群众。目前对于科学的功能，在学术界认同度比较高的是：科学具有科学的研究意义，科学具有科学的教育意义，科学具有科学的普及意义。因此，科学和技术的普及逐步形成一门高度专业的新兴学科，她横跨自然科学和社会科学两大科学领域，不仅要向公众普及科学知识，而且要普及科学思想、科学方法、科学精神，强化科学道德，从中感悟科学家博大、精深的科学智慧和精神气质。

大学科普应该是在大学开展的科学技术普及。她是从科学创新教学中脱颖而出的一门新兴学科，是建设创新型国家需求的一个新兴的科学技术普及领域，既有探索性的理论研究意义，又是一项指导实践过程的范式。

本书的写作目的在于探索"科学必然要科普，科普必然应科学"的科普创新概念、原则和方法，传授大学科普的基本思想、理论框架及研究方法，帮助大学生学习专业知识，引导大学生从非专业的角度拓展知识面，储备交叉学科知识，建立不断学习和热爱科学的良好起点。希望这样可以更好地激励大学生认真学习基础专业知识，提升科学文化素养，加入科普志愿者队伍，肩负起提高全民

① Bernal J D. 科学的社会功能．陈体芳译．北京：商务印书馆，1982：149

② 林建华．评有关科普和科学家的四个问题．光明日报，2000-1-17

科学素质的历史责任。

全书由五个部分组成。

第一篇，科学的源起与大学的出现。这是对科学与大学起源的系统概述。

第二篇，基础学科的发展历程。按照联合国教育、科学及文化组织（United Nations Educational, Scientific and Cultural Organization, UNESCO）的规定，在学科分类体系中把数学、物理学、化学、天文学、地学、生物学、逻辑学并列为七个基础学科。第三章“数学、物理学、化学”和第四章“天文学、地学、生物学、逻辑学”，介绍这七个基础学科的内容。学科是在科学发展中不断分化和整合而形成的。有的学科是科学分化后产生的，有的则是两门或两门以上学科整合后产生的，特别是综合性学科和交叉学科。学科内部和学科发展的环境之间有着多重相互作用，形成一个复杂系统。这个复杂系统的演变与发展有其自身的特点，认识与了解这些特点，对我们的学习和创新有所帮助。

第三篇，科学实验与科学发现。这是对科学研究基本方法和突破性成果、规律的介绍。科学实验是科学研究的方法，科学发现是用科学方法揭示客观世界未知事物的一种认知活动。科学实验是当今新兴科学技术进步的生长点，是现代人类社会发展的原动力。对基础学科具有代表性的经典科学实验的学习，有利于大学生掌握科学研究方法，有利于启迪大学生去探索科学发现和技术发明，有利于大学生去思考科学发现优先权的当代启示等问题。

第四篇，科学奖。为鼓励更多从事科学研究的人攀登科学前沿的高峰，本篇详细介绍国内外具有代表性的科学奖项。

第五篇，科学技术普及。这是一部伴随科学发展而演进的历史。本篇以科普学的理论为主线，结合中外科普发展和世界著名科学家开展科普案例，探讨关于当代大学科普发展的机遇与挑战。

全书从科普的视角，依托科学史发展历程，借助科学学理论体系，应用通俗易懂、深入浅出的方式，着力阐明三个既普通又常常容易被忽略的问题：

其一，科学必然要科普，科普必然应科学。这是大科学时代背景和大科普创新格局赋予大学科普的深刻哲理。

其二，深入固然不易，而浅出则更难。本书尽可能用最简单的方法说明最深奥的科学道理。

其三，让科学技术惠及亿万人民群众。鼓励大学生加入科普志愿者队伍，支持以大学生为主体的准科技工作者组织建立大学生科技社团。

本书在编写过程中，得到了重庆市科学技术协会主席、重庆大学校长李晓红教授，中国工程院院士、重庆大学科学技术协会主席孙才新教授，上海交通大学江晓原教授，中国科普研究所副所长雷绮虹研究员，重庆大学科技哲学专家张德昭教授，重庆市科学技术协会副主席王隆生，重庆大学科学技术协会科学顾问应永铭教授，重庆大学科学技术协会副秘书长刘辉博士，以及重庆大学大学生数学学会、重庆大学大学生波粒学会、重庆大学大学生生物医学工程学会与“大学科普”课程六期同学们的大力支持。本书的出版还得到了科学出版社侯俊琳先生、张凡、李奕编辑的专业指点和大力支持，在此，一并表示诚挚的感谢。

本书是作者多年来在大学科普创新实践中的总结，也是对科普新领域的一次探索。由于学科领域涉及的知识十分广泛，本书难免出现不妥之处，还望读者批评指正。

靳　萍

2009 年 6 月于重庆大学

目　录

从传统科普走向科学传播（代序）
前言

第一篇　科学的源起与大学的出现

第一章　科学的源起 …… 3
　第一节　西方科学的源流 …… 3
　第二节　世界科学中心的转移 …… 6
　第三节　科学在中国 …… 12
　第四节　科学究竟是什么? …… 22
第二章　大学的出现 …… 27
　第一节　大学在西方 …… 27
　第二节　大学在中国 …… 31
　第三节　现代大学文化 …… 36
　第四节　大学科普文化 …… 42

第二篇　基础学科的发展历程

第三章　数学、物理学、化学 …… 47
　第一节　数学 …… 47
　第二节　物理学 …… 60
　第三节　化学 …… 75
第四章　天文学、地学、生物学、逻辑学 …… 86
　第一节　天文学 …… 86
　第二节　地学 …… 102
　第三节　生物学 …… 111
　第四节　逻辑学 …… 119

第三篇　科学实验与科学发现

第五章　科学实验 …… 133
　第一节　改变世界格局的十大经典物理学实验 …… 133

第二节 让人又爱又恨的著名化学实验 …… 149
第三节 帮助人类走得更远的生物学实验 …… 158
第六章 科学发现 …… 171
第一节 什么是科学发现 …… 171
第二节 科学发现优先权 …… 177
第三节 科学发现优先权的当代启示 …… 182

第四篇 科 学 奖

第七章 世界科学奖 …… 189
第一节 诺贝尔科学奖 …… 189
第二节 邵逸夫奖 …… 194
第三节 菲尔兹奖 …… 197
第四节 图灵奖 …… 200
第五节 普利兹克奖 …… 202
第八章 中国科学技术奖 …… 204
第一节 中华人民共和国国家科学技术奖 …… 204
第二节 光华工程科技奖 …… 207
第三节 中国青年科技奖 …… 209
第四节 梁思成建筑奖 …… 210
第五节 高士其科普奖 …… 211

第五篇 科学技术普及

第九章 科普学理论 …… 215
第一节 科普学的产生 …… 215
第二节 科普学三大定律 …… 225
第三节 科普市场化研究 …… 227
第四节 当代大学科普研究 …… 231
第十章 中外科普发展 …… 241
第一节 中国科普发展 …… 241
第二节 发达国家科普 …… 247
第三节 著名科学家科普案例 …… 257

主要参考文献 …… 277

第一篇

科学的源起与大学的出现

科学是一个既古老又崭新的时代话题，大学是一个人们求知的殿堂。了解关于科学与大学的历史渊源，对于大学生拓展科学知识面，对于公众理解科学的社会功能，有着极其重要的意义。

第一章 科学的源起

第一节 西方科学的源流

科学的源头在古希腊。生活在那里的西方人，在几千年前就以思辨的方式来观察这个世界，使科学的机理——数学、物理学、化学、天文学、地学、生物学、逻辑学等基础学科具备了现代科学的雏形。

一、西方古代科学（14世纪以前）

西方科学的源头可以追溯到公元前古希腊的爱智主义的精神传统。它的奠基者柏拉图认为：科学知识是人对事物的了解，是人的智慧的体现。在柏拉图看来，人通过感官所认识到的世界并不是真实的世界。他在追索世界的真实图景的同时，把人放在了真实的世界的外面。从希腊文明看西方科学，就可以发现：人和世界的分离；把感觉经验抽象成概念，再组合成命题；逻辑、分析和还原……始终是发展的内在线索。古希腊的科学思想认为：宇宙是复杂的，人体生命是复杂的，宇宙和人体生命的联系更是复杂的，但这与中国古代的科学巨典《周易》、《黄帝内经》相比，实在是远为苍白和逊色了。恩格斯（1820～1895）曾说："在希腊哲学的多种多样的形式下，差不多可以找到以后各种观点的胚胎、萌芽。因此，如果自然科学想要追溯自己今天的一般原理发生和发展的历史，它也不得不回到希腊人那里去。"①

对希腊学术，特别是在公元前1世纪，大多数罗马人都努力吸取过希腊人的学问。在医学上开始运用神秘的药方，提出九"艺"，即文法、论理学、修辞学、几何、算术、天文学、音乐、医药和建筑学。后来在中世纪只剩下前七"艺"作为人们学习之用。公元前300年左右，古希腊数学家欧几里得的《几何原本》问世。在《几何原本》之前，古希腊积累的数学知识是零碎的。《几何原本》用定义、公理和数理逻辑方法，对诸多命题进行推导和证明，并将逻辑推导

① 恩格斯．自然辩证法．中共中央马克思恩格斯列宁斯大林著作编译局译．北京：人民出版社，1971

的过程记录下来，为数学构建了一个严密的系统，成为记录和反映古希腊数学成就的不朽篇章。古希腊的数学成就就此达到顶峰，并对此后整个数学的发展史产生了深远影响。

英国思想史研究专家 G. E. R. 劳埃德在他著的《早期希腊科学：从泰勒斯到亚里士多德》一书中，系统全面、严谨深刻地分析研究了公元前 6 世纪到公元前 4 世纪这段时间，古希腊的哲学家和科学家对科学源起的贡献。其中包括数学、物理学、天文学、生物学，以及自然哲学等诸多领域的早期希腊科学成就，展现了早期希腊科学的真实图景。劳埃德以独到的观点指出：在古希腊文献中没有“自然（nature）”这个词，而是以“物理（phusis）”代替，亚里士多德研究的不仅是基本粒子、物质和能量，更多的是因果关系、时间、无限、广延等。他归纳了古希腊科学对现代科学发展最重要的三个贡献：人类从此开始探讨普遍的、本质的事物，而不是特定的、偶然的事物，使古希腊的科学研究能够摆脱原始观察和描述的局限，以规律的归纳作为科学发展的基础；并在理解自然、进行科学研究的过程中得到深入运用，特别是在天文学领域的应用；进行经验研究的主张，为科学理论和假设的选择提供了基础依据。①

古希腊开创的自然科学，成为人类历史上富有成效、极其重要的组成部分。古希腊科学那些思辨与理性的光芒虽已远久，但依然璀璨夺目。

二、西方近代科学（15～18 世纪）

在西方文艺复兴运动和宗教改革运动的启示下，波兰天文学家哥白尼（1473～1543）通过大量的天文观测和数学计算，于 1543 年发表了《天体运行论》，提出了日心地动说，动摇了维护教会权威的理论支柱——地心说，从而宣告了神学宇宙观的破产，发起了自然科学从宗教神学奴役下解放出来的第一次科学革命，标志着近代科学的诞生。由哥白尼点燃的科学革命烽火，燃遍了整个欧洲，一个近代自然科学全面奠基的时代开始了。

这是一个所有民族都在为做出人类新发现及使这一学科趋于成熟的荣誉而彼此争论的时代。尤其是巴黎的科学院和伦敦的皇家学会，在这次革命中发挥了最重要作用。它们造就了一大批以天文学家为代表的杰出科学家。

科学革命往往是由于观察或实验获得了重大科学事实的发现，引起了对科学基本理论的突破，或是在科学理论上实现了更高一级的综合，创造出更广泛更深刻的新理论、新观念。因此，科学革命实际上是包括了科学事实、科学理念和科

① Lloyd G E R. 早期希腊科学：从泰勒斯到亚里士多德．孙小淳译．上海：上海科技教育出版社，2004

学观念三个基本要素的科学知识结构体系的根本变革。

伽利略在人类思想解放和文明发展的过程中做出了划时代的贡献。他在力学上的一系列重要发现为经典力学体系的建立提供了重要的基础；他注重观察和实验，强调数学与实验相结合，演绎与实验相结合，成为实验科学的创始人；他在天文学上的一系列重要发现，为哥白尼的日心说提供了坚实的基础。那时人们习惯于将观察事实作为科学基础，由经验的积累获得知识，而知识主要是基于权威，尤其是哲学家亚里士多德的权威和圣经的权威。只有这种诉诸经验的权威受到一些像伽利略那样的新科学先驱的挑战，近代科学才成为可能。伽利略是科学革命的先驱，也是“近代科学之父”。

正如恩格斯在《费尔巴哈与德国古典哲学的终结》中指出：“事实上，直到上一世纪末自然科学主要是收集材料的科学，关于既成事物的科学，但在本世纪，自然科学本质上是整理材料的科学，关于过程，关于这些事物的发生和发展，以及关于把这些自然过程结合为一个伟大整体的联系的科学。”①

三、西方当代科学

自 19 世纪以来，人们对科学的传统看法认为科学就是系统化的实证知识。在这一时期，科学的发展主要体现在物理学的变革中，出现了物理学发展史上不平凡的时期。物理学经典理论的完整大厦与晴朗天空的远方飘浮着两朵小小的乌云，勾画出 19 世纪末物理学界的画卷。20 世纪初，新现象、新理论犹如雨后春笋不断涌现，物理学界思想异常活跃，堪称物理学的黄金时代。相对论和量子论的诞生驱散了乌云，使整个物理学面貌焕然一新。

杰出的物理学家开尔文曾认为：未来物理学真理将不得不在小数点后第六位去寻找。因此，老一辈的学者都力劝年轻人不要进入到物理学这门“没有前途”、“已经僵死”的学科。然而，正当许多物理学家都悲观失望、认为无事可干的时候，就在 1895 ~1897 年短短 3 年中，物理学领域却接连爆发了一个个重大事件：德国科学家伦琴发现了 X 射线；法国科学家皮埃尔·居里、玛丽·居里发现了放射性元素；英国科学家汤姆森发现了电子。物理学领域的这三大发现严重地冲击了人们头脑中的传统观念，使人们对经典理论终将成为物理学的最终理论这一观点产生了极大的怀疑。

1900 年 12 月 14 日，普朗克在柏林德国物理学会宣读了他的划时代论文《论正常光谱能量分布定律》，标志着量子论的诞生。它同 1905 年爱因斯坦创立的相

---

① 恩格斯. 费尔巴哈和德国古典哲学的终结. 张仲实译. 北京：人民出版社，1965

对论共同成为20世纪人类科技文明的基石，也从哲学上根本改变了人们对时间、空间、物质和运动的认识。在这里要特别强调的是，量子力学的新研究高潮不仅仅涉及量子力学基本概念的深化，而且可能对当代电子学、光学、信息科学、生命科学、材料科学等领域产生革命性的影响。

1905~1916年，爱因斯坦在前人的基础上，以无与伦比的智慧和非凡的勇气，先后创立了狭义相对论和广义相对论。特别是广义相对论，以它深刻的思想、严谨的表述和美妙的形式，震撼着一代又一代物理学工作者的心灵。相对论是20世纪自然科学最伟大的发现之一，它和另一伟大发现——量子论一起开辟了现代物理学的新纪元。爱因斯坦创立的相对论，深刻地改变了人们对物理世界的解释，造就了物理学理论基础的一场崭新的革命，被人们公认为20世纪前半叶人类科学史上的一座丰碑。正如江泽民同志在接受美国《科学》杂志独家专访时强调指出的：可以说，如果没有量子理论，就不会有微电子技术；如果没有相对论，就没有原子弹，也不会有核电站。20世纪初期，物理学所经历的革命，推动了整个自然科学和应用技术的变革，这些变革对人类社会的影响已作为一个重要标志载入史册。这段令人神往的历史，给我们及后人什么样的启示呢？历史的实践告诉我们：规律是可以掌握的，但探索是无止境的。

在新的时代里，科学理论及实验的进展将会改进相对论的形式和量子论的原有模式。但是爱因斯坦和普朗克彻底的科学精神，将永远激励人们不畏艰险，勇往直前。

第二节　世界科学中心的转移

科学中心全称是世界科学研究的活动中心，是指在一个时期内，科学成果总数超过同期全世界科学成果总数的25%以上的国家或地区。在人类近代史上，每一个发展时期都有一个具有代表性的引领全球科学技术发展的科学活动中心，而每一个科学活动中心的诞生期与兴衰期都有其鲜明的特征和规律。因此，科学活动中心是转移的。

日本学者汤浅光朝先生运用统计学的方法对近代科学成果进行定量分析时发现，从14世纪至20世纪，世界科学中心发生了4次大的转移，即意大利—英国—法国—德国—美国，转移周期大约为80年。科学史界称之为“汤浅现象”①。历史上世界科学活动中心转移路线如图1-1所示。

① 孙伟林，孟玮．追寻世界科学中心转移的轨迹．民主与科学，2006，(3)：6-10

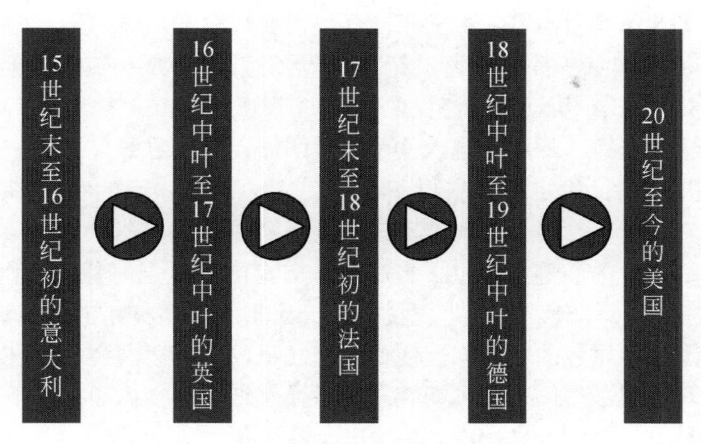

图 1-1　世界科学中心转移路线图

一、意大利：文艺复兴带来思想解放

在中世纪的欧洲，政教合一的罗马教廷垄断了文化和科学。教廷的科学任务是记录和描述大自然的完美与和谐，赞扬上帝的无穷智慧和无限威力；保护教廷经院哲学的最高统治地位。如有怀疑，就可能招来杀身之祸。为了抵御封建教会的这种压力，新兴资产阶级迫切希望有一种新的思想和力量，来挑战神学世界观。由“复兴”古希腊、古罗马文化旗帜的引导，在意大利意识形态领域，发起了一场反封建反教会的新文化运动——文艺复兴运动。由此冲破了坚固的神学思想，出现了许多离经叛道的创造性学术活动，为近代科学的诞生和发展创造了条件。

文艺复兴时期，哥白尼在自然科学阵地上率先树起义旗，布鲁诺则为之赴汤蹈火在所不辞，伽利略以坚忍的韧性为牛顿力学开辟了科学的道路。先驱者们前赴后继，迎来了近代自然科学的曙光。文艺复兴是反封建、反教会神权的一次思想大解放，意大利科学正是伴随着文艺复兴运动而兴隆起来，并推动了工业、贸易的巨大发展。在这段近一个世纪的时间里，意大利成为世界科学中心，成为近代科学的旗帜。之后，意大利政治分裂、文化僵化、经济衰退、导致内忧外患，科学中心也渐渐淡出意大利，由地中海沿岸转向了大西洋沿岸的英国。

二、英国：学会繁荣促进科学交流

英国是资本主义发展较早的国家，早在 1640 年英国新兴的资产阶级就掀起了资产阶级革命，确立了资本主义制度。新兴资产阶级要依靠科学的力量去发展生产、改进工艺、积累财富，科学家同样也需要以科学团体的形式争得社会的认可。1645 年，英国有一批科学家进行了自发的串联活动，在格勒善学院和伦敦举行周会，并于 1646 年迁到牛津大学活动。这时，又有一些科学家，如玻意耳、胡克和经济学家威廉·配第等进入这个科学团体，交换着各自在科学研究上的成果和想法，并且举行不定期的科学讨论会。因为没有一定的组织形式和规章制度，一般称它为“无形学会”。这就是英国皇家学会的前身“无形学会”，由于受到资产阶级革命的鼓舞，度过了自己科学史上的“黄金时代”。那时“自由研究”、“个人奋斗”、“知识私有”三位一体，注重研究和实际生产生活密切联系。例如胡克做了许多出色的实验，这使他后来几乎成了皇家学会的台柱之一。与此同时，玻意耳发现了气体定律；胡克发现了弹性定律；牛顿和莱布尼兹创立了微积分。特别是牛顿集前人之大成，一生获十几项重大科学成果，奠定了以牛顿力学为代表的近代物理学基础。这些成就，无疑是科学家智慧的结晶，是英国近代科学革命的产物。“无形学会”的诞生和发展，标志着科学实验在西方历史上生气勃勃的革命时期的开始。科学实验依靠社会革命所解放出来的资本主义生产力，获得了雄厚的物质基础。

1660 ~ 1730 年，英国拥有 60 多名杰出的科学家，占当时全世界杰出科学家的 36% 以上，他们的重大科学成果占全世界的 40% 以上。因此，英国成为当时的世界科学中心。

斯图亚特王朝复辟后，国王查理二世把“无形学会”改名为“追求自然知识的伦敦皇家学会”，使其成为王朝卵翼下的科学组织。重重的官僚机构，扼杀了“无形学会”的革命精神。18 世纪，英国皇家学会严重衰落。有一首讽刺诗对英国皇家学会会长这样描述：“马丁一觉牛顿梦，科学史上笑话生。醒来不知在何处，为啥坐到此椅中。”在工业资产阶级对其进行认真改造之前，英国皇家学会几乎变成伦敦街头风雨飘摇的老树，这就注定了科学中心移向他乡。

三、法国：启蒙运动高扬科学理性

18 世纪中期，法国资产阶级掀起了轰轰烈烈的启蒙运动。启蒙思想家卢梭（1712 ~ 1778）公开主张，要用“理性的天平去衡量一切”，高扬理性、批判神权，提倡科学和民主，大兴科学实验。

1789 年，法国资产阶级革命爆发，它的规模庞大，大多数科学家、工程师、医生、印刷师，以及大批知识分子都奋不顾身地投入其中。这场大革命，加强了科学研究和应用技术的联系：化学用于制火药，力学用于研究弹道，光学用于军事通讯，物理学用于铸造枪炮，甚至刚刚发明的气球也用来送共和国的将军升空临远、观察敌阵。值得一提的是，政治家和军事家拿破仑对科学和科学家的重视。他经常资助科研项目，关注科研方针。在反法联军兵临城下，调动理工学校的学生参加战斗时，拿破仑说："我不愿为取鸡蛋而杀掉我的老母鸡。"这话至今还刻在大学梯形大教室的墙壁上。对人才的珍惜和重视，不能不说是法国科学腾飞的因素之一。

在这期间，法国统一度量衡、建立米制，正式完成度量衡的改革工作；专利制度、奖金制度相继确立；学术交流会、技术博览会层出不穷；确定了现代资本主义科教制度的基础，进行教育制度改革，把全国分成几十个学区，每区都设有初等、中等、高等学校，全国形成统一的教育系统，政府动员最有名望的科学家从事教育工作；"带薪式"科研制度的确立及专利和科学奖金的颁发，使成千上万的人们为科学发明而奔忙，科学发明开始变成一种特殊的职业，科学劳动也日益商品化。这些不仅给资本主义经济带来莫大好处，而且对法国近代科学的崛起产生了重要的作用。

启蒙运动和法国革命给科学造就的"黄金时代"涌现了如数学家拉格朗日、拉普拉斯，物理学家库仑、安培和化学家拉瓦锡等著名的科学家。据不完全统计，1789 ~ 1800 年，58 项世界重大科研成果中，法国就有 23 项，占总数的 40% 以上，几乎在每一个重要的科学领域，都有法国科学家的卓越贡献。从此，法国确立了世界科学中心的地位。随着时间的推移，拿破仑用侵略战争断送法国大革命成果的同时，其地位也在波旁王朝的复辟浪潮中逐步丧失了，于是世界科学中心开始向德国转移。

四、德国：科教结合独领科技百年

德国思想解放的标志是康德理性批判主义的诞生，这不仅展现了康德自身的科学成果，更重要的是康德传授给一代人的创新观念——不是各种观点的罗列，也不是科学诸科规律的汇编，而是对已经取得的成果和即将取得的成果所做的批判性的考察。从 19 世纪末到 20 世纪初，德国科学家的学术研究充满了一种创新精神。第一个提出比较地理学的是德国人（洪堡德），第一个提出能量守恒定律的是德国人（迈耶和霍姆赫兹），第一个提出细胞学说的是德国人（施莱登和施旺），第一个创立集合论的是德国人（康托），第一个创立实验心理学的是德国人（冯特），第一个把化学成果应用于农业的是德国人（李比希）……著名的科技史学家丹皮尔指出："德国的科学中心在大学之中。"大学实验室是这一时期教育和科研相结合的主要形式。德国是世界上第一个创立"导师制"的国家，大学根据不同情况设立为数不多的正教授席位，开设数理化等大学科的科学教育。

在实验室里，教授经常同讲师和研究生一起进行科学交流和研讨活动，探讨全新的科学问题。实际上，这就是专业研究所的雏形。在吉森大学的李比希化学实验室，实行的就是新科研教育体制，这里不仅有最新的化学知识，而且有最先进的科学能力训练手段，吸引了许多世界最优秀的科学人才。李比希的一大批学生后来都成为著名的化学家，形成了科学史上的李比希学派。

德国特别注重科学技术理论和实践的结合。由于科学技术在工业、农业、交通等部门的应用，德国在19世纪70年代一跃成为世界工业国。德国人在电磁学领域做出一连串惊人的发现和发明，不仅使德国科学家在电磁学领域捷足先登，而且还为更深层次的科学发现（如核物理研究）创造了条件。理论与实践的结合，科学技术同工业互相推动，这是使德国继法国之后成为世界科学中心的重要因素之一。第一次世界大战后，德国的科学和经济基础遭受重创，人才和资金严重损失，科学中心转移到了美国。

五、美国：博采众长“大科学”独领风骚

美国科学的兴起主要得益于英国的科学传统与德国的科学体制，这使美国科学的起飞一开始就“站在巨人的肩膀上”。例如它将电力技术用于全社会的能源产业；蒸汽技术、冶金技术用于交通、钢铁和机械产业；发明了无线电技术并用于通讯产业。

美国历来重视人才，支持科学技术的繁荣与发展，如本杰明·富兰克林和第二任总统杰斐逊等，多是由科学界转入政界。所以，美国的技术发明也层出不穷，涌现了许多大发明家。正如史家所云：“整个19世纪，这个年轻的国家以其技术上的创造性闻明天下。”加上欧洲的政局变换，导致一大批优秀的科学人才被迫迁往美国，寻求避难，这使美国毫不费力地获得了一大批科学家，如爱因斯坦、费米、威格纳、西拉德等一批大师，就像在美国曼哈顿工程中，由奥本海默构定的“诺贝尔物理学奖大本营”，政府的重视和开放的人才成长环境带动了美国科学的繁荣，也大大推动了美国工业的发展，使美国的工农业总产值很快超过了英国、法国和德国，位居世界首位。

自从美国进入垄断资本主义阶段，科学技术的发展开始逐步控制在国家手里，项目由国家资助，科研成果由国家决定用场。科学史家将这样由国家资助的规模巨大的科研项目，谓之“大科学”。而以“大科学”项目为主导，以国家及工业界、高等学校和私人基金资助的“小科学”为基础的科研体制，谓之“大科学”体制。

1932年，罗斯福出任美国总统，他第一次提出“科学研究是国家资源”的

论断，这一论断催生了 1933 年美国科学顾问委员会和国家计划委员会的正式成立。次年，这两个委员会纳入了国家资源委员会。第一次世界大战爆发后，美国总统利用国家的力量，首先把联邦实验室、工业实验室、高等学校实验室，以及非营利机构四个方面，交由联邦政府科学研究与发展局直接调控，这实际上已完成了战时“大科学”体制的改造。美国的“大科学”体制是一个既有中央宏观调控，又有多元化自由研究的体制。国家实验室作为现代科研中心，它显得十分机动、灵活。它的人员随课题变化而流动。像麻省理工学院代管的林肯实验室，一旦有新的课题，它就可以打破高等学校与高等学校的界限、打破系与系的壁垒，迅速组成新的科研中心，从事科学研究。事实上，美国基础科学之所以能在第一次世界大战后迅速崛起，并使美国一跃而成为世界科学中心，在某种程度上，亦得益于这种劳动结构的柔性。在美国的科学体制中，一方面，数以万计的“小科学”项目在科学的前沿进行自由探索，借以保持旺盛的创新精神，并且为国家的“大科学”储备了大量的可供选择的方向和项目；另一方面，数以亿计的巨大投资在比较成熟的方向进行发展研究，借以保持科学技术和工业贸易的强大竞争力，为国家安全提供超前的准备，并且向“小科学”提供更多的研究方向和资金流向。美国“大科学”的发展，不仅强劲地带动了工业技术发明，也有力地促进了基础科学研究，使得美国至今仍是世界科学的中心。

值得提出的是，美国社会的科学能力亦存在着许多不适应“大科学”发展的因素。由于外围“小科学”软组织过于松散和多元化，常常给协调工作带来困难。由于政府过于追求军事目标，私人工业实验室过于注重功利，导致了官僚主义、权威主义和科学功利主义的蔓延。正如一位美国科学评论家所说：“美国正处于重蹈覆辙的危险之中，因为我们太着眼于短期的收益……”

六、世界科学中心转移给我们带来的启示

回顾世界科学中心的转移，我们可以看到，一个民族的创新精神是何等的重要。可以说，西方近代科学史，就是一部用科学的创新精神书写的历史。民族的创新精神是科学事业振兴的必要条件，是社会文明的重要标志。民族的创新精神包括独创自立的科学战略、鼓励创造的科技政策和自由探索的学术气氛。每一次科学中心的转移，都反映出正确的、独创的科学战略在其中所起的作用。但历史经验也证明，如果一个国家只有正确的科学战略，而没有鼓励创造的科技政策，仍然达不到科学振兴的目的。一个民族在学术上如果不允许百家争鸣，不给那些同传统认识有差别的见解发表的机会，不喜欢在自由探讨中发展真理，这个民族将会丧失创造能力。

当前，世界正朝着多极化方向发展，各国科学的战车都在驶向历史的新路口，科学中心是继续转移还是多个科学中心共同存在，世人拭目以待。鉴往知未、抓住机遇，才能在这场竞争中脱颖而出。社会的总体科学研究能力，即教育的鼎盛、科学仪器的精密、科学家队伍的素质才是真正导致科学中心转移的决定力量。

第三节　科学在中国

中华民族从拥有四大发明到今天建立创新型国家的发展历程，谱写着为人类发展做出巨大贡献的发展史。中国在16世纪中期以前一直处于世界科技舞台的中心，近几个世纪以来却历经沧桑。20世纪80年代后，中国进入了科学技术空前活跃和繁荣的时代。中华人民共和国成立以来，中国的科学技术事业得到了前所未有的发展，取得了举世瞩目的伟大成就。两弹一星、牛胰岛素的人工合成、杂交水稻、载人航天等一系列成就，标志着我国科学技术事业的蒸蒸日上，极大地提升了中华民族在国际上的地位。

一、从“格物致知”到“科学”

在中国，“科学”是一个外来词，初次传入我国时被译为“格致”，即“格物致知”，以格物而得的知识就是指科学。中国南宋哲学家、思想家、教育家、文学家朱熹（1130～1120）（图1-2），提出了格自然之物的科学研究活动，他本人在格物致知中也进行了广泛的自然科学研究，取得了丰富的成果。这些思想和活动对以后中国的科学发展具有重要影响。

图1-2　中国南宋思想家朱熹

“格物致知”出自中国春秋战国时期的《礼记·大学》：“古之欲明明德于天下者，先治其国；欲治其国者，先齐其家；欲齐其家者，先修其身；欲修其身者，先正其心；欲正其心者，先诚其意；欲诚其意者，先致其知；致知在格物。物格而后知至，知至而后意诚，意诚而后心正，心正而后身修，身修而后家齐，家齐而后国治，国治而后天下平。”“格”指研究，“物”指客观事物，“致”指取得，“知”指知识和认识。“格物致知”的意思是从探察物体而得到知识，也就是通过实验得到知识。①

明清时期，正值西方科学传入中国。主张吸取西方科学之精华的学者把西方科学与中国传统的格物致知联系在一起，进一步发展了朱熹的格物致知思想。明末学者徐光启认为，西学中“更有一种格物穷理之学，格物穷理之中，又复旁出一种象数之学。象数之学，大者为历法，为律吕……”他把西方科学包括在格物穷理之学中。方以智则融中西科学于一体，并称之为“质测之学”。王夫之认为：密翁（指方以智稟引者）与其公子为质测之学，诚学思兼致之实功。盖格物者，即物以穷理，惟质测为得之。他认为方以智为质测之学，即科学研究，是格物致知的重要手段。②

当代汉语的“科学”一词译自英文或法文的 science。英文的 science 一词基本上指 natural science（自然科学），但 science 来自拉丁文 scientia，而后者涵义更广泛，是一般意义上的“知识”。德文的 wissenschaft（科学）与拉丁文的 scientia 类似，涵义较广，不仅指自然科学，也包括社会科学及人文科学。我们知道德国人喜欢在非常广泛的意义上使用“科学”这个词。例如黑格尔讲哲学科学、狄尔泰讲精神科学、李凯尔特讲文化科学等。这些词的历史性关联预示了一个更深层更广泛的思想传统，狭义的自然“科学”在这个深广的思想传统之下才得以出现和发展。

“科学”的翻译来源于日本思想界对“science”这个西方语词的翻译。最早使用这个词的翻译者是日本明治维新时代的思想家西周。1874 年，他在《明六杂志》上第一次把“science”翻译成“科学”。甲午前后，“科学”这个词开始传入到中国。但比较广泛地使用还是在 1902 年以后，在这之前主要还是用“格致学”、“穷理学”等。

图 1-3　中国清末资产阶级改良派领袖康有为

1885 年戊戌变法核心人物和维新运动领袖康有为（1858 ~ 1927）（图 1-3）首先把“科学”一词介绍给国人。1894 ~ 1897 年，严复译《天演论》时，把 science 译为“科学”。以“格致”对应 science 的用法在明清朝一直被使用。1897 年，康有为编《日本书目志》，在“理学总论”中收录《科学入门》、《科学之原理》等书目。“理学门”的书目中包括自然科学与社会科学两类书。后来“科学”取代“格致”而日渐流行。清廷在推行新政时建立了新的教育体制，出现了“格致”与“科学”并

① 赵峰. 论朱熹的格物致知之旨. 孔子研究，1998，(4)：75-84

② 尚智丛. 明末清初（1582 ~ 1687）的格物穷理之学. 成都：四川教育出版社，2003

用的局面。辛亥革命后，民国元年改革教育制度时，格致改称理科。从此以后，“科学”完全取代了“格致”。在当代的汉语语境里，“科学”的含义有了进一步的拓展。20 世纪后期，科学和技术则多连称“科技”。

二、古代的科学技术

中国是四大文明古国（古巴比伦、古埃及、古印度和古中国）之一。其科学技术发展的沿革，是按照铅与火的时代、光与电的时代、波与粒的时代而循序渐进发展的。

早在距今 3300 多年以前的甲骨文中就有关于日食的记载；距今 2500 年以前的战国时期问世的《考工记》准确地记载了六种不同成分的铜锡合金及其不同

造纸术

印刷术

指南针

火药

图 1-4　四大发明

用途；公元1世纪初期的西汉时期，中国人发明了造纸术；公元3世纪左右，中国人发明了瓷器，这项技术在11世纪传入波斯，经阿拉伯于1470年左右传入意大利，随后传遍整个欧洲；公元3～7世纪的唐朝，中国人发明了火药，并在公元9世纪将其用于战争之中；公元11世纪中期的宋朝，中国人发明的指南针和活字印刷技术得到广泛的应用；15世纪中期，中国医学家李时珍所著的《本草纲目》成为一部影响世界科技进步的奇书。此时，中国古代科学的发展达到了顶峰，四大发明（图1-4）已经先后登上了世界科技发展的历史舞台。长期致力于中国科技史研究的著名英国学者李约瑟（Joseph Needham，1900～1995）认为：中国在3～13世纪保持着一个西方望尘莫及的科学知识水平，现代西方世界所应用的许多发明都来自中国，中国是一个发明的国度。如表1-1和表1-2所示。

表1-1　中国古代科学技术四大发明的科学贡献

名　称	发明人	科学贡献
火药	葛洪	火药是中国古代炼丹家在炼丹过程中发明的
指南针	佚名	把磁石磨成一个勺，放在一个光滑的标有方向的铜盘上。这个勺在铜盘上会旋转，停下后，勺柄正好指向南方。这就是世界上最古老的指南仪器——司南
造纸术	蔡伦	总结前人经验，始用树皮、麻布、破布、旧渔网等原料经过挫、捣、抄、烘等工艺造纸，称“蔡侯纸”，后世传为造纸术的发明者
印刷术	毕昇	毕昇发明在胶泥片上刻字，一字一印，用火烧硬后，便成活字。排版前，先在置有铁框的铁板上敷一层掺和纸灰的松脂蜡，活字依次排在上面，加热，使蜡稍溶化，以平板压平字面，泥字即压在铁板上，可以像雕版一样印刷

表1-2　中国古代主要科技成就一览表

发明名称	发明者	发明时间
十进位制	源于甲骨文	公元前13世纪
冶铁	佚名	公元前513年
铜锡合金记录	源于《考工记》	公元前4世纪左右
针灸	源于《内经》	公元前3世纪左右
水力鼓风设备	杜诗	公元31年
造纸术	蔡伦	公元105年左右
瓷器	佚名	公元3世纪左右
浑天仪	张衡	公元2世纪初
《九章算术》	刘衡	公元260年左右

续表

发明名称	发明者	发明时间
圆周率计算	祖冲之	公元5～6世纪
农学著作《齐民要术》	贾思勰	公元533～544
火药	葛洪	公元7世纪
指南针	源于沈括《梦溪笔谈》	公元11世纪初
活字印刷	毕昇	公元1041～1048年
医学巨著《本草纲目》	李时珍	公元1578年

资料来源：中华人民共和国科学技术部．科技历程．http：//www.most.gov.cn/kjfz/kjlc/［2007-9-11］

从明代末期开始，中国对外长期实行“闭关锁国”政策，影响了近代科学技术在中国的传播和发展，使之处于相对停滞状态。与此同时，欧洲成为现代科学的发源地，生产力突飞猛进，科学技术获得迅速发展。中国与世界先进国家的距离逐渐拉大。

三、近代科学技术发展

科学技术的进步深刻影响了人类社会的历史进程。中国在经历了漫长的科学技术领先发展之后，自明代开始衰落。明末清初，以耶稣传教士入华为契机，西方近代科学登陆中国。西方近代科学以其客观性、精确性和逻辑融贯性等鲜明特点，对中国古代科学造成巨大冲击，近代科学开始在中国进行传播。中国近现代科技已有近150年的历史。

（一）利玛窦的传教——近代科学传入中国

16世纪，正当西方近代科学革命开始兴起的时候，为了扩大教会在远东的势力，耶稣会开始委派传教士到东方传教。利玛窦（Matteo Ricci，1552～1610）生于意大利马切拉塔城，曾先后进入罗马大学法学院和耶稣会的罗马学院读书，在拉丁文、哲学、数学、天文学和地理学等领域都有较深的造诣。由利玛窦为代表的耶稣会士们将以实验和数学方法相结合为特征的近代科学传入中国。利玛窦受命于1582年抵达澳门，随后进入中国内地，在广东肇庆、韶州（今韶关）、南昌、南京等地传教。1601年谒见万历皇帝并获准在北京定居，直至1610年在北京去世。

利玛窦从踏上中国国土直至进入北京，历尽无数次的失败和成功，使他总结出了适应中国的“学术传教”路线。利玛窦与徐光启合译了《几何原本》前6卷，不仅传播了西方最基础的、最核心的几何学知识，而且输入了一种对中国传统思维方式极具冲击力的逻辑工具和证明方法；还与人合作翻译或编写了《测量法义》、《国文算指》、《乾坤体义》等重要科学著作；在中国制作和展览了浑天仪、天球仪、日晷、地球仪、千里镜、简平仪等天文仪器，以及自鸣钟、铁弦琴等有科学技术内容的物品，开阔了中国人的眼界；还在中国绘制和传播了带有中文注释的世界地图，改变了中国人的宇宙观。

伴随着耶稣会士在中国传教活动的开展，明末清初成为西方近代科学在中国传播的第一个高峰时期。据统计，自 1582 年利玛窦进入中国到 1860 年雍正帝宣布禁教，传教士的中文著译约有 370 种，其中科技著作 120 种左右。此外，传教士还积极帮助中国编修历法、测绘中国地图、制造科学仪器和观象设备等，帮助中国迈开了接受西方近代科学的第一步。

（二）江南制造总局的辉煌——洋务派的技术引进

18 世纪，在近代历史上积贫积弱的中国不仅在科学技术发展上乏善可陈，而且自 1840 年鸦片战争以后还逐步沦为半封建半殖民地的国家。

洋务运动既是一场富国强兵的实业运动，也是一场西方科学技术在中国大规模的传播运动。这一时期中国开始有了出国求学者。1847 年，广东香山南屏镇的容闳（1828～1912）到了美国，3 年后考入耶鲁大学。1854 年，他以优异的成绩从这所大学毕业，成为历史上第一位毕业于美国大学的中国人。1872～1875 年，清朝政府先后派出四批共 120 名青少年到美国留学。1905 年，中国废除了科举制度，清政府举行了第一次归国留学生考试。这些归国人员为西方先进科学技术的引进发挥了重要的作用。

江南制造总局是由中国晚清军政重臣曾国藩（1811～1872）和李鸿章（1823～1901）于 1865 年在上海创办的。容闳受命赴美为该厂进口了 100 多台机器；同时，局内技术人员仿照洋人机器相继造成车床、钻床、刨床、锅炉、大型蒸汽熔铜熔铁炉，以及制造机炮的设备等百余种机器，使江南制造总局成为能制造机器的机器厂。江南制造总局包括了 16 个分厂（机器局、木工厂、轮船厂、锅炉厂、枪厂、炮厂、枪子厂、炮弹厂、炼钢厂、熟铁厂、栗药厂、铜引厂、无烟药厂、铸铜铁厂和两个黑药厂）、两个学堂（工艺学堂、广方言馆（兼翻译馆））、一个药库、一个炮队营，成为晚清乃至远东的一流军工大厂。该局不仅使用自己的机器造出了载重 2800 吨的暗轮兵船，开创了我国的近代造船业，而且先后制成各种型号的枪炮、水雷、弹药和火药等。

江南机器制造总局的另一项重大贡献是设立翻译馆译书。传教士傅兰雅在译馆供职 28 年，不仅译书质量高、数量大，而且在订购原版图书、确立译书规则等方面亦有卓著贡献。尤为可贵的是，徐寿在译书的同时还独立进行科学研究，并取得了骄人成绩。例如，他在翻译英国皇家学会会员、著名物理学家丁铎尔的

《声学》一书时，用开口铜管做试验，发现相差8度的音只能在管长为4:9时奏出。这一点既不同于丁铎尔的观点，也不同于中国的律吕定则。英国《自然》杂志以“声学在中国”为题发表了傅兰雅关于徐寿发现的报道，并在编者按中盛赞：“我们看到，一个古老的定律的现代科学修正，已由中国人独立解决了，而且是用那么简单原始的器材证明的!”中国的落后是由于保守和封闭造成的，“自强新政”做出了摆脱保守和封闭的努力，开始了中国近代化的进程。

(三)“学会热”与“癸卯学制”——维新时期的科技体制萌芽

中日甲午之战后，中国知识界认识到：洋务派依赖技术引进的路子走不通，必须重新考虑富国强民的方略。旋即，维新派提出了以制度变革为核心的救国方案。创立学会、建立科学技术体制等是其主要的组成部分。随即出现了以下三大转折。

第一，科技社团大量涌现。在甲午战争的刺激下，中国人对西方近代科学爆发了空前高涨的学习热情。据统计，科技社团的图书销售额一路攀升，4年内增长9倍。其中，不少科学技术图书印数逾万册，一套科学技术类《西学富强丛书》竟包含图书203种。许多地方建立报馆，创办大批科技报刊，不少非科技类报刊还辟有科技专栏。科技热进一步引发了科技“学会热”，各行各业的科技社团如雨后春笋般成立。

第二，科技教育体制化。在维新思潮的推动下，各地新式学堂纷纷成立。清廷于1904年1月颁发了《奏定学堂章程》，规定整个学制为三段六级：初级教育(初小、高小)9年，中级教育(含中学堂级)5年，高级教育(含大学预科、大学堂、通儒堂三级)11～12年。另设各类实业学堂、师范学堂等与高等小学堂、中学堂和高等学堂平行。

第三，科技翻译体制化。在颁行“癸卯学制”的过程中，以日译为主的科技翻译得以体制化。当时，各地成立了大批译馆，译书也得以有计划地进行。大批日本官方审定的教材被系统地译成中文，日译科技图书使得近代科学技术知识在中国得到了空前的普及。

(四)新文化运动中的科学启蒙

19世纪中叶，一批向西方寻求救国真理的中国先行者倡导科学救国、教育救国，主张学习西方的先进科学技术。1915年兴起的新文化运动始终把科学启蒙作为文化启蒙的核心内容之一。科学启蒙的实质是对国民进行科学精神、科学方法，以及科学与社会关系的宣传。1919年5月4日，中国爆发了“五四”运动，提倡民主与科学，为中国近代科学的诞生扫清了道路。当时的留美学生赵元任、任鸿隽、杨铨、胡适等在美国发起并组织了中国科学社，其宗旨是“联络同志，研究学术，共图中国科学之发达”，并创办了《科学杂志》。

国民政府时期，政府力图把各国科学技术的经验移植到中国，形成了以轻工业为主体、通才教育和政府较少干预的欧美式科学技术发展模式。一批有成就的归国科学家成为当代中国科学技术发展的领军人物。其中包括地质学家李四光，地理及气象学家竺可桢，林学家梁希，物理学家叶企孙、周培源、吴有训，空间物理学家赵九章，化学家侯德榜，土木科学家茅以升等。在此期间，也有外国著名科学家来访中国，如爱因斯坦、西奥多·冯·卡门、维纳、尼尔斯·玻尔等先后到过中国。抗日战争（1937～1945）爆发后，中央研究院及各研究所先后内迁至四川、广西和云南，在艰苦的环境下坚持着科学研究。

四、当代科学技术发展

中华人民共和国成立后，中国的科学技术在一片“废墟”上重建。在原中央研究院和北平研究院的基础上成立了中国科学院，作为新中国的主要政府研究机构，随后陆续成立了中国科学技术协会、中国气象局、国家地质部等科学技术协调与研究机构。中国的科学技术发展进入了崭新的历史阶段。

新中国的建立激发了大批海外学子的殷殷报国心。正在美国伊利诺伊大学任教的著名数学家华罗庚得知中华人民共和国成立的消息，毫不犹豫地放弃了国外的终身教授职务和优厚的生活待遇，毅然回国；时任美国加利福尼亚理工学院教授的钱学森历经险阻，回国报效祖国。到 1957 年，归国的海外学人已经有 3000 多人，占新中国成立前在海外留学生和学者的一半以上。他们克服重重困难，纷纷回到祖国。大多数人成为新中国科学技术发展的奠基人或开拓者。在中国科学院选定的第一批 233 名学部委员（后改称为科学院院士）中，近 2/3 是这批归国的海外学人。同时，中国政府大力培养科学技术人才，建立科研机构。在短时期内，中国初步形成了由中国科学院、高等院校、国务院各部门研究单位、各地方科研单位、国防科研单位五路科研大军组成的科技体系。新中国成立后的科学技术发展，经历了以下四个阶段。

（一）“向科学进军”的起步（1959～1977）

在这个时期，中国的科技事业得到迅速发展。地质学家李四光等提出了“陆相生油”理论，打破了西方学者的“中国贫油论”；物理学家王淦昌等发现“反西格马负超子”；中国第一颗原子弹装置爆炸成功；生物学家们在世界上首次人工合成牛胰岛素；中国第一颗装有核弹头的导弹飞行爆炸成功；中国第一颗氢弹空爆成功；“东方红一号”人造地球卫星发射成功；数学家陈景润完成了哥德巴赫猜想中“1+2”的基础理论研究工作。在此期间，中国建成了一批学科较齐全、设备较齐全的研究所，培养了水平较高、力量较强的科研队伍。这是中国科学技术事业继续发展的基础。

（二）“科学的春天”的到来（1978~1994）

1978年3月，全国科学大会在北京隆重举行。这是一次久违的盛会。邓小平同志提出“科学技术是生产力”（后来他又进一步指出，科学技术是第一生产力）等著名论断，使长期被扭曲的“科学”终于回归，科技工作的正确指导思想最终得以确立。中国经历十年“文化大革命”的冰天雪地，终于使“科学”迎来了久违的春天。科学的种子开始真正根植在中国人民心中，并迅速生根发芽。科技工作令人尊敬，“科学家”职业令人向往，“讲科学”成为时尚，“学科学”蔚然成风，“用科学”甚为推广。短短十几年时间，取得了一大批对经济、社会发展有重大意义的科研成果，大批优秀科技人才脱颖而出，科技发展呈现一派繁荣兴旺的景象。在国民经济建设的主战场上，“科学技术是第一生产力”正日益发挥其“第一”的重要作用，特别是公众对科学技术的认识，在观念上的更新，在思想上的解放，得到了前所未有转变。

1988年，中国政府先后批准建立了53个国家高新技术产业开发区。此后，又先后制定了“星火计划”、“863计划”、“火炬计划”、“攀登计划”、“重大项目攻关计划”、“重点成果推广计划”等一系列重要科学技术发展计划，并建立中国自然科学基金制，建成了正负电子对撞机等重大科学工程，秦山核电站并网发电成功，银河系列巨型计算机相继研制成功，长征系列火箭在技术性能和可靠性方面达到国际先进水平。中国科学技术发展形成了新时期中国科学技术崭新发展的大格局。

（三）“科教兴国”的跨世纪战略（1995~2005）

1995年5月，党中央、国务院再次召开全国科学技术大会，提出“在全国形成实施科教兴国战略的热潮，进一步解放和发展科技生产力，积极促进经济建设转入依靠科技进步和提高劳动者素质的轨道”，颁布了主题为“科教兴国”的纲领性文件。

在这次科技大会上，人们还听到了一个时代的呼唤——“创新”。“创新是一个民族进步的灵魂，是国家兴旺发达的不竭动力。”“一个没有创新能力的民族，难以屹立于世界先进民族之林。”① 1999年，党中央、国务院进一步做出了

① 江泽民．论科学技术．北京：中央文献出版社，2001

关于加强技术创新、发展高科技、实现产业化的决定。从追求规模和数量扩张，到发展高新科技，大力提高技术创新能力，“科教兴国”战略带来的是国民经济持续、旺盛的生命力；推动的是综合国力和国际竞争能力的持续上升；催生的是突破，是创举。“科教兴国”战略的提出，让“科学技术是第一生产力”的思想真正变成国家发展战略，“振兴中华”从此变得清晰而具体。科技体制改革仍奋力推进，科技经费不再捉襟见肘。更为可喜的是，大力弘扬科学精神正在成为社会的主旋律。科技进步推动了国民经济的发展，使中国的国际地位举足轻重。

（四）建设创新型国家的战略（2006 年至今）

2006 年，胡锦涛在全国科技大会上提出了建设创新型国家战略，在报告《坚持走中国特色自主创新道路 为建设创新型国家而努力奋斗》中，引领出中国科技发展的创新思路和战略重点，主要体现在五个转变上：在发展路径上，从跟踪模仿为主向加强自主创新转变；在创新方式上，从注重单项技术的研发向加强以重大产品和新兴产业为中心的集成创新转变；在创新体制上，从以科研院所改革为突破口向整体推进国家创新体系建设转变；在发展部署上，从以研发为主向科技创新与科学普及并重转变；在国际合作上，从一般性科技交流向全方位、主动利用全球科技资源转变。

半个多世纪以来，世界上众多国家都在各自不同的起点上努力寻求实现工业化和现代化的道路。一些国家主要依靠自身丰富的自然资源增加国民财富，如中东产油国家；一些国家主要依附于发达国家的资本、市场和技术，如一些拉美国家；还有一些国家把科技创新作为基本战略，大幅度提高科技创新能力，形成日益强大的竞争优势，国际学术界把这一类国家称之为创新型国家。研究表明，创新型国家应至少具备以下 4 个基本特征：①创新投入高，国家的研发投入占 GDP 的比例一般在 2% 以上；②科技进步贡献率高达 70% 以上；③自主创新能力强，国家的对外技术依存度指标通常在 30% 以下；④创新产出高。目前世界上公认的 20 个左右的创新型国家所拥有的发明专利数量占全世界总数的 99%。世界上公认的创新型国家包括美国、日本、芬兰、韩国等。这些国家的共同特征是：创新综合指数明显高于其他国家，科技进步贡献率在 70% 以上，研发投入占 GDP 的比例一般在 2% 以上，对外技术依存度指标一般在 30% 以下。此外，这些国家所获得的三方专利（美国、欧洲和日本授权的专利）数占世界数量的绝大多数。

20 世纪，我国发出了“向科学进军”的号召，随之创造出“两弹一星”的辉煌。十年“文化大革命”结束后，召开了全国科学技术大会，让中国迎来了“科学的春天”，科技事业从此欣欣向荣、蓬勃发展。20 世纪末举行的全国科学技术大会，则使“科教兴国”成为中国发展战略，这一观念深入人心，并推动中国实现可持续发展。直到提出创新型国家的建设，中国的科学技术发展谱写下了一个划时代的篇章。

第四节 科学究竟是什么？

目前，国内外众多科学家、科学史家、科技哲学家、科学的社会功能研究领域的专家们，从文化的高度俯瞰科学，用哲理的深邃透视科学，聚社会的需求运用科学，在精神的殿堂赏析科学，他们从不同的领域、不同的视角对科学作了十分精辟的描述。那么，科学究竟是什么？我们将从以下三个方面来讨论：关于科学概念的讨论；科学是否是从经验事实推导出来的知识；科学是否具有双刃剑的性质。

一、关于科学概念的讨论

俄国科学家巴甫洛夫曾经告诫青年人："要研究事实，对比事实，积累事实。无论鸟的翅膀多么完美，如果不依靠空气支持，就决不能使鸟体上升。事实就是科学家的空气，没有事实，你们就永远不能飞起来，没有事实，你们的理论就是枉费心机。科学研究的前提是通过实践，积累大量的事实材料。但仅限于此是远远不够的。"①

美国著名物理学家费曼（R. P. Feynman）对科学的描述是："科学是导致科学发现的具体方法；源于科学发现的具体知识；在某些科学发现后，引导人们所实现的技术。而科学家们最关注的是，科学方法的重要性和新知识的创造；然而，公众谈得最多的其实是科学技术的应用，热衷于科学技术的社会功能。"②

我国科技管理专家张九庆在专著《自牛顿以来的科学家：近现代科学家群体透视》中，对科学有这样一段论述："科学是一种复杂的社会现象，对于科学这样一个几乎包罗万象的概念，要给出一个精致而完整的定义是十分困难的。科学有若干种解释，每一种解释都反映出科学在某一方面的本质特征。同时，随着社会和科学本身的发展，科学在不同的时期、不同的场合有不同的意义。要给"科学"下一个严谨而完整的定义，也是一件比较困难的事。"③

美国康奈尔大学的天文学教授卡尔·萨根一度被公众称为"大众天文学家"和"公众科学家"，他对科学有这样一段精辟描述："科学远不是十全十美的获

---

① 巴甫洛夫．巴甫洛夫全集．赵壁如，吴林生译．北京：人民卫生出版社，1958
② Feynman R P. 弗曼讲物理，入门．秦克诚译．长沙：湖南科学技术出版社，2004
③ 张九庆．自牛顿以来的科学家：近现代科学家群体透视．合肥：安徽教育出版社，2002

得知识的工具。科学仅仅是我们所拥有的最好的工具。科学本身不能支持人类行动的途径，但是，科学却能够预测人类选择行动途径的可能结果。理解科学可能是一件很困难的事情。但有一点你必须承认：科学给你带来了幸福。”①

英国学者贝尔纳在他著的《科学的社会功能》一书中是这样描述的：“科学既是人类智慧的最宝贵的成果，又是最有希望的物质福利。虽然有人怀疑它能否像古典学术那样提供同样良好的普通高等教育，然而，当时人们认为，无可怀疑的是，它的实际活动构成了社会进步的主要基础。”②

笔者认为：科学来源于实践，因此实践是科学的基础。科学的本质在于认识客观世界，探索真理。科学对事实的尊重、对观察的依赖、对结论的谨慎、对错误的修正是科学本质的重要体现。科学的内涵包括科学知识、科学精神、科学思想、科学方法、科学道德五个方面的内容。这五个方面是互相联系、互相交融、互相促进的。

科学总是在不断发现和认识客观世界、研究和掌握客观规律、不懈地追求真理、与各种谬误作斗争中发展的。因此，科学最基本的特征就是大胆提出问题、敢于置疑、勇于批判、尊重事实、服从真理、不迷信盲从、不人云亦云，即崇尚理性。

二、科学是从经验事实中推导出来的知识吗？

艾伦·查尔默斯在他论述当代科学哲学的代表作《科学究竟是什么?》中提出了一个口号——“科学导源于事实”。他在这本书中提出：对于科学知识具有与众不同的特点的流行观念，可以用一句口号来表现——“科学是从事实中推导出来的”。他说：“当有人们声称科学之所以特殊因为它基于事实时，他们推定事实是关于世界的主张，仔细地、没有偏见地使用感官可以直接确立这些主张。科学必须建立在我们能够看到和触摸到的东西之上，而不是建立在个人意见或思辨想象之上。如果对世界进行仔细的没有偏见的观察，那么用这种方式确立的事实就构成科学的可靠的、客观的基础。其次，如果将我们从这个事实基础推到构成科学知识的定律和理论的推理是可靠的，那么就可以认为这样得到的知识本身是牢靠地建立的和客观的。”③

科学是从经验事实中推导出来的知识。这是一个具有影响力的主张，就艾伦·查尔默斯对这一命题的观点来看是有重要意义的。他认为这是广泛持有的常

---

① Sagan C. 魔鬼出没的世界．李大光译．长春：吉林人民出版社，1998

② Bernal J D. 科学的社会功能，陈体芳译．桂林：广西师范大学出版社，2003

③ Chalmers A F. 科学究竟是什么？．邱仁宗译．石家庄：河北科学技术出版社，2002：11，12

识科学观，并通过眼见为实、视觉经验不仅决定于看到的物体，以及陈述表达可观察事实来给予证明，还提出为什么事实应该先于理论及观察陈述的可错性。现代科学的产生过程表明正是因为有伽利略所作的观察和实验，还有他用观察和实验去挑战权威（尤其是哲学家亚里士多德的权威和圣经的权威）的态度，才使得现代科学成为了可能。

作者认为，“科学是从经验事实中推导出来的知识”这个命题，不仅对我们理解科学具有重要的现实意义，而且告诫我们科学知识不完全基建于权威，应该怀着挑战性和批判性的精神研究科学。只有这样才能真正理解科学的内涵，推进科学的进一步发展。

三、关于科学双刃剑的讨论

科学参与我们的生活比我们想到的要多。科学成为了当代一个非常时髦的词汇。美国科学社会学家伯纳德·巴伯这样描述科学：

> 我们只需考察一下公众和个人对科学的许许多多想象，就可以看到科学表现出多少不同的方面。科学是一个穿着白大褂的人，它最经常做的事情大概是在实验室中摆弄试管。或者科学家是爱因斯坦的相对论，它由于一个公式——$E=mc^2$——而为人所知。一台被一些作者描述为“机器脑”的复杂机器，也许是一种新型的电子计算机，它则是科学的另一种象征。……尽管出了原子弹，科学仍然意味着希望的满足和希望的实现，科学发现了胰岛素、盘尼西林，甚至一种治疗小病小灾——大家都会患的感冒——的药品；科学常常扩大着我们的物质财富；而且科学从未停止寻找治愈癌症、小儿麻痹症、精神病和无数其他人类疾病之方法的步伐。”①

科学不仅渗透到我们生活的方方面面，影响着我们的生活方式；而且可以是政治家手中的旗帜，成为凝聚人心的力量；也可以是货架上琳琅满目的商品上的品牌，在市场上竞销；还可以是文化的标签，为崇尚流行、追赶时尚的文化圈子增添色彩。的确，在人类的今天，没有任何别的东西像科学那样推动人类社会的进步、那样令人向往和好奇，但是，也没有任何别的东西像科学那样给人类造成空前的不安和迷惑。②

由此，一个科学的双刃剑问题摆在了我们面前，值得令人反思。科学技术的负面影响是在两次世界大战以后才显露出来的。两次世界大战造成数千万人死

---

① Barber B. 科学与社会秩序．顾昕，郑斌祥，赵雷进译．北京：三联书店，1991：1，2

② 刘青峰．让科学的光芒照亮自己：近代科学为什么没有在中国产生．北京：新星出版社，2006：1

亡。美国在日本的广岛和长崎丢下的两颗原子弹，震惊了全世界。使用核武器的无穷后患使人们对科学技术本身作了深刻的反思。正如 R. 默顿在《科学社会学》一书中所导言："至少从广岛以来，科学逐渐地被确定为道德问题。"巴伯说："科学已成为一个'社会问题'，就像战争、家庭的不断衰落或者周期性的经济危机事件一样。"爱因斯坦在晚年也一再告诫他的同行说："在我们这个时代，科学家和工程师担负着特别沉重的道义责任。因为发展大规模破坏性的战争手段有赖于他们的工作和活动。""我们不能不发出警告，我们不能也不应当放松我们的努力，来唤醒世界各国人民。"

早在 19 世纪，随着工业革命的迅速发展，科学双刃剑问题已初露端倪。具有卓越睿智和远见的无产阶级革命导师马克思和恩格斯敏锐地看到了这一点，并且多次发出振聋发聩的警告，却无济于事。1962 年美国海洋生物学家莱切尔·卡逊出版了世界环境保护史上划时代的著作《寂静的春天》，她向世人昭示了曾使其发明者获得诺贝尔奖的滴滴涕①在环境中无所不在的事实，正是这种在历史上立过赫赫战功的杀虫剂，出现在它不该出现的地方。震惊世界的八大公害事件（发生在美国的三哩岛核污染事件、发生在印度的博帕尔毒气泄露事件、发生在苏联的切尔诺贝利核电站爆炸事件等）让人类不得不反思自己为征服自然所创造的先进科学技术。克隆羊、干细胞的研究成功，使人们对科幻小说中描写的人的复制深信不疑。还有人类终结者问题，即人脑与电脑、"深蓝"战胜棋王、机器人户口、机器人战胜足球世界冠军等问题；困扰人类的生命科学问题，即基因作物、克隆人、消失的自然等问题；信息时代的恶魔，即信息焦虑症、信息爆炸、网隐、网幻等问题；不散的蘑菇云，即令人头痛的核"遗产"、核能核电制造的核废料坑等问题；文明社会的毒瘤，即恐怖主义等问题。这一系列问题，挑战着社会科学家们。这时，科学与大众的关系已是生死攸关的了。

如今，在知识经济时代里，一个以知识的生产、传播转化为基础的经济体制迅速崛起，使科学技术对世界各国的政治、社会、经济、生活、文化、军事等领域的影响越来越大。科学已不仅是科学家的科学，而成为了与政治家、企业家、军事家、文化人，以及寻常百姓的生产、生活息息相关的事。难怪美国著名科普作家阿西莫夫效仿法国政治家克来蒙索的名言"战争太重要了，不能单由军人去决定。"说："科学太重要了，不能只让科学家来做主。"

中国科学院院士杨叔子先生在其主编的《科学双刃剑——令人忧虑的科学暗影》一书中写道："其实，人类的任何一种重大的科学发现和创造都无异于从神的天庭上窃得圣火。一方面会给自己带来光明，另一方面也会因此葬身火海。在

---

①　滴滴涕，又叫 DDT、二二三，化学名为双对氯苯基三氯乙烷，化学式（$ClC_6H_4)_2CH(CCl_3)$

许多方面，重大的科学发现都类似于一种悲剧。然而，正是这种悲剧式的力量促使人类更深刻地思考关系自己命运的问题。”①

科学究竟是什么？科学不仅是对自然规律探索的一种理性追求，而且是一种文化，一种社会现象，渗透于政治、军事、经济、科技、社会活动等领域。由于文化的多元性、社会的复杂性，以及人类的共生性，科学在不同条件下便显示出相异的作用，以至于人们疑惑不解——科学的创新是否意味着文化的繁荣、社会的发展和人类的解放——科学是否在进步。归根到底，人们迷惑于科学进步的价值基础和价值取向的朦胧之中。

科学的最高境界是哲学，哲学的最高境界是宗教，宗教的最高境界是对人类的终极关怀，是人格及其理性与精神。因而，我们应该在人类社会及环境的有限时空框架下，在人类文化的范畴中，寻找科技进步的价值及合理性，把科技进步的坐标原点奠定于人类共同利益的价值基础之上。否则，科学技术将导致社会退步、文化衰落，造成科技及人类的不幸和悲哀。

因此，无论是对自然科学还是对社会科学的探索，都应该保持一种高度的清醒和自觉，塑造内在的反省机制。各类专家学者是人类的精英，社会的栋梁；是科学理性的化身；是人文精英的代表。在社会变革中，科学家们应该始终站在社会的制高点，走在时代的最前列，在历史创造活动中起示范和向导的作用。同时树立主人意识，并超越个体局限，以身作则，实现科学理性与人文精神的统一。只有这样，才可能真正促进社会进步，造福人类；也才可能在从事科学技术事业的同时，创造出新的进步文化和新的历史。

① 范玉芳，陈小前，卢天贶等．科学双刃剑——令人忧虑的科学暗影．广州：广东省地图出版社，2004：4

第二章

大学的出现

第一节　大学在西方

一、西方大学的起源

无论是大学的起源，还是现代大学的诞生都要追溯到欧洲，而且不可否认当代世界高等教育的中心仍在欧美。

在欧洲中世纪大学创办前，高等教育就已存在了数千年。古代埃及、印度、中国都是高等教育的发源地；古希腊、罗马、拜占庭及阿拉伯国家也都在几千年前就有了较为完善的高等教育体制和发达的高等教育内涵。虽然许多教育史家也把上述高等学府称为大学，但严格来说，现代意义上的大学肇端于欧洲中世纪。"大学"一词是专指12世纪末在西欧出现的一种具有某些独有特征的高等教育机构，其特征如组成了系和学院，开设了规定的课程，实施了正式的考试，雇佣了稳定的教学人员，颁发了被认可的毕业文凭或学位等。在这个意义上，我们认为大学应该起源于12世纪。

大学从开始形成到发展成熟经历了一个漫长的时期。早期的大学更多的是自由地依据习惯创建并以非正式的方式存在。11世纪，在意大利、法国和英国的一些地方，师生们为了保障自己的权利，仿照手工艺人行业协会的方式组成教师行会或学生行会：教师按所教的学科组成行会性质的"教授会"（facultas），学生按籍贯组成"同乡会"（nation）。由于需要，这些学生团体和教师团体结合成学习和研究的"组合"（universitas），这些"组合"就成为最早的大学。由于没有依据专门的法令设立，我们很难为某一所早期大学确定具体的创建时间。一般认为，意大利博洛尼亚（Bologna）大学1150年已获得了大学的身份。刚设立时，博洛尼亚大学实行完全自治和民主的组织管理，校务由学生主持，教授的选聘、学费的数额、学期的时限和授课的时数均由学生决定。在自由的学习和研究氛围中，博洛尼亚大学迅速发展。设立时，博洛尼亚大学只有一个专业——法学，后来陆续设立了神学和医学。如果说法学代表着人文科学的最高成就，那么医学则代表了自然科学的最高成就。博洛尼亚大学法学教育的最大贡献在于促进了罗马法的复兴，从而促进了后来的人文思想的复兴。不仅如此，博洛尼亚大学还造就了许多伟大的医学家，包括解剖学家、政治家蒙狄诺，外科大师路加和他的儿子威廉，卢卡的麻醉师狄奥多里等。博洛尼亚大学对科学进步的贡献也是巨大的，伟大的天文学家哥白尼也曾受教于此。

之后，意大利和西欧各国掀起了办大学之风。法国巴黎大学约在1200年、英国的牛津大学在1220年，也都具有大学的身份。这些大学有“母大学”之称，后来的大学如里斯本大学、维也纳大学、布拉格大学、科隆大学、乌普萨拉大学等，大都是以它们为样板建立起来的。到15世纪结束时，欧洲已拥有至少79所大学。至1600年时，大学的总数已达105所。

亚里士多德所倡导的“自由教育”思想在西方早期大学教育中得到了较好的反映和体现，但随着科学技术的进步，自然科学的兴起开始面临挑战。在西方大学形成的早期，自然科学还没有形成独立学科，所以，大学分科不是很细。例如，当时的巴黎大学只设有四个科目，人文科学、法学、医学和神学。其中，人文科学是学习其他学科的基础，学生读完人文科学后才能进入其他学科学习，因此，学生都具备深厚的人文科学基础，大学都有浓厚的人文氛围，被人们称为“人类文明的精神家园”。后来，随着欧洲资本主义的发展和工业革命的兴起，科学技术发展迅速，自然科学逐渐进入大学的课堂，大学的人文科学传统受到了严重的挑战。特别是19世纪中叶以后，科学技术得到迅猛发展，学科开始分化，大学系科也随着学科的分化和社会的分工而分化，自然科学和技术科学在大学里逐步占据了主要地位，大学的人文科学和人文氛围被削弱了。

面对工业革命兴起和科学技术迅猛发展的严重挑战，毕业于牛津大学的约翰·亨利·纽曼坚定地继承和发展了古希腊著名哲学家亚里士多德积极倡导的“自由教育”思想。他和一切坚守理性主义和古典人文主义传统的教育思想家一样，认为大学不应该是传授实用知识的场所，而应是传授普遍知识的场所。他明确地指出：“大学教育对于学生来说，就是自由教育”，以“正确的推理来培养人的理性，使之接近真理”，这主要是因为大学是“训练和培养人的智慧的机构，大学讲授的知识不应该是具体事实的获得或实际操作技能的发展，而应该是一种状态或理性（心灵）的训练”。他还指出：“大学是一切知识和科学、事实和原理、探索和发现、实验和思想的高级保护力量，描绘出理智的疆域。”“在那里对任何一边既不侵犯也不屈服。”① 纽曼是19世纪公认的最权威的教育思想家和神学家，1852年他当选为英国都柏林天主教大学的校长，并发表了一系列著名的关于大学理想的演讲。这些演讲于1853年汇集出版，定名为“论大学教

① Newman J H. 大学的理念. 徐辉，顾建新，何曙荣等译. 杭州：浙江教育出版社，2001

育”，后经过修改补充于1873年再版，更名为“大学的理想”。

由于历史的局限性，纽曼曾经排斥在大学里开展对实际问题的研究，认为“科学研究和教学是两种迥然不同的功能，而且它们也需要截然不同的才能”，“教学允许和外界打交道，而实验和思辨的自然条件是隐居”，主张“要在科学团体和大学之间进行智力分工”。但是，应当充分肯定的是，纽曼在《大学的理想》中所表达的对大学理念的系统认识，对当时和未来世界大学的发展都有广泛而深远的影响，是古典大学留给今天大学最重要的精神遗产。①

二、中世纪大学的特征

中世纪，大学在产生时并不像今日的大学那样称做university。最通常表示中世纪比较正规大学的正式术语是“studiumgenerale”。“studium”的含义是指一个中心，该中心是由一些有组织的学习团体构成的；“generale”的含义不是指已经了解的事物的通常性或普遍性，而是指这个中心从超越本地区范围的一个广大的地理区域内招收学生的权限。

著名的社会学家爱弥尔·涂尔干曾经这样说过：“主教座堂学校与修道院学校尽管都十分简陋，不事奢华，但却由此孕育了我们整个的教育体系。初等学校、大学、学院，这些都是从此发展出来的。”因此，我们可以这样理解，大学萌芽是根植于欧洲宗教教育机构的，并随着欧洲商业的发展、城市的兴起和文化的繁荣而逐渐发展壮大。

中世纪，大学最先脱胎于教会学校和为数不多的市民学校。这是因为，在中世纪studiumgenerale是一个相对松散的机构，而且不断受到来自地方教会或世俗政权的干涉，这些干涉者的目标在于地方的利益，因为控制这些机构就能给他们的王国带来财富和名声，同时还能使自己的成员得到良好的教育，他们希望也能在这些学校的领地内行使自己的权威。无论是教师还是学生团体，他们都面临着与教会、城市当局的斗争，教师和学生联合起来作为一种力量出现，在外界看来，他们是一个团体、一个组合。1215年，罗马教皇在颁布的教令中称巴黎大学的教师和学生为ūniversitās magistroum et scholarium。此后，人们才开始使用ūniversitās称呼大学师生团体，意为探索学问、追求真理的社团。后来，人们逐渐把这个词与studiumgenerale等意起来，这个词才获得了特定的哲学意义。即使如此，studiumgenerale在中世纪是而且以后仍旧是大学的正式称呼。到15世纪，上述两词之间的差别消失了，studiumgenerale与ūniversitās变成同义，都变成英

① 王晓华．纽曼的大学目的观与功能论．清华大学教育研究，2001，（1）：44-49

文 university 的前身了。①

香港中文大学的金耀基先生认为，中世纪大学最值得一提的是它的世界精神，超国界的性格。14 世纪，欧洲在学问上有其一统性，它有一共通的语言（拉丁语），共通的宗教（基督教），教师和学生可以自由地云游四方，从博洛尼亚到巴黎，从巴黎到牛津，在同一个上帝的世界里，甲大学的学者可以受到千里外他国乙大学学者的款待，读共通的书，谈共通的问题，宾至如归。中世纪大学的“世界精神”后来因拉丁语的衰亡、宗教的分裂而解体，直到 19 世纪末才又渐渐得到复苏，至 20 世纪时又蔚成风气。与中世纪大学不同，现代大学“超国界”的性格基础不在于共同的语言或宗教，而在于科学的思想，在于共同的知识性格，因此，在现代大学之间常有学术年会、学术会议、科学研究交换计划等。

三、德国高等教育对世界的影响

德国高等教育具有代表性的大学是柏林大学，这是世界上第一所现代大学，由普鲁士教育大臣、德国著名学者、教育改革家威廉·冯·洪堡（Wilhelm von Humboldt，1767～1835）于 1810 年创办，迄今已有 200 年的历史。第二次世界大战后，柏林被一分两半，在西柏林又成立了另一所柏林自由大学，由冯·洪堡所创办的柏林大学便更名为洪堡大学，我们通常所说的柏林大学也专指柏林洪堡大学。

冯·洪堡以新人文主义精神为指导改变了以往大学只传授知识的单一职能，赋予了大学科学研究这一新的职能，即把大学办成了教学和科研中心。柏林大学因此提出大学要“育人”与“科研”并重，大学不但要成为人才的培养中心，还要成为科研中心。柏林大学因开创了教学与科研并重的办学模式，它的设立被公认为是世界现代大学诞生的标志。由于对科学研究的重视，柏林大学汇集了大批的知名学者，著名哲学家黑格尔、法学家卡尔弗里德内西·凡撒非尼亚、训古学家奥古斯特·波克等都曾执教于此。20 世纪，柏林大学科研成果更是显赫无比，1901 年因研究出化学动力学定律成为第一个诺贝尔化学奖获奖者的荷兰人雅可比·亨里修斯·凡霍夫就出自洪堡大学，即当时的柏林大学，此后，柏林大学共涌现出 27 名诺贝尔奖获奖者。

随后，德国大学先后仿照柏林大学的模式进行了改革，并得到了极大的发展。到 19 世纪中叶，德国已成为世界哲学、学术和科学中心，并且从那时至今德国大学的总体水平一直保持世界领先地位。

---

① 贺国庆，王保星，朱文富等．外国高等教育史．北京：人民教育出版社，2003

受德国现代大学影响最大的首推美国。美国独立前，北美大陆只有包括哈佛大学和耶鲁大学在内的9所大学。独立以后，美国人把德国作为学习的榜样，大力创办现代大学，大学无论是数量还是质量都得到了迅速的发展。

德国现代大学的产生同样推动了英法等国大学的改革与发展。英国从19世纪初也对以牛津、剑桥大学为代表的古老大学按新型大学的模式进行了改革，并使其获得了极大的发展。同时，英国还大力兴办新型大学。19世纪末，英国大学的发展进入了一个新时期，在欧洲与德国分庭抗礼。20世纪以来，英国大学持续发展，质量有口皆碑，以牛津大学和剑桥大学为典型代表。19世纪末至今，英国一直作为世界高等教育发达国家之一而存在。法国从19世纪中后期开始仿照德国大学改革旧大学并建设新大学，从此法国大学在数量和质量上不断提高。从19世纪中期至今，法国同样属于世界高等教育发达国家之一。与西欧高等教育发达国家相比，俄国大学出现得比较晚，而且长期发展滞后，到十月革命以后，受社会制度变革和西欧各国高等教育发展的影响，苏联高等教育进入改革发展的新时期。日本的高等教育始于明治维新前。明治维新后，日本的高等教育被空前重视并得以快速发展。第二次世界大战以后，日本的高等教育迅速恢复和崛起。从20世纪60年代末开始，日本在世界各国中高等教育的发展仅次于美国，处于世界领先地位。

从大学在世界主要国家的发展历程可以看到，大学对社会人文思想、文化、科技、经济等方面的发展起着明显的先导作用。一个国家大学的兴起、变革和发达，总是伴随或带来这个国家的社会变革和兴旺。国外大学，尤其是现代大学在世界历史上的影响和作用有着重要意义，对中国现代大学的产生和发展起到了积极的示范作用。

第二节　大学在中国

一、大学的词义

中国古代在西周时期就有“大学”的称谓了，《礼记·王制》就有“天子命之教，然后为学。小学在公宫南之左，大学在郊”的说法，不过那时的“大学”和现代大学的概念有着很大的区别。那时的“大学”是指从年龄阶段上划分，区别于儿童与成人的教育，正所谓“十五成童明志，入大学，学经术”（《白虎通·辟雍》）及“束发而就大学，学大艺焉，履大节焉”（《大戴礼记·保傅》）。

中国现代意义上的大学要比西方中世纪的大学晚六七百年，但在思想史上，中国却不乏“大学之道”的思想萌芽和成功实践。先秦思孟学派的代表作《大学》的第一句话就是："大学之道，在明明德，在亲民，在止于至善。"这是儒家对大学教育目的和为学做人目标的纲领性表达，也可谓是中国古代对大学的理性认识和理想追求。《学记》说："九年知类通达，强立而不反，谓之大成。夫然后足以化民易俗，近者悦服，而远者怀之。此大学之道也。""知类通达，强立不反"可作为"明明德"的注脚。在《大学》中把大学解释成一种博大高深的学问和修养。修习这种学问，可以心正意诚，不偏不倚；修习这种学问，可以知识丰富，智慧超群，能料知事物的本、末、始、终；修习这种学问，可以使人革新进取，坚定不移。这是一种"修身、齐家、治国、平天下"的大学问，也是少数人才能达到"至善"境界的大学问。

二、大学与书院

欧洲大学形成于中世纪，在中国早期的教育实践中，与此相对应的是书院的产生和发展。书院萌芽于唐代末期，形成于五代，兴盛于宋代。宋代特别是南宋时，由于科举制度的腐败，官学成为科举的附庸，学者们纷纷离开官学转至书院讲学。由于书院的教学方式灵活，又有学界名流的指导，四方学子接踵而来，书院出现了空前的繁荣景象。书院体制是中国传统文化中的瑰宝，是一种高级形态的教育和学术机构。纵观历史，国势兴，则教育兴、学术兴。书院起源于繁荣的唐代，宋代达到了全盛时期，曾经为中华文化的承续和发展做出无可比拟的贡献。

在许多方面，即便是以现代的观点来看，书院的许多传统仍然值得称道。尤其在对知识创新的尊重和学术自由的信仰和推崇上，书院丝毫不亚于今天的大学，并且很多方式仍然值得今天的大学借鉴和学习。书院的主持人大多是著名的学者，他们以学术研究带动教学，又以教学来促进学术研究。因此，书院既是教学活动的中心，又是学术研究的胜地。1165 年左右，张栻主持岳麓书院(图 2-1)教事，除了推进书院的教育功能的实现外，还强调其学术研究的功能。在教学过程中，张栻和学生一起讨论学术上重要的疑难问题，推动学术研究的深入。书院还盛行"讲会"制度。在这一制度下，不同学派在一种自由的学术氛围中通过共同讲学，互相交流，宣传自己的学术见解，类似于今天科技社团之间所举办的各种学术研讨会。历史上著名的"鹅湖之会"就是一个经典范例。书院还拥有较大的办学自主权，具有对社会的批判精神，东林书院还发挥着资政的作用。书院推崇自由讲学和自由听讲，这样既有利于开阔学生的学术视野，又打破了各学派之间的门户之见；既有助于提高学术水平和教学质量，又成为中国大学学术自由的肇始。

图 2-1 岳麓书院旧址

雅斯贝尔斯曾这样说过：“大学把追求科学知识和精神生活的人聚集在一起。大学原始的意思是教师和学生的团体，现在大学多了一个同样重要的意义，那就是各种科学的合一。按照大学的理想，彼此应该毫无限制地相互发生关系，以达到完整统一的一体。”① 在书院的教学和学术实践中，我们可以充分地看到这一精神的体现，各学科交叉融合，各种学术思维交流碰撞，在相互的学习和批判中，最终促使了新思想和新理论的产生。例如，南宋时期，理学家们为了振兴儒家思想（这里的理学是一种哲学化的儒学），利用书院作为自己的学术基地和教育基地，建立了一个以儒家伦理为核心，并吸收佛道两教宇宙论和思辨方法的理论体系。

此外，书院还十分讲究师道尊严，尊师爱生。教师诲人不倦，因材施教，对学生充满感情。学生师从教师，从学术到生活，不仅学知识，还要学做人。因此，在当时的中国书院，师生之间关系融洽，情谊深长。这些中国古代“大学”的“大学之道”对今天大学精神的塑造和发扬都具有重要的历史意义和参照价值。

中国大学的产生和发展无不打上时代的烙印，体现和适应了不同历史时期的社会发展水平。中国带有现代大学某些特点的大学萌芽于 19 世纪末洋务运动时期，当时世界现代大学制度早已确立了半个多世纪。在兴办“西学”的运动中，洋务派先后创办了 30 多所新式高等学堂，如京师同文馆、上海广方言馆、天津水师学堂、南京陆军学堂等。这些专业学堂和军事学堂都不同程度地引进了西方

① Jaspers K. 什么是教育 . 邹进译 . 北京：三联书店，1991

自然科学，但最终都以失败告终。中国真正具有现代意义的大学来源于19世纪末20世纪初创立的以京师大学堂（图2-2）为代表的一系列大学，以及西方教会在中国创立的教会大学。

图2-2 马神庙京师大学堂旧址

1898年7月，清光绪皇帝正式批准设立了京师大学堂，即北京大学前身，这是中国第一所正式以“大学”命名的高等学府。此外，官方还先后设立了山东大学堂、北洋大学堂、山西大学堂、清华学堂等。到辛亥革命前的1911年，中国共拥有33所大学和一批专科学校。这些大学的总体特征是“中体西用”，西学成为大学教育内容的重要组成部分，这代表着这些大学已经处在向现代大学的转变和过渡阶段。

图2-3 蔡元培

19世纪末20世纪初，西方教会在中国设立的教会大学同样成为中国现代大学的一个重要来源。1894~1910年，西方教会先后在中国建立了圣约翰大学、东吴大学、震旦大学等14所大学。这些大学普遍传授西方自然科学知识，对中国现代大学的形成和发展产生了相当大的影响。

在清末大学的改革中，北京大学改革的成功使其成为中国第一所现代大学。这一历史性的跨越与一位毕生致力于中国教育改革、发展的人物是分不开的，他就是中国著名教育学家蔡元培（图2-3），他用智慧和勇气促使中国现代大学产生。

蔡元培曾留学德国莱比锡大学，德国成熟的现代大学教育理念给了蔡元培深刻的影响。回国之后，蔡元培毕生致力于中国现代高等教育制度的创立和发展。1912 年 1 月，蔡元培出任“中华民国”第一任教育总长，后又继任北京政府教育总长。上任伊始，蔡元培就着手用现代大学思想推动中国高等教育改革，他在亲自起草的第一个改革方案——《大学令》中规定：大学以教授高深学术、养成硕学闳材、应国家需要为宗旨；大学为研究高深学术起见，另设大学院。1916 年 12 月，蔡元培担任北京大学校长，他认为大学的宗旨是：“大学者，研究高深学问者也。”

在五四运动、新文化运动的影响下，教育界爱国人士掀起了教育改革运动，促进了高等教育事业的发展。此时，大学公立、私立并存，并向综合性、多科性大学发展。1927 年，全国有北京大学、清华大学、北洋大学、同济大学等公立大学 34 所，另有南开大学和厦门大学等 18 所私立大学。虽然，在整体上，20 世纪上半叶的中国大学发展水平与当时世界强国的大学发展水平无法相提并论，但它却构成了中国大学新格局的雏形。

三、现代大学

1949 年新中国成立，中国大学的发展进入了一个新时期。人民政府先后接管了旧中国的公立大学，接收了外国津贴的教会大学，接办了私立大学并改为公立。从新中国成立到 1965 年的 17 年是中国大学较为稳定发展的一个重要阶段。这一时期，高等学校培养了一大批国家建设的栋梁之才，科学研究也取得了前所未有的成就，并在此时奠定了大学进一步发展的基础。

从 1966 年“文化大革命”开始，大学成了重灾区。“十年浩劫”使中国高等教育不仅没有跟上世界高等教育的发展步伐，而且在原有的基础上大大地倒退了。此后，中国大学进入一个由“拨乱反正”到全面恢复、进一步发展和逐步繁荣的时期。

1978 年改革开放，“文化大革命”前全国统一招生考试制度得以恢复，“文化大革命”中的冤假错案获得平反，知识分子政策也得到落实。大学也开始了一系列的改革。例如，建立了学位制，开始改革大学教学、发展科学技术研究和培养高层次人才；学科间比例逐步调整；科学研究不断拓展；国际交流与合作也逐渐开展起来。这一系列改革的推行促进了中国大学办学水平的不断提高和办学规模的不断扩大。1977 年全国普通高校仅 404 所，1979 年达到 633 所，1985 年发展到 1016 所。招生规模也从 1977 年的 27 万人增加到 1985 年的 62 万人。1999 年全国高校发展到 1071 所，招生规模达到 154 万人，科研能力和水平普遍得到提高。进入20世纪90年代以后，国家进一步重视大学发展。1993年，国家提出了面向21世纪在全国重点建设100所重点大学的“211工程”计划；1998年，提出了创建世界一流大学的目标，开始有重点地建设一批重点大学。1998年，教育部制定“面向21世纪教育振兴行动计划”，明确提出要“创建若干所具有世界先进水平的一流大学和一批一流学科”，这个计划又被称为“985工程”计划。“985工程”计划建设的总体思路是：以建设若干所世界一流大学和一批国际知名的高水平研究型大学为目标，建立高等学校新的管理体制和运行机制，牢牢抓住本世纪头20年的重要战略机遇期，集中资源，突出重点，体现特色，发挥优势，坚持跨越式发展，走有中国特色的建设世界一流大学之路。中国大学进入了一个充满活力的发展时期。

2000~2001年，国家对各大学进行了大规模的合并调整，先后将767所大学合并为314所，造就了一批规模宏大的综合性大学。国家对大学各方面的投入也明显增加。同时，地方各省又纷纷创建地方大学，大学数量大幅度增加，2001年全国有普通高校1225所，各类高校1911所；全国各类高校在校本专科生、研究生达到1670.36万人。2003年普通高校发展到1517所，各类高校共2255所。招生人数也大大增加，2001年普通高校招生268万人，研究生招生16.52万人；2003年普通高校招生达到350余万人，研究生招生25.74万人。

可以看出，改革开放以来是中国现代大学产生近百年来发展最为强劲的时期。国家不断重视和加强大学的发展，中国大学由恢复到快速发展，进入了相对繁荣阶段。办学规模达到了世界水平，办学质量也呈蒸蒸日上的趋势，高等教育规模跃居世界第一。中国大学的发展在短短的几十年里取得了令人瞩目的成就。

第三节　现代大学文化

随着21世纪大学的迅速发展，现代大学发展的机遇与挑战也摆在了我们面前。正如吴松先生在《大学正义》一书中描述的：“大学正面临着一场范式的转换。这种转换，既是回归，又是超越。回归，乃回到本原，回到正义；超越，乃超越现状，超越成规，超越固有模式。但是，无论回归还是超越，都必须以人为本，都要围绕健全人的心智而走向创新型人才的培养。”①

一、现代大学职能

在当今的知识经济时代，大学肩负着历史重任。有许多人认为现代大学的职

① 吴松．大学正义．北京：人民出版社，2006

能是：教学、科研和推动社会发展。正如金耀基先生感叹的那样："今日，大学之最流行的形象不是'象牙塔'，而是'服务站'了。社会要什么，大学就给什么；政府要什么，大学就给什么；市场要什么，大学就给什么。大学不知不觉地社会化了，政治化了，市场化了。"①

吴松先生在《大学正义》一书中对现代大学职能这样描述：

> 大学不仅要传承知识、创造知识，更重要的是要批判知识、追求真理。真理有时隐含在知识和逻辑结构中，这是逻各斯中心主义的核心。然而，真理往往又是超越知识和逻各斯的，这种超越的过程就是"此在"的智慧养成的过程。智慧无论基于本体而言，还是基于认识或方法而言，都是激活"此在"，使"此在"获得新生的出发点。这里的"此在"就是苏格拉底自称的"爱智者"，以及具有丰富的心灵和自觉心智的人。因而，古典哲学中的"爱智慧"对于现代大学仍有意义。在这里，智慧是苏格拉底那种"我自知我无知"的状态，只有这样的"无知"才能激起对真理的渴望。在追求真理的生命本质显现的时候，智慧的意义并不在于带给你现成的智慧——即使有现成的智慧，它也可能被传播的逻各斯系统消解了。那种认为人生当中一旦获得或占有了某种别人尚没有的知识，就一劳永逸地获得智慧的想法，显然是肤浅的。不断地追求不懈地努力，保持童心般的新奇与真诚，以"无知"的心态敞开自己与世界的关系，才能真正获得智慧显现的可能。②

自古及今，在风云变幻的社会背景中，有许多学者甚至用"人类社会发展的动力站"、"智力城"、"思想库"、"精神神殿"、"轴心机构"等名称来突出大学的社会地位，尤其是研究型大学在当今和未来社会中的重要性已被越来越多的人所认识。虽然大学对社会发展的作用和意义有多种解释，但它作为社会变革主要动因的职能却是不可否认和无法替代的。

不同时代面临不同的选择，布鲁贝克认为，20 世纪存在两种主要的高等教育哲学：一种是以追求"高深学问"为宗旨的"认识论哲学"；一种是以对国家发展有实际效用和深远影响为宗旨的"政治论哲学"。现阶段由于大学与社会的双向需要，大学为顺应时代发展、满足社会需要而努力，甚至这种努力已经成为现代大学的一项使命。为此，20 世纪 90 年代，联合国教科文组织（UNESCO）在《促进高等教育的变革与发展的政策性文件》中提出"前瞻性大学"（proactive university）的现代大学新理念，认为现代大学的本质是趋向未来，着眼于培养和造就具有创新精神和实践能力的未来人才。因此，大学不仅不能作为与世隔

---

① 金耀基．大学之理念．北京：三联书店，2001

② 吴松．大学正义．北京：人民出版社，2006

绝的象牙塔，也不能单纯传授知识、发展知识，而应该成为地区、国家，乃至全球问题的自觉参与者和积极组织者，从而服务于社会。这一新的大学理念的提出，再一次强调了大学的成果是人类文明发展的结果，理应为人类所共享。

综上所述，对于大学职能而言，无论是吴松先生提出的传承知识、创造知识和批判知识，还是其他学者认为的顺应时代发展、满足社会需要，或是作为社会变革的主要动因，大学都应始终致力于人类先进文化的孕育和传播。因此，大学理应成为人类文化交流的中心，其中包含着各种文化的碰撞和冲击，并作为人类最先进文明建设的主要阵地而不断发展。

二、现代大学文化

文化有广义文化和狭义文化的区分。广义文化是人类所创造的一切物质文明和精神文明的总和。换言之，人类的一切创造物都是文化。狭义文化是指人类所创造的一切精神产品，是人类所创造的精神产品的承载物。我们将研究的现代大学文化定义在广义文化的基础上，指以大学为载体，为师生所传承与创造而积累的物质成果和精神成果的总和。

何谓现代大学文化呢？严格说来，现代大学文化是以大学内涵为研究对象的学问，其研究起步较晚，因而对大学文化这个概念的界定也仅是开始。迄今为止，似乎还没有非常明确的表述，更不用说是为学者同仁所认同的表述了。但是，要研究现代大学文化，必须首先弄清楚什么是大学文化，这是研究的起点，是绕不过去的，尽管对它的界定和表述很可能是仁者见仁，智者见智。笔者对现代大学文化概念的理解是：第一，大学文化的载体——大学，一般是指以文理两科为基础的主要实施本科以上高等教育的高等学校。因此，大学文化是以科学文化和人文文化为载体所形成的文化，而不是以其他社会单位为载体所形成的文化。第二，大学文化具有的生命力——大学文化的主体是大学的教师和学生，正是由于历届师生的共同努力、薪火相传，才造就了连绵不断、持续发展的人学文化。第三，大学文化核心——大学文化既是传承知识的结果，也是创新知识的结果，是一个历史的筛选、积淀过程，也是一个承前启后、除旧布新的过程。第四，大学文化的特征——大学文化包括科学文化、人文文化和科普文化三个方面。

英国学者查尔斯·斯诺（C. P. Snow，1905～1980）在《新政治家》杂志上发表了一篇名为“两种文化”的文章。他提出存在着两种不同的文化：一种叫科学文化，一种叫人文文化。[①] 并将文中的思想加以扩充，在剑桥大学做了一个

① Snow C P. 两种文化. 纪树立译. 北京：生活·读书·新知三联书店，1994

著名演讲，讲题是“两种文化与科学革命”。按照剑桥大学知识史教授斯蒂芬·科里尼（S. Collini）的说法，斯诺在一个多小时的演讲中至少做成了三件事：发明了一个词汇或概念，阐述了一个问题，引发了一场争论。词汇是“两种文化”；问题是存在于人文学者和科学家之间的文化割裂，即所谓“斯诺命题”；争论是围绕着“斯诺命题”展开的一场旷日持久的思想论战。令人感到意外和兴奋的是，这场争论的意义远远超出了文化自身，它的政治、经济乃至生态学内蕴在今日全球政治经济格局中得以重新彰显。

第一，科学文化。“科学”原意一般是指科学意义上的“知识”、“学问”，以及“分科之学”。在近代尤其是欧洲“科学革命”之后，“科学”才开始被直接理解成自然科学。科学的目的主要是致力于寻找最能够简洁说明万事万物本相，以及解释如何发生的规则，进而以各种方式把握事实之间的关系。20 世纪以来，科学发展日新月异，与此相伴随，学者们开始从不同的维度对科学本身进行分析和研究，其结果不但催生了科学哲学、科学史和科学社会学这样一些全新的学科并促进其建制化，而且还引出了一系列新的研究领域或方向。如科学技术与社会、科学的社会研究、科学的文化研究、科学的政治学研究、科学的人类学研究、科学研究的心理学分析、科学和大众传媒的关系等。也许我们还要提一下性别研究、激进生态论（radical ecology）、民族科学（ethnic sciences）、帝国和殖民地科学、非洲中心主义，以及科学建构论等在西方曾经时髦过一阵的学科，总之它们都在以“科学”为分析、研究，乃至批评对象的框架中发展起来了。

虽然现在已经到了21 世纪，我国思想文化界当前的状况依然和斯诺当年的断言类似。但科学文化的内涵究竟是什么？斯诺并没有明确作答。科学文化理念是以文化为基础，它直接催生了科学教育。大学的科学教育对科学文化的传承主要表现在对科学知识的传承和创造上，其最重要的精神成果就是对科学精神的崇奉。它在教育活动中的表现是一切以科学教育的标准为最高乃至唯一标准。于是，在教学内容上，它主张大学教育的专业化和职业化；在教学方法上，它认为教学是一个“科学”的过程，应该严格遵循“科学”的程序和逻辑顺序，使学生能够精确、迅捷、有效地掌握知识。大学正是在这样的教学活动中实现着以科学知识为主要内容的科学文化的传承。当然，由于在科学文化传承中所实现的科学教育，在现代社会中与功利主义思潮一拍即合，以致自然科学学科和课程的地位日益升高，而人文学科和古典课程遭到了前所未有的冷遇，这势必造成人类文化传承的偏向，不利于人类自身的发展。在中国现代大学里，不仅出现了上述大学文化传承的偏向，而且功利的驱使使“尊重科学、崇尚学术、追求真理”的科学精神发生变异甚至缺失，大学还空前地表现出急功近利的倾向，对科学文化的传承极为不利。

现代大学中大学精神的科学理性，更多地表现为探求真理的执著与牺牲、坚持真理的超越与创新，这是一种“忘我”与“殉道”的精神。而科学精神的理性则集中体现为追求真理、坚持真理、勇于创新的精神。其价值不仅在于支持大学完成发展科学的使命，也在于培养追求真理、坚持真理、勇于创新的人才。

科学的“精神”高出具体“科学”的地方就在于“追求真理”。竺可桢说：“提倡科学，不但要晓得科学的方法，而尤贵在乎认清近代科学的目标。近代科学的目标是什么？就是探求真理。科学方法可以随时随地而改变，而科学目标、探求真理也就是科学的精神，是永远不改变的。”勇于创新是科学精神的又一要素。大学的教学与科研，不只是为了科学文化的传承，更是为了推动科学的发展。勇于探索自然科学中人类的未知世界，攀登科学高峰，勇于追求人文社会科学的至真、至善、至美，这不只是大学人的神圣职责，更是大学人的精神品质。对当代中国的大学的科学精神而言，勇于创新的精神更具现实意义。[①]

科学文化仍然是决定社会前进的基本动力，特别是知识经济时代的到来更加彰显出科学文化的地位。我国建设创新型国家的进程，在很大程度上取决于科学文化的发展水平。因此，21 世纪的大学必须坚定科学理性这一伟大的精神气质，弘扬探索精神、实证精神、原理精神、独立精神、创新精神和牺牲精神。

第二，人文文化。“人文”原意指人性、素质、修养、品德。从狭义上看，人文学科最初主要与古典的教育体系相联系，这意味着通过教育和引导使人成为完美的存在；就广义而言，人文学科则更多地关联着对人化世界（进入人的知行领域存在）的解释、规定和评价。人文学科的特点在于找寻普遍规律以解释人类和社会行为，它所关注的不仅是世界实际怎样，还包括世界应当怎样。

在西方，人文文化是人文主义现代大学理念的文化基础，它直接催生了人文教育。从古希腊到现代社会，人文主义教育始终是影响教育理念和实践的一种重要的教育哲学思潮。以人文主义为基础的教育哲学家认为，大学是以个人需要而非社会需要为基础的机构。大学教育的培养目标在于使人的个性得到自由、和谐的发展，培养作为人才的精英，而不是培养作为某种工具而存在的单纯能力。因此，不仅要发展人的理性，还要发展人的非理性。在教育内容上，人文主义崇尚学习传统的文化遗产，重视古典课程，因为他们认为人性的共同要素和理性的永恒价值标准存在于文化遗产之中，文化经典中包含着具有永恒真理的内容。在教育方法上，人文主义崇尚自然主义教育，注重人的天性，主张为人们提供适宜的环境，使受教育者得到熏陶和陶冶。

现代大学文化正是在对人文遗产进行学习和解读的基础上实现了人文文化的

---

① 吴国盛．弘扬科学精神：两种思路．科技日报，2001-4-3

传承。在中国，对人文精神的传承，即“志于道”、“明道”、“变道”、“弘道”，主要是“士”即古代知识分子的千年主题。因此，中国的大学精神自古都是“士”的精神，恰如季羡林先生认为“北大精神”是中国“士”的精神的传承那样。中国古代的“士”成为中国大学传承文化的主体。从春秋战国时的“士不可以不弘毅，任重而道远”，到宋代的“先天下之忧而忧，后天下之乐而乐”、“为天地立心，为生民立命，为往圣继绝学，为万世开太平”，从明、清之际的“天下兴亡，匹夫有责”，到“五四”时期对“德先生和赛先生”的呼唤，一直到陶行知修改“大学之道”为“在明民德，在亲民，在止于人民之幸福”，都是以“士”为主体的大学精神的传承。文化和思想的传承和创新，也自始至终以“士”为中心任务。随着中国书院的兴起，儒家的人文精神转化为书院精神，使以“道”为核心的人文精神成为书院文化内涵的最显著特征。书院作为传承与创新儒家文化的主要机构，是以“道”为核心的人文精神的主要实践者。书院将道德教育摆在教育活动的首要位置，并按照儒家的道德理想模式来设计书院的人才培养模式。为了将道德教育渗透到教育活动的每一个环节，书院将其制度化为章程、学规等形式，使书院重视道德教育的人文精神文化得以充分显现。

人文关怀是人文文化的核心内涵，其关注的是人对人的价值、人对社会的价值、人对自然的价值，其核心是修正人的价值取向，体现对人类社会的终极关怀，并强调人与自然的和谐。21 世纪，中国大学精神所应凸显的人文关怀是大学和大学人关注人类社会可持续发展，化解现实社会各种危机和矛盾冲突，修正学术价值，培养具有道德意志和价值取向的人。人文关怀提倡公平竞争、理解宽容、共同发展，从而化解激烈竞争带来的人与人之间的矛盾；人文关怀强调尊重人的价值、尊严、自由和权利，强调生命价值的平等，从而消除人与社会的对峙；人文关怀要求人们尊重自然、尊重生命、共生共荣。真正的大学是以培养“人”为天职的，它的立足点和归宿点是人。它关心人的解放、人的完善、人的发展。大学不应该像尼采所形容的“把人变成机器”的“精神本能退化的工场”。人文关怀不仅能使大学认识自己的社会责任，更注重于使大学形成一种有利于个性与人格完善的氛围，有利于在最广泛的意义上塑造全面发展的人，促使受教育者在人格方面得到最充分的完善，修正科学文化的价值取向，进而引领社会。

在查尔斯·斯诺关于“两种文化”的著名论断中，科学文化和人文文化的尖锐对立已成为当今人类面临的重要危机。科斯洛夫斯基则直接用“精神文化”和“物质文化”这对范畴，再次表达了对两种文化对抗的担忧。① 不可否认，在

① 刘华杰．索克尔事件与两种文化之争．中华读书报，1998-1-24

历史上和现实中这两种文化确实存在着某些冲突和对立。笔者论述科学文化、人文文化的传承，并不意味着笔者认为科学文化与人文文化是背道而驰，完全不能调和的。现代大学文化在传承和创新中，正是需要这两种文化的协调发展，力求使其有机地融合和统一起来。

第四节　大学科普文化

我们正在着力探索和证明，适应现代大学文化发展的大学科普文化，试图成为沟通科学文化和人文文化之间的一座桥梁和纽带。

一、大学科普——一个新兴的文化研究领域

建设创新型国家的根本目的就是要让科学技术充分惠及亿万人民群众，提高全民科学素养。现阶段科普事业发展的进程具有推动社会进步重要的战略意义。中国科普事业已进入到党和政府高度重视、全社会参与行动的前所未有的发展新阶段。科普创新既是我们当前科普事业面临的机遇，同时也为科普工作带来了巨大的挑战。在科普事业发展的特殊阶段，大学作为科普新文化孕育和生长的重要阵地，不仅依靠科学文化的探索特色，而且贯通人文文化的深邃底蕴，二者的结合已成为现代社会文化的精髓。因此，我们可以探析的一个事实：大学发展应重视这两种文化的结合，并加强大学科普文化建设。大学科普文化的特色是大学校园文化的精髓所在！

二、大学科普——一个新兴的学术研究领域

爱因斯坦说："大多数人说，是才智造就了伟大的科学家。他们错了，是人格。"[①] 因此，大学科普的理念是建立在科学研究与道德修养相统一的基础之上，以最大限度地拓展科学知识、科学方法、科学思想、科学精神和科学道德为核心目标的。现代大学以教育和科研为中心，是科技工作者密集、科技人才荟萃的场所，是国家创新体系的源泉。科学文化与人文文化的联系，必然有一个中间的思想交流、知识普及、学术博弈的过程，建立大学科普创新体系不仅必要，而且是必然的。在大学中，大学科普可以对科学文化与人文文化两大文化领域的延伸、接触、碰撞、结合，提高广大师生科学文化素养，促进学科交叉，加强学术交

---

① 美国医学科学院，美国科学三院国家科研委员会．科研道德：倡导负责行为．苗德岁译．北京：北京大学出版社，2007

流、引导科技创新活动起到极其重要的作用。因此，探索大学科普新文化的研究将成为推动大学先进新文化发展的需要。大学科普是一个新兴的学术研究领域，而大学科普新文化的研究内容处于科学文化与人文文化的边缘，或者说是两种文化的交汇处，在两方共同体中都难以得到认同。因此，是否自我确认，拥有一个独立的完善体系，值得探讨。

第二篇

基础学科的发展历程

学科是在科学发展中不断分化和整合而形成的。联合国教育、科学及文化组织在学科分类体系中把数学、物理学、化学、天文学、地学、生物学、逻辑学并列为七大基础学科。我们从科普的视角走进第三章中的数学、物理学和化学,以及第四章中的天文学、地学、生物学和逻辑学。

第三章 数学、物理学、化学

第一节 数　　学

数学（mathematics）——科学皇冠上的一颗明珠。

数学被人们誉为自然科学皇冠上最璀璨的一颗明珠。数学是世界上最基本、最通用、最深奥的一门学科。它是自然科学的基石，是反映物质世界的客观规律，是蕴涵丰富哲理的一门学问。因此，数学是人类认识自然、改造自然的一把有力工具，也是世界文化和人类文明的重要组成部分。数学与物理学、化学、天文学、地学、生物学、逻辑学同为七大基础学科。我们所要介绍的数学只能是常识性的数学知识，力图给出一些容易理解的、趣味性强的和具有艺术美的数学内容。

一、数学的概念

数学的英文写法是 mathematics，这是一个复数名词。数学曾经是四门学科——几何、算术、天文学和音乐的综合，并处于比语法、修辞和辩证法这三门学科更高的地位。数学的产生是由于生活和劳动的需要，源于分配物品、计算时间、丈量土地等实践活动，这时的数学对象和客观实在是非常接近的，人们很容易找到数学概念中的现实原型。因此，人们普遍认为数学是一门自然科学、经验科学。正如著名数学家冯·诺伊曼认为，数学兼有演绎科学和经验科学的两重特性。随着数学学科的发展及其研究的深入，人们对数学本质的认识也发生了不断的变化和深化。

（一）数学的定义

自古以来，大多数人把数学看成一种知识体系，这个知识体系是经过严密的逻辑推理而形成系统化理论知识的总和。它不仅反映了人们对“现实世界的空间形式和数量关系”的认识，而且反映了人们对“可能的量的关系和形式”的认识。数学既来自现实世界的直接抽象，也来自人类思维的能动创造。数学的产生和发展始终围绕着数和形，这两个基本概念不断地演化和发展。大体上说，研究数（数系）和数（数系）关系的部分属于代数学的范畴；研究形（形系）与形（形系）关系的部分属于几何学的范畴。同时，数和形也是相互联系的有机整体，数学也研究数（数系）和形（形系）之间的关系，如图 3-1 所示。

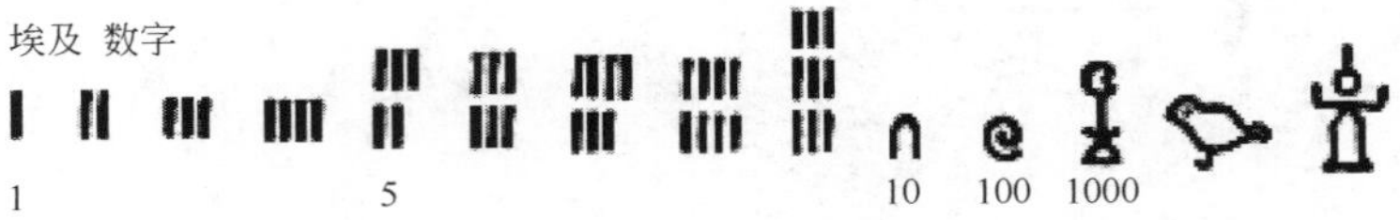

埃及 数字

1 5 10 100 1000

图 3-1 象形符号表示数的进位

数制也称计数制，是用一组固定的符号和统一的规则来表示数值的方法。人们通常采用的数制有二进制、八进制和十进制。学习数制必须首先掌握数码、基数和位数这三个概念。

数码：数制中表示基本数值大小的不同数字符号。例如：十进位制有 10 个数码：0、1、2、3、4、5、6、7、8、9。

基数：数制所使用数码的个数。例如，二进制的基数为 2，十进制的基数为 10。

位数：数制中某一位上的 1 所表示数值的大小（所处位置的价值）。例如，十进制的 123，1 的位数是 100，2 的位数是 10，3 的位数是 1。

在几何世界中，著名的亨利 · 庞加莱（1854 ~ 1912）的双曲面世界抽象设计如图 3-2 所示。

图 3-2 亨利 · 庞加莱抽象设计

双曲面世界的抽象设计里的圆是这个世界的边界。尺寸随着它们与中心的距离而改变。接近中心时，尺寸增大；离开中心时，尺寸缩小。因此它们永远不会到达边界，这个世界对它们来说是无限的。如图 3-3 所示，俄罗斯数学奇才格里戈里·佩雷尔曼破解庞加莱猜想。

关于数学的定义，不同的学派或不同的专家有着不同的见解，但目前比较被人接受且比较简单的定义是：数学是研究现实世界中数量关系和空间形式的科学。

图 3-3 俄罗斯数学奇才格里戈里·佩雷尔曼破解庞加莱猜想

（二）数学的特征

正如古希腊数学家毕达哥拉斯描述的那样："数学是智慧的体操。"一般认为数学具有如下特征：一是结构的抽象性。数与形的概念日趋抽象化，这一特征突出表现在它以定义、定理、公式表示抽象概念、规律和算法，以集合论、公理化系统和逻辑思维为思想工具，是经过人们高度抽象化了的概念。二是逻辑的严谨性。严谨性是数学的独特之美，主要体现在数学的推导方式上，推导是一种严格的证明，其依据只能是已知的公理或定理。三是应用的广泛性。数学作为自然科学的基础学科，已经被应用到现实的所有科学领域当中，小到普通的计算，大到理论的构建，这是因为数学的抽象使外表完全不同的问题之间有了深刻的内在联系。四是发展的连续性。正如王青建先生在《数学史简编》一书中引用的德国数学家汉克尔（Hankel，1839～1873）的这样一段描述："在大多数学科里，一代人的建筑往往被下一代人所摧毁，一个人的创造被另一个人所破坏；唯独数学，每一代人都在古老的大厦上添加一层楼。"①

（三）数学的学科分支

数学作为一门独立的自然科学学科已得到广泛认同。人们常把数学形象地比喻成一株枝繁叶茂的大树，它包含着并且一直还在生长出越来越多的分支。数学从产生到现在，已发展出众多的分支学科。按美国《数学评论》（*Mathematical Reviews*）杂志的分类，数学包括 60 多个二级学科、400 多个三级学科。面对如此庞大的知识系统，即便是数学家往往也只能熟悉一两个领域，对于非数学专业的大学生来说还是有难度的。以下所列的各个分支并不都是并列的关系，只是为了便于选读，我们

① 王青建．数学史简编．北京：科学出版社，2005

从数学主干的简单划分来理解，如图 3-4 所示。

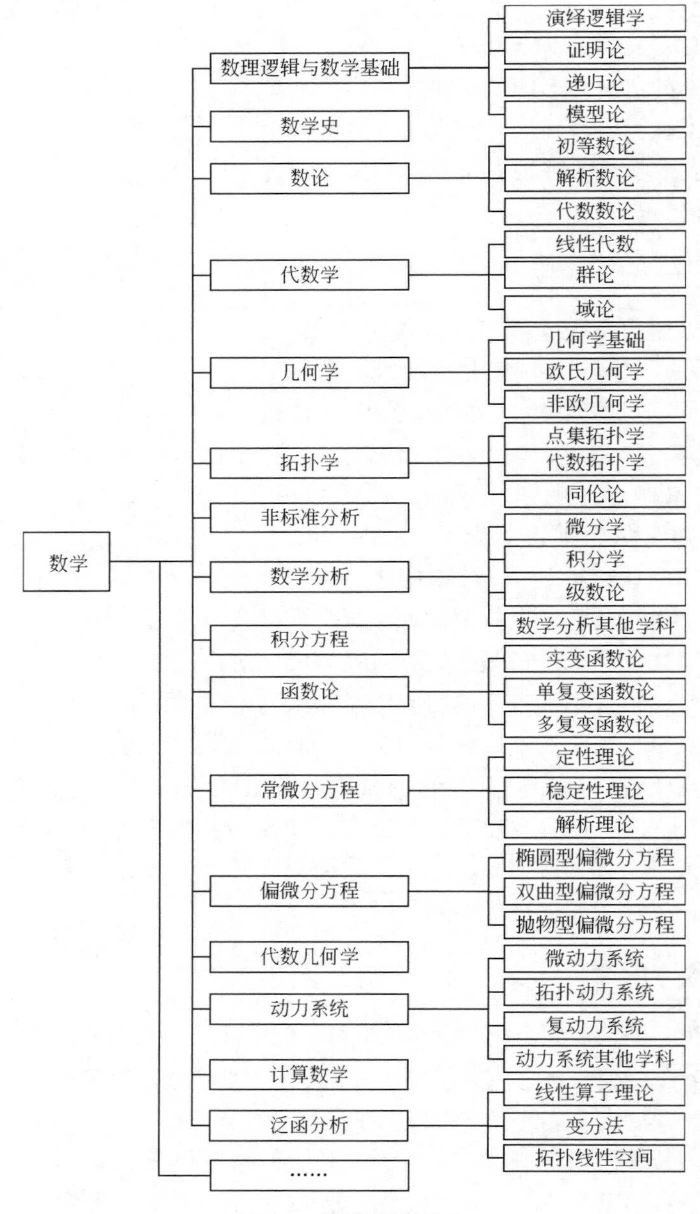

图 3-4 数学学科分支

数学究竟有多少分支？要做出科学的断语，还有待时日。一些新兴数学分支的理论和方法正在逐步严密和完善（表 3-1）。

表 3-1　数学学科发展简表

起源	趋势
最早的数学——算术	初等代数
高等代数	数学中的皇冠——数论
生活中的几何——欧式几何	不可思议的几何——非欧几何
坐标法——解析几何	位置几何——射影几何学
微分几何	不量尺寸的几何——拓扑学
代数几何学	分形几何
微积分学	复变函数论
实变函数论	泛函分析
常微分方程	偏微分方程
概率和数理统计	运筹学
数理逻辑	计算数学
模糊数学	突变理论
数学物理学	

二、数学发展简史

从公元前 600 年初等数学的基本形成至今，数学经历了 2600 多年的风雨洗礼，其间出现了无数的数学名家和数学学派，并有无数的学者为了数学的发展奉献一生，有些甚至不惜以生命为代价换取真理的问世，他们不断地在数学大厦上添砖加瓦。正是由于一代又一代人的辛勤努力和付出，才使数学发展的脉络更加清晰，涌现出今天数学发展的辉煌成就。我们从数学发展的四个历史时期和数学史上发生的三次危机，以及世界数学中心的变迁来了解数学的发展简史。

（一）数学发展的四个历史时期

萌芽时期。数学知识产生于遥远的古代。整个数学的萌芽时期经历了极为漫长的岁月，如果从旧石器时代开始算起，至少有 200 万年，跨越了原始社会和初期奴隶社会这两个阶段。从数学史家们对古代人类的遗物和一些记载中可知，数学知识起源于人们的实际需要，并主要围绕数与形这两个基本概念逐步发展。人类正是在这一段漫长的时间内，在生产劳动的基础上，逐步制定了数的名称、数的记号、记数制和一些最基本的计算方法。但是这些知识是片段的和零碎的，缺乏逻辑因素，基本上不涉及命题的证明。这个时期的数学还未形成演绎的科学。

常量（初等）数学时期。常量数学时期包括三个阶段：古代希腊数学发展阶段、中世纪东方数学发展阶段、欧洲文艺复兴阶段。到了公元前 6 世纪，希腊几何学的出现成为第一个转折点，数学从此由具体的、实验的阶段过渡到抽象的、理论的阶段，开始形成初等数学。这期间，数学研究的主要对象是常数、常量和不变的图形。此后经过不断地发展和交流，最后形成了几何、算术、代数、三角等独立学科。这一时期的成果可以用“初等数学”来概括。东汉时期数学家刘徽编著的《九章算术注》是代数方面的代表作，而古希腊人欧几里得编著的《几何原本》是几何学的代表作。这两本专著标志着古典初等数学体系的形成。

变量（近代）数学时期。这一时期数学研究的主要内容是数量的变化及几何变换。17 世纪创立的解析几何、微积分、概率论、射影几何和数论等每一个领域都使古希腊人的成就相形见绌。18 世纪的数学是以微积分为基础发展起来的一门内容宽广的学科——数学分析（包括无穷数论、微分方程、微分几何、变分法等学科)，后来成为数学发展的一个主流；复变函数论的创立和数学分析的严格化，非欧几何的问世和射影几何的完善，群论和非交换代数的诞生，是这一世纪典型的数学成就。它们所蕴涵的新思想深刻地影响着 20 世纪的数学。因此，19 世纪也被很多史学家称为“近代数学时期”。

现代数学时期。这个时期数学发展的特点是由研究现实世界的一般抽象形式和关系，进入到研究更抽象、更一般的形式和关系；数学各分支互相渗透融合。随着计算机的出现和日益普及，数学越来越显示出科学和技术的双重品质。20 世纪初，涌现了大量新的应用数学科目，内容丰富，名目繁多，前所未有。数学发展的整体化趋势日益加强，同时纯数学研究也不断向纵深发展。

（二）数学史上的三次危机

第一次数学危机——无理数的发现。大约在公元前 5 世纪，毕达哥拉斯断言，数只有两种：整数和分数。但毕达哥拉斯的学生希伯斯在研究正方形对角长度时，发现了一个无法用两个整数之比来表示的数——“根号 2”。毕达哥拉斯的学生们知道这件事后都非常惊恐，要求希伯斯不要宣布这个发现，不然就要处死他。因为希伯斯的发现不但与老师毕达哥拉斯的结论相抵触，而且动摇了毕达哥拉斯学派关于数的神秘主义世界观的基础。但希伯斯不同意，就这样他选择了被同门师兄弟抛入大海处死。后来，毕达哥拉斯学派成员经过推理证明，发现希伯斯的结论是正确的。但希伯斯已为真理献身了，成为人类发展史上第一个为数学光荣牺牲的人。这与毕达哥拉斯提出的“万物皆数”的著名命题相抵撞，触犯了该学派的数学信仰，导致了当时认识上的“危机”，从而产生了第一次数学危机。

第二次数学危机——无穷小是零吗？两种答案都会导致矛盾。牛顿对它曾做出过三种不同解释：1669年说它是一种常量；1671年又说它是一个趋于零的变量；1676年它被“两个正在消逝的量的最终比”所代替。但是，牛顿始终无法解决上述矛盾。莱布尼茨曾试图用和无穷小量成比例的有限量的差分来代替无穷小量，但是他没有找到从有限量过渡到无穷小量的桥梁。英国大主教贝克莱于1734年写文章道：“流数（导数）是消失了的量的鬼魂……能消化得了二阶、三阶流数的人，是不会因吞食了神学论点就呕吐的”。他说，用忽略高阶无穷小来消除原有的错误，“是依靠双重的错误得到了虽然不科学却是正确的结果”。18世纪，微分法和积分法在生产实践上有了广泛而成功的应用，大部分数学家对这一理论的可靠性是毫不怀疑的。由此，引起了长达一个半世纪的争论，导致了数学史上的第二次数学危机。

第三次数学危机——悖论的产生。1897年，意大利数学家布拉里·福尔蒂揭示了集合论中的第一个悖论。两年后，德国数学家康托尔发现了很相似的悖论。1901年，英国哲学家、数学家、逻辑学家、社会活动家伯特兰·罗素（Bertrand Russell，1872～1970）提出了理发师悖论，又被称为罗素悖论，它的出现是由于朴素集合论对于元素不加限制的定义。罗素悖论曾以多种形式被通俗化。它承认无穷集合、无穷基数，这就好像一切灾难都出来了，使得整个数学大厦都动摇了。这就是第三次数学危机的实质。①

（三）世界数学中心

数学研究在古代只是在少数地方，由少数学者所从事的活动。到了17～18世纪，由于数学教育的发展、数学知识的传播，数学迅速地在英国、法国、德国、意大利、俄国等国发展起来。其中，最突出的是法国数学学派和德国数学学派。①

18世纪末，世界数学中心在法国，庞加莱是首屈一指的权威，是德国数学家、物理学家和天文学家高斯（Gauss，1777～1855）和法国数学家柯西（Augustin Louis Cauchy，1789～1857）之后无可争辩的数学大师。庞加莱是对纯粹数学和应用数学做出过巨大贡献的数学家之一。由于第一次世界大战，法国把年青的数学家和大学生都送到前线，这些人才大批战亡，这个函数论的王国后继乏人，加上研究领域狭窄，法国数学失去了世界数学中心的地位。

20世纪初，对数学的开创和发展起核心作用的是德国哥廷根数学学派。哥廷根学派的全盛时期是从德国数学家克莱因（Christian F. Klein，1849～1925）、

---

①　韩雪涛．数学悖论与三次数学危机．长沙：湖南科学技术出版社，2006

希尔伯特（David Hilbert，1862～1943）开始的。克莱因以其著名的《埃朗根纲领》闻名于世，他从变换群的观点出发，把当时已有的各种几何学加以分类，他是哥廷根学派的组织者和领导者。希尔伯特在代数、几何、分析，乃至元数学上的一连串无与伦比的数学成就，使他成为无可争辩的哥廷根数学学派的领导人物。1900 年，他在巴黎的国际数学家会议上发表演说，提出了著名的 23 个问题，表示他将领导新世纪的数学新潮流。

20 世纪 40 年代至今，普林斯顿大学取代哥廷根大学成为世界数学的中心。1933 年，希特勒上台，对德国哥廷根学派影响极大。疯狂的“排犹”使得哥廷根的主要数学家移居美国，这里只需列出一张从德国、奥地利、匈牙利到美国避难的数学家和物理学家的部分名单，就可见人才转移之一斑了。爱因斯坦（1879～1955，伟大的物理学家）、弗兰克（1882～1964，1925 年获诺贝尔物理学奖）、冯·诺依曼（1903～1957，20 世纪杰出数学家之一）、柯朗（1888～1972，哥廷根数学研究所负责人）、哥德尔（1906～1978，数理逻辑学家）、诺特（1882～1935，抽象代数奠基人之一）、费勒（1906～1970，随机过程论的创始人之一）、阿廷（1896～1962，抽象代数奠基人之一）、费里德里希（1901～1983，应用数学家）、外尔（1885～1955，20 世纪杰出的数学家之一）、德恩（1878～1952，希尔伯特第 3 问题解决者）。诺特曾在普林斯顿附近的 Max Bown 女子学院任教；柯朗在纽约大学任教，创办了举世闻名的应用数学研究所；此外，波利亚、舍荀、海林格、爱华德、诺尔德海姆、德拜、威格纳，外尔和冯·诺依曼在美国的普林斯顿大学高等数学研究所任教。从此以后，数学在美国落户，使美国数学研究居世界领先地位。①

（四）数学学派

毕达哥拉斯学派。毕达哥拉斯学派的成员以贵族为多，他们反对撒摩斯岛的古希腊民主制。领头人毕达哥拉斯在年轻时期游历了很多地方，特别是游访了古埃及和古巴比伦等地，学习了一些数学知识，大约在公元前 530 年回国，开始创建学派。毕达哥拉斯学派把数看做是真实物质对象的终极组成部分。数不能离开感觉到的对象而独立存在，他们认为数是宇宙的要素。所以，他们很注意研究数，也就开始研究数的理论、数的性质，注重实际的计算。他们还依据几何和哲学的神秘性来对“数”进行分类，按照几何图形分类，可分成“三角形数”、“正方形数”、“长方形数”、“五角形数”等。毕达哥拉斯发现了著名的“勾股定理”，据说，毕达哥拉斯为了庆贺自己的业绩，杀了一百头牛，即“百牛大祭”。

① 梁宗巨，王青建，孙宏安．世界数学通史．沈阳：辽宁教育出版社，2004

也正是由于勾股定理的发现导致了无理数的发现，由此产生了第一次数学危机。毕达哥拉斯学派在对数学的发现中，不断追求“美”的形式。他们认为日、月、五星都是球形，浮悬在太空中，是最完美的立体，而圆是最完美的平面图。曾被誉为“巧妙的比例”并染上各种各样瑰丽诡秘色彩的“黄金分割”也是这个学派首先认识到的①。

法国数学学派。17 世纪，以法国巴黎理工科大学为代表的高等教育机构在拿破仑的支持下，培养出成群的世界一流的数学家。微积分逐渐发展成为一个广阔的分析领域，并得到了广泛的应用。这时在数学界最活跃的是法国的三个大数学家，即拉格朗日、拉普拉斯和勒让德。拉格朗日在方程论方面丰富了代数学的内容，在数论、连分数、微积分、微分方程、变分法等方面都写了大量的论文。拿破仑称之为“数学科学中高耸的金字塔”。拉普拉斯在概率论、微分方程和测地学等领域都做出了突出的贡献，而勒让德在数论、椭圆函数方面有重要贡献。傅里叶和泊松是 19 世纪初法国的两颗数学明星，他们都是从事应用数学的研究。庞加莱是 19 世纪数学界首屈一指的权威，这位多才多艺的大数学家以微分方程自守函数、拓扑学的研究著称于世。20 世纪的许多成果都溯源于法国这个函数论王国，在这里数学人才济济，推进了法国数学学派学术的发展。

哥廷根数学学派。德国哥廷根数学学派是在世界数学科学的发展中长期占主导地位的学派。该学派坚持数学的统一性，反映了数学的本质，促进了数学的发展。高斯开启了哥廷根数学学派时代，他把现代数学提到一个新的水平。黎曼、狄利克雷和雅可比继承了高斯的工作，在代数、几何、数论和分析领域做出贡献，克莱因和希尔伯特使德国哥廷根数学学派进入了全盛时期，哥廷根大学因而也成为数学研究和教育的国际中心。哥廷根学派是世界数学家的摇篮和圣地，但希特勒的上台使它受到致命的打击。大批犹太血统的数学家和科学家被迫逃亡美国，哥廷根数学学派解体。

三、数学与其他科学

数学在发展的早期主要是作为一种实用的技术或工具，广泛应用于处理人类生活及社会活动中的各种实际问题。早期数学应用的重要方面有：食物、牲畜、工具及其他生活用品的分配与交换，房屋、仓库等的建造，丈量土地，兴修水利，编制历法等。随着数学的发展和人类文化的进步，数学的应用逐渐广泛和深

---

① Mattei J F. 毕达哥拉斯和毕达哥拉斯学派．管震湖译．北京：商务印书馆，1997

入，数学与自然科学、数学与工程科学、数学与社会科学的联系越来越密切，特别是当代人文社会科学的数学化成为一种强大的发展趋势。

（一）数学与自然科学

数学作为自然科学的基础，与其他自然科学的联系非常密切（表3-2），对其他自然科学的影响也是非常深远的。从数与形在天文学中的广泛应用到数学在物理学中的应用，没有微积分，就没有牛顿力学；闵可夫斯基为爱因斯坦狭义相对论提供了数学框架——闵可夫斯基四维几何；外尔最早提出规范场理论，并为爱因斯坦广义相对论提供了理论依据；冯·诺依曼对刚刚降生的量子力学提供了严格的数学基础，发展了泛函分析；女数学家诺特以一般理想论奠定了抽象代数的基础，并在此基础上刺激了代数拓扑学的发展；柯朗是应用数学大家，他在偏微分方程求解方面的工作为空气动力学等一系列实际课题扫清了道路。同样，数学及其算法不断在化学中得到应用，群论对分子对称性的研究和分子振动的研究就是很好的证明。数学与化学的结合产生了数理化学、量子化学等交叉学科。数学在生物学中的应用，在地球科学中的运用，已经显示出数学方法巨大的作用，表明了数学的发展推动了人类社会的进步。①

表3-2 数学与物理学的紧密联系

数　学	物理学
微积分	经典力学
闵式几何	狭义相对论
黎曼几何、张量分析	广义相对论
偏微分方程	电动力学
希伯特空间理论	量子力学
泛函积分理论	量子场论
纤维丛理论	规范场理论
群论	对称性理论与守恒定律

（二）数学与工程科学

科学研究方法的三大支柱，即实验物理、理论研究、计算数学。数学对现代科学技术有着巨大的影响和作用。现代科学技术的突出特点是定量化，而定量化的标志是运用数学思想和方法。在工程科学中，高技术的高精度、高速度、高自动、高质量、高效率等特点，无一不是通过数学模型和数学方法并借助计算机的

① Weyl H. 数学与自然科学之哲学. 齐民友译. 上海：上海科技教育出版社，2007

控制来实现的。随着计算机科学的迅猛发展，电子计算机是数学与工程技术相结合的产物，而计算机的发展产生的科学计算使数学兼有了科学与技术的双重身份，现代科学技术越来越表现为一种“数学技术”，特别是高速巨型计算机的出现使得计算结果极其精确，导致新技术的诞生。例如，美国波音飞机制造公司的最新产品波音787双引擎中型喷气式客机在波音公司宽体客机总装厂首次露面。这种投资40亿美元的民用客机从设计到制造尽可能地采用新技术、新材料，不用一张图纸，不做一个模型，在世界航空工业史上首次百分之百地采用计算机数字设计和模拟组装。这种被称为“百分之百数学化设计的飞机”在设计和试验过程中全面采用了数学技术，使高性能新机种的研究周期从10年缩短到3年多。在军事上，如果将计算机病毒的破坏和繁殖功能与“逻辑炸弹”的潜伏性结合起来，加上人工智能设计一种病毒程序，便可以造出更灵巧的病毒武器，它们既能够破坏特定目标，又可避开防毒程序等。可见，计算数学推动工程科学的发展案例数不胜数。

（三）数学与社会科学

利用简单数学方法解决社会科学难题，如问卷调查，就是社会科学中最常用的方法之一。而经济学作为最成功地实现数学化的学科，成就令人瞩目。自1969年设立诺贝尔经济学奖以来，超过2/3的获奖者是由于在经济学领域运用数学方法获得重大突破而获奖的。数学在经济学中的应用产生了包括数理经济学、经济计量学、经济控制论、经济预测、经济信息等分支的数量经济学科群，以致一些西方学者认为：当代的经济学实际上已成为应用数学的一个分支；在当代管理科学中，正越来越多地使用着各种数学方法，其中运筹学的理论和方法被广泛应用于各个领域，成为一门主要运用数学和计算机等方法为决策优化提供理论和方法的学科；数学方法进入历史科学领域导致了计量史学的诞生；在当今的军事理论和国防战略研究中也使用了许多复杂的现代数学理论与方法；数学在艺术领域的应用也获得了许多出人意料的重要结果。

数学方法对经济发展有巨大作用，自20世纪80年代以来，国内外已有许多文献加以论述，比较有代表性的包括：美国国家研究委员会1984年的报告《美国数学的现在和未来》、1990年的报告《振兴美国数学》及1991年的报告《数学科学·技术·经济竞争力》，王梓坤院士代表中国科学院数理学部所撰写的报告《今日数学及其应用》，石钟慈院士的《第三种科学方法——计算机时代的科学计算》，张奠宙教授的《数学的明天》等。经济理论的发展和研究、经济生活的日益纷繁复杂越来越离不开数学的支持，离不开数学的理论和方法及数学的思维方式。目前，数字信息、数字城市、数字管理、数字文化等都充分体现了数字时代的数学特征。

四、数学的未来

2002年，第24届国际数学家大会在中国举行，这是该大会首次在发展中国家举办，也是21世纪的第一次国际数学家大会，共有4000多位海内外数学家参加。1994年，诺贝尔经济学奖获奖者、获得8项奥斯卡提名的电影《美丽心灵》的原型、美国的天才数学家约翰·纳什与清华大学数学系学生们交流，提出和回答了许多有趣问题。例如："做一个数学家最重要的是什么？""您认为自己是数学家还是经济学家？" "是兴趣。我认为自己是一个解决了经济学问题的数学家。""什么是数学的美？""有的东西很美，但未必实用，而有的东西实用，但未必很美。数学之美体现在它的实用性上。感谢数学吧，它的应用多么宽广啊！"……数学的未来大有可为。①

（一）数学的发展前景

有学者提出21世纪的数学将是量子数学的时代，或者称为无穷维数学的时代。量子数学是指我们能够恰当地理解分析、几何、拓扑和各式各样的非线性函数空间的代数。非交换微分几何如今已经构成了一个相当宏伟的框架性理论，它融合了分析、代数、几何、拓扑、物理、数论等几乎所有的数学分支。这个理论至少在21世纪初会得到显著发展，而且找到它与尚不成熟的量子场论之间的联系是完全有可能的。

（二）数学的世纪难题

在数学取得新突破、新发现的同时，我们仍要注意有许多前人提出的问题亟待解决，如梅森素数的研究。魅力无穷的梅森素数具有许多特异的性质和现象，千百年来一直吸引着众多的数学家和数学爱好者对它进行研究，虽然前人已经揭示了一些规律，但围绕它仍然有许多未解之谜等待着人们去探索。数学史上还有一些有趣的数学难题给人留下深刻印象。例如，近代数学的三大难题——费马大定理、哥德巴赫猜想、四色猜想。此外，女生散步问题、七桥问题等智慧之谜或已被人们揭开，或正等待人们破解。2000年5月，美国著名的克莱数学研究所选出世纪七大数学难题（表3-3），对于每个难题的破解者奖励100万美元。

---

① 刘德铭. 数学与未来. 长沙：湖南教育出版社，1987

表 3-3 世纪七大数学难题及其内容

序号	问题的简称	内容
1	P 与 NP 问题	一个问题称是 P 的，若它可通过运行多项式次（即运行时间至多是输入量的多项式函数）的一种算法获得解决。一个问题称是 NP 的，若所提出的解答可用运行多项式次算来检验。P 等于 NP 吗
2	黎曼猜想	素数的分布最终归结为所谓的 ζ 函数的零点问题
3	庞加莱猜想	任何单连通 3 维闭流形同胚于 3 维球
4	霍奇猜想	任何霍奇类关于一个非奇异复射影代数簇都是某些代数闭链类的有理线性组合
5	波奇和斯温纳顿－戴维猜想	对于建立在有理数域上的每一条椭圆曲线，它在 1 处的 L 函数变为零的阶等于该曲线上有利点的阿贝尔群的秩
6	纳威厄－斯托克斯方程组	在适当条件下，对 3 维纳威厄－斯托克斯方程组证明或反证其光滑解的存在性
7	杨－米尔斯理论	证明量子杨－米尔斯场存在，并存在一个质量间隙

认识和研究这些数学难题已成为世界数学界的热点，不少国家的数学家正在组织联合攻关。最后，我们引用外尔斯（Andrew Wiles）在千禧年数学悬赏问题发布会上的讲话作为结束：

我们相信，作为 20 世纪未解决的重大数学问题，第二个千禧年的悬赏问题（黎曼猜想）令人瞩目。我本人在 10 岁时，通过阅读一本数学的普及读物第一次接触到费马问题。这本书的封面上印着 WOLFSKEHL 奖的历史，那是 50 年前为征求费马问题而设的一项奖金。我们希望现在的悬赏问题，将类似地激励新一代的数学家及非数学家。然而，我要强调，数学的未来并不限于这些问题。事实上，在某些问题之外存在着整个崭新的数学世界，等待我们去发现、去开发。如果你愿意，可以想象一下 1600 年的欧洲人，他们很清楚，跨过大西洋，那里是一片新大陆。但他们可能悬赏巨奖去帮助发现和开发美国吗？没有为发明飞机的悬赏，没有为发明计算机的悬赏，没有兴建芝加哥城的悬赏，没有为收获万顷小麦的收割机的发明悬赏。这些东西现在已变成美国的一部分，但这些东西在 1600 年是完全不可想象的。或许他们可以悬赏去解决诸如经度的问题，确定经度的问题是一个经典问题，它的解决有助于新大陆的发展。

科学无国界，经典科学之谜的破解不仅是智慧的体现，也是对科学界的合作与创新能力的检验。我们期待有更多的人，特别是热心数学探索和研究的大学生投入数学的前沿猜想与思辨之中。

第二节　物　理　学

物理学（physics）——挑起地球的力量。

国际纯粹物理和应用物理联合会第23届代表大会的决议《物理学对社会的重要性》指出："物理学是一项国际事业，它对人类未来的进步起着关键性的作用：探索自然，驱动技术，改善生活，以及培养人才。"物理学是一门人类认识物质世界的科学，物理学与数学、化学、天文学、地学、生物学、逻辑学同为七大基础学科。

一、物理学的概念

"物理学"由古希腊的"自然"一词演化而来，最早见于古希腊亚里士多德的《物理学》一书。《物理学》的中文译者张竹明先生认为：亚里士多德的物理学不同于现在的物理学，它包括现在的物理学，也包括化学、生物学、天文学、地学等在内。总之，它涉及整个自然科学，只研究自然界的总原理，是自然哲学。正如英国著名诗人蒲伯在赞美伟大物理学家牛顿的诗中所述：自然和自然律，沉浸在一片混沌之中，上帝说，牛顿降世，于是一切都变得明朗。

（一）物理学的定义

物理学是研究宇宙中物质存在的基本形式、性质、运动和转化、内部结构等方面，从而认识这些结构的组成元素及其相互作用、运动和转化的基本规律的科学。

物理学是研究自然界的物质结构、物体间的相互作用和物体运动最一般规律的自然科学，是人们对无生命自然界中物质的转变的知识做出的规律性总结。这种运动和转变应有两种：一是早期人们通过感官视觉的延伸，二是近代人们通过发明创造供观察测量用的科学仪器、实验记录得出的结果间接认识物质内部组成建立的基础。物理学可分为宏观与微观两部分：宏观物理学是指不分析微粒群中的单个作用效果而直接考虑整体效果；微观物理学的核心内容是以超级微观法则透视其物质结构及万物的本性，对客观存在而又空洞抽象的引力物理现象即原子理论进行了具体化的研究。诚如诺贝尔物理学奖获奖者、德国物理学家玻恩所言："与其说是因为我发表的工作里包含了一个自然现象的发现，不如说是因为那里包含了一个关于自然现象的科学思想方法基础。"[①] 物理学之所以被人们公

① 徐龙道．物理学词典．北京：科学出版社，2004

认为一门重要的科学，不仅在于它对客观世界的规律做出了深刻的揭示，而且在于它在发展、成长的过程中，形成了一整套独特而卓有成效的思想方法体系。

（二）物理实验

实验，区别于试验，是指在科学研究中用来检验某种假设或者验证某种已经存在的理论而进行的操作。通常实验最终以实验报告的形式发表。而试验指的是针对已知某种事物，为了解它的性能或者结果而进行的试用操作。对于物理学理论和实验来说，物理量的定义和测量的假设选择、理论的数学展开、理论与实验的比较是否与实验定律一致是物理学理论的目标。人们能通过这样的结合解决问题，就是预言指导科学实践，这是物理学理论研究的目的。因此，物理学是以实验为本的科学，因为物理学的一切基本定律都是按照实验规律来研究的，它们或者是实验的直接结果，或者是对大量实验现象进行抽象、提炼后总结出来的，再由实验证实后才能确定。如果认识不到实验对物理学的重要性，以及物理学对实验研究方法的依赖性，就是没有把握住物理学的基本精神。

物理实验在物理学的发展中所起到的主要作用：一是发现新事实，探索新规律。物理学的许多分支都是在实验的基础上形成的，之后又有许多新的实验补充新的事实，使之更加充实、完善。二是检验理论，判断理论的适应范围。毋庸置疑，理论是物理学的主体，而理论的正确与否则需要实践检验。三是测定常数，了解物质的物理特性要通过实验测量跟物质特性有关的各种常数。同时，基本物理常数的测定和研究在物理史中也占有极其重要的地位。四是推广应用，开拓新领域。这一点很容易理解，各种发明创造无不是经过大量实验研究才逐渐完善的。以上四个方面是实验在物理学发展中的作用。我们将在本书的第五章介绍世界著名十大经典物理实验。

（三）物理学学科分支

物理学的分支学科是按物质的不同存在形式和不同运动形式划分的。从17世纪建立牛顿力学，19世纪建立电磁学基本理论，到20世纪建立相对论和量子论，物理学逐步发展成为一门独立的学科。这使物理学的面貌焕然一新，促使物理学各个领域向纵深发展。不但经典物理学的各个分支学科在新的基础上深入发展，而且形成了许多新的分支学科，如原子物理、分子物理、核物理、粒子物理、凝聚态物理、等离子体物理等。在近代物理发展的基础上，物理学萌发了许多高技术学科，如核能与其他能源技术、核技术、航天技术、半导体电子技术、光电子技术、纳米技术等，从而有力地推动了生产技术的发展和变革。

物理学科按研究对象划分，包含如下几个分支：力学、热学、声学、光学、电磁学、量子物理学、凝聚态物理学等（图3-5）。

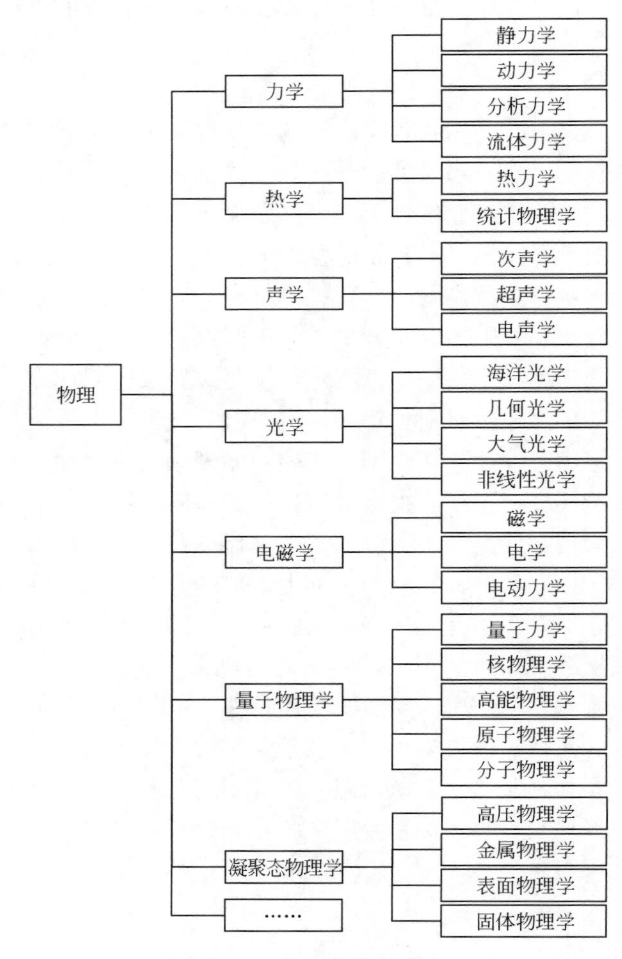

图3-5 物理学学科分支

二、物理学发展简史

物理学经历了古代物理学时期、近代物理学时期（又称经典物理学时期）和现代物理学时期这三个主要发展时期。同时也经历了五次理论的大的综合，引发了三次技术革命，使物理学及人类文明取得了突飞猛进的大发展。

（一）重要发展阶段

古代物理学时期。公元前 8 ~ 公元 15 世纪，无论在东方还是在西方，物理学发展均处于前科学的萌芽阶段。严格地说，还不能称其为“学科”。一方面物理知识包含在哲学中，如古希腊的自然哲学；另一方面体现在各种技术中，如中国古代的四大发明。这一时期的物理学有如下特征：在研究方法上主要是表面在观察、直觉的猜测和形式逻辑的演绎；在知识水平上基本是对现象的描述、对经验肤浅的总结和好奇猜测带来的思辨；在内容上主要有物质本原的探索、天体的运动、静力学和光学等有关知识，其中静力学发展较为完善；在发展速度上比较缓慢，社会功能不明显。这一时期对于西方的物理学又可分为两个阶段，即古希腊—罗马阶段和中世纪阶段。古希腊—罗马阶段主要有古希腊的原子论、阿基米德的力学、托勒密的天文学等。中世纪阶段主要有阿勒·哈增的光学、冲力说等。

近代物理学时期（又称经典物理学时期）。16 ~ 19 世纪是经典物理学的诞生、发展和完善时期。物理学与哲学分离，走上独立发展的道路，迅速形成比较完整严密的经典物理学科学体系。这一时期的物理学有如下特征：在研究方法上采用了实验与数学相结合、分析与综合相结合和归纳与演绎相结合等方法；在知识水平上产生了比较系统和严密的科学理论与实验；在内容上形成了比较完整严密的经典物理学科学体系；在发展速度上十分迅速，社会功能明显，推动了资本主义生产与社会的迅速发展。这一时期的物理学又可细分为三个阶段。草创阶段（16 ~ 17 世纪），主要在天文学和力学领域中爆发了一场“科学革命”，即牛顿力学的诞生；消化和渐进阶段（18 世纪），建立了分析力学，在光学、热学和静电学方面也取得较大的发展；鼎盛阶段（19 世纪），相继确立了波动光学数学形式、热力学与分子运动论、电磁学，使经典物理学体系臻于完善。正如爱因斯坦和英费尔德在《物理学的进化》中所说：“伽利略的发现及他所应用的科学的推理方法是人类思想史上最伟大的成就之一，而且标志着物理学的真正开端”。

伽利略做了一系列开创性的工作，他发明了实验方法，使被观察的客体处于某种受控状态，因而进行测量有了可能。与此同时他运用理想化方法，为数学进入物理学创造了条件。牛顿继续着伽利略的工作，建立了规模宏大的物理学体系。此后，人们围绕着牛顿体系大约工作了两个世纪，直到 19 世纪 80 年代达到高峰。这一时期的物理学被人类誉为“经典物理学”，人们一度认为它是“最终的理论”。例如，1900 年，英国物理学家开尔文（Lord Kelvin，1824 ~ 1907）爵士在新年献词中说：“在已经基本建成的科学大厦中，后辈物理学家只要做些零零碎碎的修补工作就行了。”并且，他认为迈克耳孙 – 莫雷实验的发现和所谓“紫外灾难”只是物理学“晴朗天空”中的两朵“乌云”，是完全可以驱散的。

但事实与开尔文设想的正相反，20 世纪的物理学革命摧毁了经典物理学的现状，并重建了物理学大厦。因此，正如英国数学家、哲学家和教育理论学家阿尔弗雷德·诺斯·怀特海（Alfred North Whitehead，1861～1947）在比较经典物理学与当代物理学时，轻蔑地说经典物理学只是一系列“有组织的常识的胜利”。

现代物理学时期。19 世纪末至今是现代物理学诞生和取得革命性发展的时期。物理学的研究领域得到巨大的拓展，实验手段与设备得到前所未有的增强，理论基础发生了质的飞跃。这一时期的物理学有如下主要特征：在研究方法上更加依赖于大规模的实验、高度抽象的理性思维和国际化的合作与交流；在认识领域上拓展到微观、宏观和接近光速的高速运动新领域，变革了人类对物质、运动、时空、因果律的认识；在发展速度上非常迅猛，社会功能十分显著，推动了社会的飞速发展。这一时期的物理学又可大致分为两个阶段。第一，革命与奠基阶段（1895～1927）建立了相对论和量子力学，奠定了现代物理学的基础。第二，飞速发展阶段（1927～ ）产生了量子场论、原子核物理学、粒子物理学、半导体物理学、现代宇宙学、现代物理技术等分支学科。

19 世纪末，当物理学家认为伟大的发现不会再有的时候，一些新发现的事实对经典物理学发起了挑战，从而拉开了现代物理学革命的序幕。这一系列的新发现发生在 19 世纪与 20 世纪之交的年代，如世纪之交重大物理学发现（表 3-4），主要是因为电力工业的发展促使科学家研究气体放电和真空技术导致的。其中，X 射线、放射性、电子的发现被称为世纪之交物理学的三大发现。

表 3-4 世纪之交重大物理学发现

年份	国家	人物	贡献
1895	德国	伦琴	发现 X 射线
1896	法国	贝克勒尔	发现天然放射性
1896	荷兰	塞曼	发现磁场使光谱线分裂
1897	英国	J. J. 汤姆孙	发现电子
1898	英国	卢瑟福	发现 α、β 射线
1898	法国	居里夫妇	发现放射性元素钋和镭
1899	德国	卢梅尔等	发现热辐射能量分布曲线偏离维恩分布律
1900	法国	维拉德	发现 γ 射线
1901	德国	考夫曼	发现电子的质量随速度增加
1902	德国	勒纳德	发现光电效应基本定律
1902	英国	里查森	发现热电子发射规律
1903	英国	卢瑟福和索迪	发现放射性元素的蜕变规律

20 世纪是人类科学技术成就最显著的世纪，其中物理学的成果最为突出。1900 年，普朗克创立了量子论，提出能量并非无限可分、能量的变化是不连续的新观念。1905 年，爱因斯坦提出了光量子论，揭示了光的“波粒二象性”。同年，爱因斯坦提出了狭义相对论，关于 $E = mc^2$，即物体贮藏的能量等于该物体的质量乘以光速的平方，这个数量大到令人难以想象的程度。1913 年，玻尔把量子化概念引进原子结构理论。1915 年，爱因斯坦创立了广义相对论，深刻揭示了时间、空间和物质、运动之间的内在联系——空间和时间是随着物质分布和运动速度的变化而变化的，成为了现代物理学的基础理论之一。1923 年，德布罗意提出物质波理论。1925 年，海森伯和薛定谔分别建立矩阵力学和波动力学。1928 年，26 岁的狄拉克提出电磁场中相对论性电子运动方程和最初形式的量子场论，使包括矩阵力学和波动力学在内的量子力学取得了重大的进展。20 世纪中后期，人类五大科学成就（物质基本结构、规范场、宇宙大爆炸、遗传物质分子双螺旋结构、大地构造板块学说），以及信息论、控制论、系统论等理论的创建，使人类的视野进一步拓展到更为宇观、宏观和微观的领域，成为使人类文明进步的巨大推动力。物理学对科学革命的重要贡献由此可见一斑。

（二）五次理论大综合

在人类认识自然的历史进程中，每一次物理学革命，都凝聚着一代一代的伟大科学巨匠的理论贡献。他们善于运用数理逻辑方法，从实验的检验中，整理出定性到定量的结论，探究出精密、严谨、科学、系统的理论。①

第一次理论的大综合——牛顿力学的建立。牛顿在伽利略、开普勒、笛卡尔等先驱们的科学研究工作基础上，把物体的运动规律归结为三条基本运动定律和一条万有引力定律，由此建立起一个完整的力学理论体系，把天地间万物的运动规律概括在一个严密的统一理论中。这就是经典物理学，也可以说是人类认识自然历史中第一次理论的大综合。

第二次理论的大综合——能量守恒定律的建立。牛顿力学到了 19 世纪中叶显示出无比强大的威力。能量守恒定律的发现揭示了各种物质运动形式不仅可以相互转化，而且在量上还有确定的关系。这样促使牛顿力学成为热力学、化学甚至生物学等学科领域的理论基础。特别是在焦耳、迈尔、亥姆霍兹、克劳修斯等一大批物理学家的共同努力下，发现了热力学第一、第二定律，建立起能量守恒定律，揭示了热、机械、电化学等各种运动形式间的相互联系和相互转化的关系，从而实现了物理学的第二次大综合。

---

① Cajori F. 物理学史．戴念祖译．桂林：广西师范大学出版社，2002

第三次理论的大综合——电磁理论的建立。历史上第一个对电磁现象进行系统研究的是英国的吉尔伯特。他于1600年出版了《磁铁》一书，介绍了自己的研究成果，提出：电和磁是两种不同的东西。此后100多年，电磁研究进展甚微。到了18世纪，工业革命进入高潮时，电磁研究复苏了。随后，富兰克林以著名的风筝实验证明了天上的雷电与地上的电荷相同。他定义了正负电荷，提出了电荷守恒定律。1784年，库仑发明了扭秤。次年，他用扭秤实验得出了静电作用的平方反比定律。之后，建立起电磁理论。这使人类社会实现从机械化到电气化的飞跃。随之，发电机和电动机的发明实现了机械能、热能、光能（后来还有原子能）和电能间的相互转化，形成了二次能源。由于电能的转换和使用方便快捷，人类对能源的利用上了一个新的台阶。这场革命把科学、技术和生产三者间的关系倒置过来。在电磁理论的基础上，各种电器、电机相继发明，有力地促进了技术的进步，从而极大地提高了劳动生产率。科学、技术和生产的关系的倒置是人类社会的一大进步。发生这种变化是因为电磁现象已不再像力、热、光那样可被人的感觉器官直接感受到，只能靠科学家通过科学实验来感觉它、认识它、掌握它，最终让它为人类服务。此前，物理学家自身的结构主要是：物理学家+数学家+哲学家；电气化时代，出现了物理学家+工程师+企业家类新型科学家。其中最著名的有爱迪生、贝尔和西门子等。从此，无线电技术在通讯领域得到广泛应用，人类传递和获取信息的能力大大增强。

有线和无线通讯是人类迈向信息化时代的第一步。这是科学领先技术和生产的必然结果。实现了物理学的第三次理论大综合，导致了继蒸汽机之后以电力应用为标志的近代第二次技术革命。

第四次理论的大综合——相对论的建立。19世纪，经典物理学的成就达到了顶峰。可是，世纪末的迈克尔逊-莫雷实验和黑体辐射实验形成了物理学万里晴空中的“两朵乌云”；而电子、X射线和放射性等新发现使经典物理学遇到了极大的挑战。有的物理学家呼唤：“我们仍然在期待着第二个牛顿。”需要巨人的时代造就了巨人。这第二个牛顿便是爱因斯坦。

1905年，爱因斯坦以“电磁场对惯性系的协变性”为突破口，提出了“光速不变原理”和物理规律在惯性系中不变的“狭义相对性原理”，导出了洛伦兹变换，从而驱散了第一朵“乌云”，诞生了狭义相对论。在此基础上，他又得到的质能相当的推论，预示了利用原子能的可能。

爱因斯坦在狭义相对论中给出了著名的质能关系式 $E=mc^2$，其中 E 为物体的能量，m 为物体的静止质量，c 为光速。狭义相对论的核心是时间与空间的统一性，时间、空间和物质运动的联系，物质的能量和质量的相当性。狭义相对论还实现了能量和质量的统一，从而使与之相关的两条守恒律结合成能量-质量守恒定律。

1916 年，爱因斯坦从引力场中一切物体具有相同的加速度得到启发，提出了“加速参照系与引力场等效”和物理规律在非惯性系中不变的“广义相对性原理”，从而得到了引力场方程 $\boldsymbol{G}_{\mu\nu}=8\pi\boldsymbol{T}_{\mu\nu}$。方程左边是描述引力场的空间几何张量，右边是作为引力场源的物质能量动量张量。方程的辐射解是引力波，平面波解——引力子。引力场方程的非线形特征，描述了引力波传播的过程比电磁波要复杂得多。他预言，光线从太阳旁边通过时会发生弯曲。在广义相对论中，任何具有质量的物体，只要它加速运动或发生形变，在一定几何条件下就能够激发引力波，而引力波是时空自身的波动，不像星光那样的电磁波，总要被星际尘埃吸收和散射掉很多，引力波却能够几乎无耗散地被地球人捕捉到。广义相对论揭示了四维时空与物质的统一关系，指出空间和时间不能离开物质而独立存在，时空结构的性质取决于物质的分布。1919 年，英国天文学家爱丁顿以日全食观测证实了这一预言，从而开创了现代天文学的新纪元。爱因斯坦也因此名噪全球。

爱因斯坦创立的相对论挑战了牛顿的绝对时空观，揭示了空间、时间、物质、运动之间在本质上的统一性，把牛顿的力学理论作为一种特殊情况概括在内。相对论既是原子内部的微观物理学的基础，也是天体物理学和宇宙学的理论基础，这是物理学发展史上的第四次大统一，也是物理学的第四次理论大综合。

第五次理论的大综合——量子理论的建立。1900 年，普朗克提出了“能量子”假设，量子论诞生了。1905 年，爱因斯坦在此基础上提出“光量子”假说，用光的波粒二象性成功地解释了“光电效应”。同年，他把量子概念用点阵振动来解释固体比热。1912 年，爱因斯坦又由量子概念提出了光化学当量定律。1916 年，他由玻尔的原子理论提出了自发辐射和受激辐射的概念，孕育了激光技术。此后，对量子力学的建立做出重要贡献的著名物理学家还有：1923 年提出实物粒子也具有波粒二象性的德布罗意，1925 年建立量子力学的矩阵力学形式的玻恩和海森伯等，1926 年建立量子力学的波动力学形式的薛定谔。同年，玻恩给出了波函数的统计诠释，海森伯提出反映微观世界特性的“不确定度关系”。量子力学的建立实现了波和粒子、宏观和微观、因果论和概率论的统一。它向人们提供了一种新的关于自然界的描述方法和思考方法。量子力学的一系列基本概念，如波粒二象性、物理量的不可对易性、不确定度关系、互补原理等，都同传统的物理学概念框架格格不入。量子力学揭示了微观世界的基本规律，为原子物理学、固体物理学、核物理学和粒子物理学的发展奠定了理论基础，掀起了 20 世纪物理学革命的高潮，导致了物理学发展史上的第五次理论的大综合。量子理论发现的五位构建人物我们称之为量子群英（表 3-5）。

表 3-5 量子群英统计表

姓名	国籍	科学贡献	获诺贝尔物理学奖时间
马克斯·普朗克	德国	在黑体辐射研究过程中，提出量子假说。指出能量不是一种连续不断的形式，而是由小微粒组成的，他把这种小微粒叫做量子，对确立量子论做出巨大贡献	1918 年
阿尔伯特·爱因斯坦	德国	在量子物理范畴，以普朗克假说为基础提出光电子假设，建立了光电效应定律。促进了早期量子论的发展	1921 年
尼尔斯·波尔	丹麦	提出基于定态跃迁假设的原子结构模型。指出原子中的电子运动也是“量子化”的，电子向原子靠近和远离核的过程不是连续的，而是一段一段地跳跃着的，这就是所谓的“量子跃迁”。提出量子物理的对应原理与互补原理，奠定了量子力学的正统诠释——哥本哈根诠释	1922 年
沃纳·海森伯	德国	创立量子力学的矩阵力学形式，提出不确定原理。引发了科学自然观范畴的深刻变革，标志着拥有完备数学形式的量子力学的建立	1932 年
埃尔温·薛定谔	奥地利	创立了量子力学波动力学形式，开创了物理学与生命科学相结合的科学新领域，是生物物理特别是分子生物学之父，对后世科学的发展有着深远的影响	1933 年

（三）技术革命

恩格斯在 100 多年前就深刻指出，如果“技术在很大程度上依赖于科学状况，那么科学却在更大得多的程度上依赖于技术的状况和需要。社会一旦有技术上的需要，这种需要就会比 10 所大学更能把科学推向前进”①。人类社会对技术的需求刺激了科学的发展，科学通过技术完成对自然界与人类社会的改造。科学的长足发展是以技术的突飞猛进为外在表现，自然科学特别是物理学的进步引发了人类社会三次深刻的技术革命。

第一次技术革命。伴随 18 世纪 60 年代在英国开始的产业革命，它开始于纺织工业的机械化——英国织布工人哈格里沃斯在 1764 年发明“珍妮纺车”，以蒸汽机的广泛使用为主要标志——英国格拉斯哥大学机械师瓦特在 1769 年发明分离冷凝器，1781 年取得旋转蒸汽机专利，从而使蒸汽机成为通用原动机，继而推广到采矿、冶金、机械、化工、海陆交通运输等各工业行业。“蒸汽大王”瓦特是近代第一次技术革命的伟大旗手，他开启了蒸汽时代。第一次技术革命的标

① 马克思，恩格斯．马克思恩格斯全集．第四卷．中共中央马克思恩格斯列宁斯大林著作编译局译．北京：人民出版社，1972

志是蒸汽机的发明与使用。

第二次技术革命。由于19世纪70年代电力的发明与应用，直流电机供电已经取代了蒸汽动力而占有统治地位。电力不仅可以代替蒸汽作为工业动力，而且可以用于通信和照明。人类历史上开始了电气化的现代文明生活，人类社会由蒸汽时代进入了电气时代。第二次工业技术革命的标志是电力革命的开始。

第三次技术革命。出现在20世纪40年代以后，以原子能工业（1942）、电子计算机（1945）、空间技术（1957）、激光技术（1960）和基因工程（1973）等新兴技术群为标志，而以电子计算机技术、通信技术和信息资源处理技术组成的信息技术为核心，所以又叫做“信息革命”。与信息革命相对应的社会是信息社会。

（四）物理学学派

哥本哈根学派的功勋卓著：哥本哈根学派是20世纪20年代初期形成的，为首的是丹麦著名物理学家尼尔斯·玻尔，玻恩、海森伯、泡利、狄拉克等是这个学派的主要成员。它的发源地是玻尔创立的哥本哈根理论物理研究所。哥本哈根学派对量子力学的创立和发展做出了杰出贡献，玻尔提出的著名的“互补原理”是哥本哈根学派的重要支柱。玻尔领导的哥本哈根理论物理研究所成了量子理论研究中心，由此，该学派成为当时世界上力量最雄厚的物理学派。①

玻尔早年求学于英国剑桥大学，是著名的物理学家卢瑟福的高足。在学期间，他掌握了卡文迪许实验室的优良传统的真谛，先后发表了史称“物理学伟大的三部曲”的论文，奠定了原子结构量子力学模型的理论基础。玻尔专门研究原子结构，在微观物理学方面取得了让爱因斯坦等超一流物理学家都吃惊的业绩。

1922年11月，从斯德哥尔摩传来特大新闻：哥本哈根大学教授尼尔斯·玻尔荣获该年度诺贝尔物理学奖。37岁的玻尔是丹麦第一个诺贝尔奖获奖者。回国后，玻尔致力于原子结构的量子力学研究，取得了举世公认的成就。20世纪20年代，玻尔的学识、造诣和人格魅力使他成了年青一代物理学家心仪的导师；哥本哈根成为青年物理学家向往的圣地。到哥本哈根去，向玻尔教授学习。于是，整个欧洲物理学界的年轻人涌向了哥本哈根。在哥本哈根大学理论物理研究所聚集了一大批青年精英，在玻尔教授的教导和激励下，十几个世界一流的物理学家在20～30岁就脱颖而出了。玻恩、海森伯、约尔丹、泡利、罗森菲耳德，以及苏联的福克和朗道等杰出的物理学家都出自玻尔的门下。还有一大批物理学家也是吸吮着哥本哈根学派的乳汁而成长的，如狄拉克、德布罗依、德拜、考斯特等人。同玻尔同辈的其他物理学家也得益于哥本哈根学派。玻尔－爱因斯坦论

---

① 关洪．一代神话——哥本哈根学派．武汉：武汉出版社，2002

战，是20世纪物理学史恒提恒新的话题，它使爱因斯坦这位物理学巨人更加丰满高大。20世纪物理学出现了两个惊人的巨大成就：一个是相对论，另一个是量子力学。迄今，物理学界发展最快的当属相对论与量子力学的结合领域——基本粒子物理学。

哥本哈根学派在解释定量方面首先表述为海森伯的不确定关系。这类由作用量子 h 表述的数学关系，在1927年9月玻尔提出的互补原理中从哲学层面得到了总结，用来解释量子现象的基本特征——波粒二象性。所谓互补原理也就是波动性和粒子性的互相补充。该学派提出的量子跃迁语言和不确定性原理（即测不准关系）及其在哲学意义上的扩展（互补原理）在物理学界得到普遍的采用。因此，哥本哈根学派对量子力学的物理解释及哲学观点，理所当然是诸多学派的主体，是正统的、主要的解释。

由玻尔领导的哥本哈根学派展现了一个典型的科学学派的众多特点：拥有一个魅力型科学权威，建立良好的研究场所，筹集到足够多的研究资金，把握主流的研究领域，活跃着几位青年科学家，蕴含独特的精神文化。关于这些特点的描述可以在写作手法截然不同的两本玻尔传记《尼耳斯·玻尔传》（旨在精确评述玻尔的学术成就和思想，属于科学型传记）[①]和《和谐与统一：尼耳斯·玻尔的一生》（主要叙述玻尔的人生经历，属于生活型传记）[②]，以及一本专门描述玻尔建立的理论物理研究所的《玻尔研究所的早年岁月》[③] 中找到。

关于哥本哈根精神，不同的专家学者有不同的描述，如“完全自由的判断与讨论的美德”；“高度的智力追求，大胆的涉险精神，深奥的研究内容与快乐的乐天主义的混合物”；“玻尔给人的鼓舞和指导，与他周围年轻物理学家的天才和个人才干的协同一致，一种领导与群众之间的互补性”；“由于他的洞察力和鼓舞力量，玻尔点燃了想象的火炬，并让他周围人们的聪明才智充分地发挥出来”。

三、物理学与其他科学

大量事实表明，物理思想与方法不仅展现了物理学本身自有价值，而且对整个自然科学乃至社会科学的发展都有着重要的贡献。有学者统计，自20世纪中叶以来，在诺贝尔化学奖、生理学或医学奖，甚至经济学奖的获奖者中，有一半以上的人具有物理学的背景。这意味着他们从物理学中汲取了智慧，转而在非物理领域里获得了成功。难怪国外有专家十分尖锐地指出：没有物理修养的民族是

① Pais A. 尼耳斯·玻尔传. 戈革译. 北京：商务印书馆，2001

② Blaedel N. 和谐与统一：尼耳斯·玻尔的一生. 戈革译. 上海：东方出版中心，1998

③ Robertson P. 玻尔研究所的早年岁月：1921～1930. 杨福家译. 北京：科学出版社，1985

愚蠢的民族!

(一) 物理学与自然科学

物理学是自然科学的基础学科,无论是对自然科学的发展,还是对其他自然学科的发展都起着巨大且不可替代的作用。

物理学与数学的关系是极其微妙的。从阿基米德、牛顿、拉格朗日、庞加莱等科学家身份的鉴定上就可以看出两个学科间的密切关系,他们既是著名的数学家,也在物理学的发展中起到了举足轻重的作用。化学是受物理学影响最深的一门学科,物理学在化学发展中的作用首先表现在认识物质结构、认识外部条件对化学反应影响,以及人们用量子力学解决化学问题,形成一门新学科——量子化学。天体物理学最能体现物理学和天文学之间的关系,天体物理学既是天文学的一个分支,也是物理学的一个分支,是用物理学的技术、方法和理论研究天体的形态、结构、化学成分、物理状态和演化规律的科学。对于地学而言,它的基本问题是,究竟是什么使地球成为现在这个样子。无论是河流、风雨等的侵蚀过程,还是造山过程及火山作用,这些现象的解释都需要物理学中的力学加以辅助。同时,对气象学和天气来说,气象学仪器是必不可少的,而实验物理学的发展又使得提供这些仪器成为可能。物理学对生物的结构、运动方式、生命的物质基础、生物进化的机理、遗传和生命的本质的理解起着重要的作用。例如,近代生命科学的研究发现,DNA 分子由几百万甚至几亿个原子组成,它们的排列虽然复杂但仍受物理学的基本规律支配;DNA 分子的旋转方向问题可能与物理学中发现弱相互作用中宇称不守恒现象有关。

在物理学的基础性研究过程中,形成和发展出来的基本概念、基本理论、基本实施手段和精密的测试方法,已成为其他许多学科的重要组成部分,并产生了良好的效果。随着学科的发展,这种联系逐步显示出来。物理学也和其他学科相互渗透,产生一系列交叉学科,如数学物理、化学物理、生物物理、大气物理、海洋物理、地球物理、天体物理等。

(二) 物理学与工程科学

物理学研究的重大突破导致生产技术的飞跃已经是历史事实,反过来,按照生产力的发展要求,也有力地推动了物理学研究的进步,如固体物理、原子核物理、等离子体物理、激光研究、现代宇宙学等之所以迅速发展,是和技术及生产力发展的要求分不开的。

20 世纪 40 年代完成的曼哈顿工程就是物理学与工程科学的紧密结合。曼哈顿计划也称曼哈顿工程,是美国陆军部于 1941 年 12 月 6 日正式制定代号为“曼哈顿”的绝密计划。罗斯福总统赋予这一计划以“高于一切行动的特别优先权”。于1942年6月开始实施的利用核裂变反应来研制原子弹的“曼哈顿”计划规模大得惊人。它的最终目标是赶在战争结束以前造出原子弹，由于当时还不知道分裂铀235的3种方法哪种最好，只得用3种方法同时进行裂变工作，虽然在这个计划以前，执行委员会就肯定了它的可行性，但要实现这一新的爆炸，还有大量的理论和工程技术问题需要解决。在工程执行过程中，负责人L. R. 格罗夫斯和R. 奥本海默应用了系统工程的思路和方法，大大缩短了工程所耗时间。奥本海默鼓励科学家们大胆地讨论原子弹的有关科学问题，提出即使看门人的意见也会对原子弹的成功有一定的帮助。为了先于纳粹德国制造出原子弹，该工程集中了当时西方国家（除纳粹德国外）最优秀的核科学家，动员了10万多人参加这一工程，历时3年，耗资25亿美元，这一工程的成功促进了第二次世界大战后系统工程的发展。科学家们的集中被人们誉为“诺贝尔奖获奖者集中营”，奥本海默是这个集中营的“营长”。奥本海默没有获得过诺贝尔奖，却拥有如此高的个人威望，他的组织才能与人格魅力由此可见一斑。世界上第一颗原子弹的名字叫“小玩意”，于1945年7月15日凌晨5点30分在美国新墨西哥州中南部白沙导弹基地爆炸成功，整个工程取得圆满成功，随后投放在日本广岛那颗叫做“小男孩”，长崎那颗叫做“胖子”。

物理学对科学技术的推动作用的最好证明就是第三次工业革命。而从20世纪后半叶至今，现代物理学的研究得到了飞速的发展，并正向各种外延技术领域扩展，在激光技术、微电子技术、纳米技术、超导技术和信息技术等诸多范畴内形成高技术群，发挥着无可替代的作用。

（三）物理学与社会科学

物理学的概念、思想、方法来源于大自然，而生活在这个大自然中，人类的社会发展规律不能不受制于自然的法则。因而社会学领域的问题往往也可以借助物理学的理论来处理。事实上，在这方面已经有不少例子。例如，物理学引进的熵的概念，经改造已经成为信息论的基本概念；而物理学中的辐射理论和耗散结构理论被广泛应用于社会科学，成为实现社会宏观调控的理论基础之一；现代经济学的理论越来越多地使用数学和物理模型；再往高处看，物理学引起的高科技改变着战争的概念，一定程度上影响着世界政治形势……所以我们说，物理学与社会科学的沟通和渗透会越来越强。

四、物理学的未来

19～20世纪是物理学发展最迅速的一个世纪，在这100年中发生了物理学革命，建立了相对论和量子论，完成了从经典物理学到现代物理学的转变。然而我们今天已掌握的物理学知识，比起整个物质世界可能向我们提供的信息来说，还是极其有限的。还有很多已提出的问题仍然需要我们去思考、去解决。“物理照耀世界”——2005年世界物理年主题，由此可见联合国对物理学发展的重视。因此，物理学的未来具有强烈的挑战性。

（一）物理学十大难题

2000年7月，美国加利福尼亚大学圣巴巴拉分校的物理学家们挑选出物理学领域中10个最匪夷所思的问题——足以让物理学家忙上100年的难题，解决其中任何一个问题基本上都能攀登诺贝尔奖的宝座。

难题一：表达物理世界特征的所有（可测量的）无量纲参数原则上是否都可以推算，或者是否存在一些仅仅取决于历史或量子力学的偶发事件，因而也是无法推算的参数？

难题二：量子引力如何帮助解释宇宙起源？

难题三：质子的寿命有多长，如何来理解？

难题四：自然界是超对称的么？如果是，超对称性是如何破灭的？

难题五：为什么宇宙表现为一个时间维数和三个空间维数？

难题六：为什么宇宙常数有它自身的数值？它是否为零，是否真正恒定？

难题七：M理论的基本自由度（M理论的低能极限是11维的超引力，它包含5种相容的超弦理论）是多少？这一理论能否真实地描述自然？

难题八：黑洞信息悖论的解决方法是什么？

难题九：何种物理学能够解释基本粒子的重力与其典型质量之间的巨大差距？

难题十：我们能否定量地理解量子色动力学中的夸克和胶子约束以及质量差距的存在？

（二）物理学面临的变革

第一，物理学的基本理论将在微观真空和宇宙背景新性质发现的基础上，建立起相对论和量子论，形成三足鼎立和协调一致格局的第三种基本理论，以实现物理学基本理论的完备性，从而统一地描述物质的基本结构和基本相互作用，解释质量和引力的起源以及相互作用的本质，与此同时将建立起完善的宇宙学，从微观、宏观和宇观三个方面解释宇宙的起源、天体结构的形成、宇宙的演化与归宿。

第二，21世纪的物理学将通过对高科技的巨大变革，对知识经济和社会生活的各方面产生重大的影响，物理学很可能与生命科学、信息科学和航天科技一起分享21世纪。

第三，物理学将在原子、分子的层次进入生物过程的研究，在生物物理领域形成重要的交叉学科。多粒子系统物理学包括强子和原子核物理学、原子分子物理学与光学、凝聚态物理学等运用物理学基本定律研究多体系统和复杂系统的横向科学，如表3-6所示。①

表3-6　物理学对高科技的影响

预期的高科技	与之关联的物理学及其交叉学科
信息技术	介观物理、量子信息
聚变能源	等离子体、强激光物理
功能材料制造	原子分子物理、凝聚态物理
MEMS、NEMS	纳米科技、介观物理
基因工程	量子化学、量子生物学
宇航与太空开发	相对论、天体物理

物理学的发展正如诺贝尔物理学奖获奖者李政道先生创意的作品《物之道》：道生物，物生道，道为物之行，物为道之成，天地之艺物之道。《物之道》如图3-6所示。

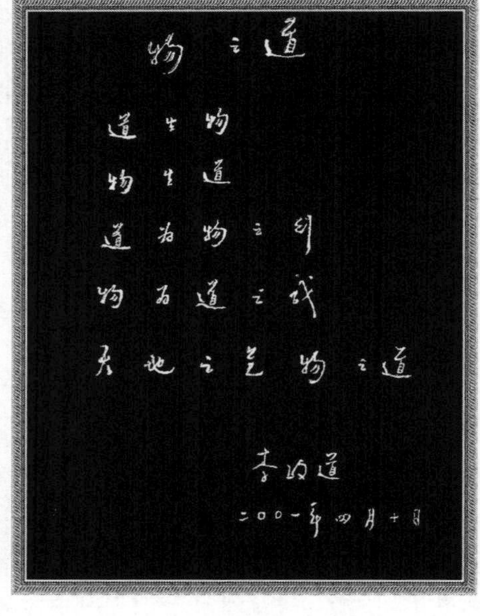

图3-6　《物之道》——李政道

① 王顺金．物理学前沿问题．成都：四川大学出版社，2005：146-149

第三节　化　　学

化学（chemistry）——点石成金的魔棒。

自从有了人类，化学便与人类结下了不解之缘。钻木取火，用火烧煮食物，烧制陶器，冶炼青铜器和铁器，这些都是化学技术的应用。正是这些应用极大地促进了当时社会生产力的发展，成为人类进步的标志。化学与数学、物理学、天文学、地学、生物学、逻辑学同为七大基础学科。

一、化学的概念

化学起源于古老的神秘主义。东方的道家和西方的炼金术士们在追求长生不老和无尽财富的过程中奠定了实验化学的基础，发展出一套比较系统的化学实验方法和设备。尽管金丹术士们没有实现他们最初的目标，但是他们却取得了一个更为伟大的成就，那就是化学作为一门科学诞生了。

今天，化学作为一门基础学科，在科学技术和社会生活的方方面面正起着越来越大的作用。化学知识的形成、化学的发展经历了漫长而曲折的道路。它伴随着人类社会的进步而进步，是社会发展的必然结果。而它的发展又促进了生产力的发展，推动了历史的前进。

（一）化学的定义

化学是研究物质的性质、组成、结构、变化和应用的科学。世界是由物质组成的，化学则是人类用以认识和改造物质世界的主要方法和手段之一，它是一门历史悠久而又富有活力的学科，它的成就是社会文明的重要标志。

第一次为化学元素下了科学定义的是英国的玻意耳，1661 年 ，他在《怀疑派化学家》一书中指出 ："它们（指元素）应当是某种不由任何其他物质所构成的或是互相构成的、原始的和最简单的物质。" "应该是一些具有确定性质的、实在的、可觉察到的实物，用一般化学方法不能再分解为更简单的某些实物。"①随着原子学说和原子结构理论的出现，明确了决定化学元素性质的主要因素是核外电子数和核电荷数，才有了阐明元素本质的现代定义：元素是具有相同核电荷数（质子数）的同一类原子的总称。例如，氧元素就是所有的核电荷数为 8 的氧原子的总称。

① 金歌，张伟明．世界名著博览．人文社科卷．北京：中国发展出版社，2006

汉语中“化学”一词最早出现于1856年英国传教士韦廉臣（1829～1890）编的《格物探源》一书，是英语“chemistry”一词的意译。“chemistry”来源于拉丁语“alchemy”，后者来源于阿拉伯语“al-imiya”。关于“al-kimiya”的来源有两种不同的说法，但都说明了现代化学脱胎于古代炼金术，且最终都汇集到阿拉伯化学时期。随着伊斯兰教的兴起，阿拉伯人逐渐强大起来，形成了强大的阿拉伯帝国。他们不仅继承了古希腊和亚历山大时期的科学传统，还与中国交流学习炼金术知识，并综合发展了这些知识。

（二）化学的特征

化学作为一门基础学科，已形成了自身独有的学科特征，主要表现在：一是以实验为基础的科学。从化学样本的建立和发展来看，实验是它的重要基础。纵观化学史，化学的形成和发展是与实验密切相关的。无论是化学理论的建立，化学定律的导出，还是物质组成与物质结构的性质的确定，都要以实验为基础，并通过实验来验证。虽然现代科技已高度发展，人们已能借助各种精密仪器测定物质的组成和结构并设计出新物质，但这种新物质究竟能否合成出来还要根据化学实验的结果来确定。二是化学是宏观和微观相统一的科学。化学既要研究物质的性质，又要研究物质的结构。物质的性质是宏观的，可直接观测到，而物质的结构则是微观的，需要在观察实验的基础上进行推测。三是化学是与数学和物理紧密联系的科学。物理学和化学都是研究物质运动的自然科学，物质的运动有多种多样的形式，这些运动形式既相互区别又相互联系。化学运动是从物理运动中发展起来的更复杂、更高级的运动形式，但两者之间的联系十分密切。对物理运动和机械运动这些运动形式的研究，有助于把握化学运动这个特殊的运动形式的规律。另外，由于物质运动总是有量的内容，表现出量的变化，所以从数学角度研究化学运动中量的变化，可以更全面、更深入地认识物质的化学运动规律。四是化学是饱含辩证唯物主义思想的科学，化学中辩证唯物主义的内容十分丰富，包括：辩证唯物主义的物质观、辩证唯物主义的运动观、唯物辩证法的基本规律。

（三）化学学科分支

化学在发展过程中，依照所研究的分子类别和研究手段、目的、任务的不同，派生出不同层次的许多分支学科。在20世纪20年代以前，化学传统地分为无机化学、有机化学、物理化学和分析化学四个分支。20世纪20年代以后，由于世界经济的高速发展、化学键的电子理论和量子力学的诞生、电子技术和计算机技术的兴起，化学研究在理论上和实验技术上都获得了新的手段，导致这门学科从20世纪30年代以来飞跃发展，出现了崭新的面貌。现在，化学一般分为无机化学、分析化学、辐射化学、物理化学、有机化学、放射化学、高分子化学等大类，如图3-7所示。根据当今化学学科的发展以及它与天文学、物理学、数学、生物学、医学、地学等学科相互渗透的情况，与化学有关的边缘学科还有：地球化学、海洋化学、大气化学、环境化学、宇宙化学、星际化学等。

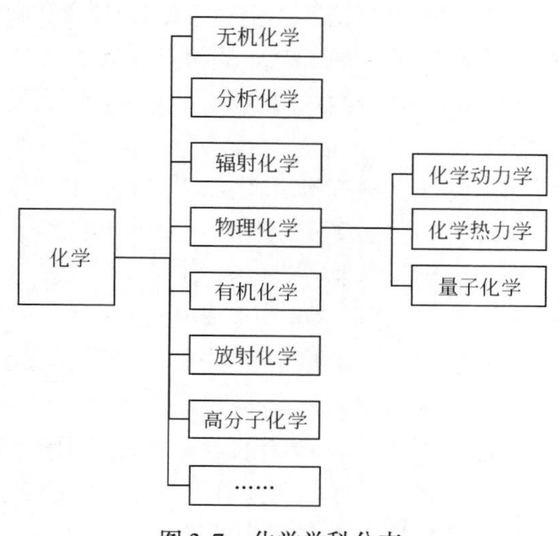

图3-7　化学学科分支

二、化学发展简史

化学作为一门应用科学，它的起源和发展与人类的生活息息相关。化学发展的历史可分为四个发展时期：萌芽时期、古代化学时期、近代化学时期、现代化学时期。在学习化学发展简史中，我们还可以了解化学史上的中国人。

（一）重要发展阶段

萌芽时期。主要指中世纪以前的化学发展阶段。人类的衣食住行，都自觉或不自觉地享受着化学变化带来的便利。学会用火是人类最早也是最伟大的化学实践之一。人工取火的发明使人类第一次支配了一种除自身的体力（生物能）以外的强大的自然能源，为实现一系列化学变化提供了必要条件，获得了改造自然的有力手段。有了火的帮助，原始人类改善了生活条件，告别了茹毛饮血的生活，获得了照明、驱寒、御敌的有效手段；有了火的帮助，人们才开始运用储藏在煤、石油、天然气中的能源，开始烧制陶瓷和玻璃、冶炼金属，人为地使各种天然物质发生变化，来制备新材料。因此，原始化学正是萌芽于冶金、酿酒这样的传统技艺。

约公元前3800年，伊朗开始用孔雀石和木炭混合加热以获得金属铜。公元前3000～前2500年，除了炼铜之外，人类炼出锡和铅等金属。人们很快发现，由这些金属制备的合金比单一的金属更有利用价值。铜锡的合金就是我们所说的青铜，它的硬度更大，而熔点相对较低，更适合制造工具和兵器。在我国，炼铜工艺的出现虽然略迟于中东地区，但工艺发展极其迅速，在青铜器的铸造工艺上取得了很大的成就，殷朝前期制造的司母戊鼎是世界上最大的出土青铜器，战国时期的铜编钟更是古代音乐的伟大创造。青铜器的出现，推动了当时农业、金融、艺术、军事等方面的发展，把人类文明又向前推进了一步。

古代化学时期。这段时期经历了实用化学、炼丹和炼金、原始医药和冶金化学等时期。在火的发现和使用、烧制陶瓷、酿造、炼钢、冶铁、造纸、火药、印染等生产生活实践中，古代实用化学经历了漫长的岁月，积累了大量的化学知识，然而是经验性的和零散的。无论是中国的炼丹术还是经阿拉伯传至欧洲的炼金术，都无一例外地在实践中屡遭失败。由于所追求的炼制长生不老药或贱金属点制成贵金属的虚幻目标一再破灭，中国的炼丹术逐渐让位于本草学；在欧洲，炼金术也不得不改换方向，转向实用的冶金化学和医用的医药化学。这次转移是化学史上的一次大转折，在从炼金术到化学的转变中，冶金化学和医药化学起了桥梁作用。同时在人类对自然界万物的本原构成的探索中，诞生了古代朴素的元素观。正是在上述情况下，化学出现了两个新局面：其一，随着物理学、数学、天文学等自然科学的发展，化学也得到极大促进，在生产和生活实践中人们逐渐认识到化学科学并不是某门自然科学的一个门派，而是一门不可取代、具有鲜明特色的科学；其二，人类的化学思想得到极大解放，提出了近代物质观，发现了一批化学基本定律，建立了新的化学分支学科。

近代化学时期。指从17世纪中叶英国化学家玻意耳把化学确立为科学开始，近代化学诞生了。法国化学家拉瓦锡终于在科学的基础上建立起关于燃烧现象的氧化学说，成为化学史上的革命，为化学的进一步发展打开局面。接着化学的一些基本定律被发现，道尔顿的化学原子论学说和阿伏伽德罗的分子学说较好地解决了世界构成的“本原”问题，使化学由宏观层次进入微观层次，这是化学发展中的一个里程碑。18世纪，俄国化学家门捷列夫发现了元素周期律，建立了元素周期分类法，这是自18世纪化学发展以来的又一功绩。

其间最具影响力的化学家诺贝尔，一生致力于炸药的研究，将硝酸甘油吸收在惰性物质中，诺贝尔称它为达纳炸药，将火棉（纤维素六硝酸酯）与硝酸甘油混合起来，得到胶状物质，称为炸胶，比达纳炸药有更强的爆炸力，诺贝尔还发明了无烟炸药，共获得发明专利300多项，并在欧美等5大洲20个国家开设了约100家公司和工厂，积累了巨额财富。法国籍波兰科学家居里夫人研究放射性现象，发现镭和钋两种放射性元素，一生两度获诺贝尔科学奖。

19世纪初的近代原子论建立，突出地强调了各种元素的原子质量为其最基本的特征，其中量的概念的引入，是与古代原子论的一个主要区别。近代原子论使当时的化学知识和理论得到了合理的解释，成为说明化学现象的统一理论。建立了原子分子学说，为物质结构的研究奠定了基础。19世纪下半叶，热力学等物理学理论被引入化学之后，不仅澄清了化学平衡和反应速率的概念，而且可以定量地判断化学反应中物质转化的方向和条件。相继建立了溶液理论、电离理论、电化学和化学动力学的理论基础。物理化学的诞生把化学从理论上提高到一个新的水平。

现代化学时期。20世纪以来，现代化学的发展可谓日新月异，内容繁多，用途广泛，引人入胜。无论在实验与理论方面，还是在实践与应用方面，都频频获得新成果，使人应接不暇。

20世纪是有机合成的黄金时代。化学的分离手段和结构分析方法已经有了很大发展，许多天然有机化合物的结构问题纷纷获得圆满解决，还发现了许多新的重要的有机反应和专一性有机试剂。在此基础上，精细有机合成，特别是在不对称合成方面取得了很大进展。不仅合成了各种有特种结构和特种性能的有机化合物，而且合成了从不稳定的自由基到有生物活性的蛋白质、核酸等生命基础物质。立体化学的创立将人类对分子的知识从平面过渡到立体构象；化学热力学、化学动力学的完善和发展为寻求新的化学合成方向以及新型材料的问世奠定了理论基础。化学触及人类生产与生活的各个方面，如合成橡胶的研制，新型药物的开发，超导材料的应用等。

20世纪以来，化学发展的趋势可以归纳为：从宏观向微观、从定性向定量、从稳定态向亚稳定态发展，由经验逐渐上升到理论，再用于指导设计和开创新的研究。一方面，为生产和技术部门提供尽可能多的新物质、新材料；另一方面，在与其他自然科学相互渗透的进程中不断产生新学科，并向探索生命科学和宇宙起源的方向发展。总之，现代化学更加真实深刻地反映出物质世界的多样性、复杂性和统一性。①

化学家诺贝尔为促进科技与文化的进步，倡导世界和平与发展而设立了世界公认的诺贝尔科学奖。在1901～2010年的110年中（除战时的间断），共有150多位科学家先后荣获诺贝尔化学奖殊荣。化学大师们带给世界的是不易察觉的巨大变化，他们是这门科学的探索者。

---

① 周嘉华，赵匡华．中国化学史．古代卷．南宁：广西教育出版社，2003

（二）化学史上的中国人

在中华民族5000年的文明史上，有许多可歌可泣的科学家，他们的发现和发明在世界科学史上都占有重要位置。在世界化学史上，我们炎黄子孙也是成果辉煌、业绩闪烁，给5000年的文明史争光添彩，为此我们感到自豪和骄傲。

我国先秦时期墨家思想的创始人之一墨翟，著有《墨经》，他在该书中说道："非半不昔斤则不动，说在端。……昔斤必半，毋与非半，不可昔斤也。……端,是无间也。"意思是说物质到一半的时候，就不能斫开它了。物质如果没有可分的条件，那就不能再分了。西汉时的炼丹家刘安，他著的《淮南万毕术》中记载着"曾青得铁，则化为铜。"意思是说硫酸铜遇到铁时，就有铜生成。实质就是我们现在所说的铁和可溶性的铜盐发生的置换反应。我国东汉时期炼丹家魏伯阳，撰有《周易参同契》，此书是世界上最早的一部炼丹术专著。其中化学知识丰富。记载着"丹鼎"这一化学反应装置，记述了汞易挥发的特性及汞和硫化合为丹砂（硫化汞）、汞和铅汞齐（汞铅合金）等化学知识。我国晋代炼丹家、医学家葛洪著的《抱朴子》一书中的"丹砂烧之成水银，积变又还成丹砂。"这句话所指的化学反应是：①红色硫化汞（丹砂）在空气中加热生成汞（$HgS + O_2 = Hg + SO_2\uparrow$），汞和硫在一起研磨生成黑色 HgS（$Hg + S = HgS$）；②黑色 HgS 隔绝空气加热（升华）变成红色晶体 HgS：HgS · HgS。这一事实说明葛洪对化学反应的可逆性有初步了解，这一发现在当时是很了不起的。我国东汉和帝时曾任主管制造御用器物的尚方令蔡伦，改用便宜的材料：树皮、碎布、破渔网为原料，经过精工细作，造出优质纸，被称为"蔡伦纸"。后世人们将蔡伦视为造纸技术的发明人。南北朝时期有名的医学家和炼丹家陶弘景，他著的《本草经集注》就有焰色反应的记载。唐朝的炼丹家马和，在《平龙认》一书中谈到：空气的成分复杂，主要由阳气（N_2）和阴气（O_2）组成，其中的阳气比阴气多得多……马和还进一步提出：阴气还存在于青石（氧化物）、火硝（硝酸盐）等物质中。如果用火加热它们，阴气就会放出。他认为水中也有大量阴气，不过常难把它取出来。唐代医学家孙思邈，最早记录了黑火药的配方。明代著名的宋应星，他一生著作很多，在自然科学方面的代表作是《天工开物》，该书成为世界科学技术名著。书中的化学知识相当丰富，所记述的锌的冶炼和铜锌技术均是世界上首次文献记载。清末时期的徐寿是我国近代化学史上一位重要人物，他一生著作很多，在化学方面主要有《化学鉴原补编》、《化学考质》、《化学求数》等书籍。为制碱工业做出卓越贡献的侯德榜，著有世界上第一部有关纯碱工业生产的专著——《制碱》，经他改进后的制碱方法被称为"侯氏制碱法"，他成为世界著名的制碱专家。新中国成立以来，中国化学家在世界上首次用人工的方法合成了具有生物活性的蛋白质——结晶牛胰岛素；后来还人工合成了“酵母丙氨酸转移核糖核酸”等。①

（三）化学学派

18 世纪末，世界化学中心在法国。但从 19 世纪中叶起，德国的化学无比辉煌，并且一直持续到让希特勒毁掉大部分为止。是谁缔造这百年的辉煌？答案只有一个，那就是李比希。李比希对无机化学、有机化学、生物化学、农业化学都做出卓越的贡献。他发明和改进了有机分析的方法，准确地分析过大量的有机化合物，合成过氯仿、三氯乙醛和多种有机酸。他还曾与他人合作，提出了化合物基团的概念以及多元酸的理论。李比希开创了农业化学的研究，提出植物需要氮、磷、钾等基本元素，研究了提高土壤肥力的问题，因此他被农学界称为“农业化学之父”。

18 世纪初，李比希在德国吉森大学建立了一个完善的实验教学系统。李比希的实验室可同时容纳 22 名学生做实验，供 120 人听讲，讲台两侧有各种实验设备和仪器，能够方便地为听讲人做各种演示实验。这个实验室后来被称为“李比希实验室”，成为全世界化学化工学者向往的地方。李比希实验室的科研和教学风格很快传遍了世界。李比希还制造和改进了许多实验仪器，如李比希冷凝球、有机分析燃烧仪、玻璃冷凝管等。这些仪器方便耐用，德国的仪器制造商们便纷纷大量仿制并向外国输出。李比希实验室培养出了一大批世界第一流的化学家，如凯库勒、施密特、沃哈德、霍夫曼等。后来，这些学生很多都成为诺贝尔奖获奖者的老师，随后创建了李比希学派。

李比希能够成为学派领袖的原因：一是他以科学家的声誉获得了吉森实验室的经费，保证了学派科学研究的顺利进行；二是他大胆进行化学教育方法和科学研究方法的改革，从而培养出具有创造性的人才；三是李比希能够为学生提供准确而有效的教育，使学生们能很快从导师那里获取科学研究的方法和风格，并具体地体现在自己的研究中；四是他献身于祖国科学事业和追求真理的高尚品德。

三、化学与其他科学

化学以理论和实验为基础，面向广阔的应用领域，已经成为人类文明的支柱学科。回顾人类发展史，几乎每个文明时期的标志性进展都与化学家的贡献密切相关。冶铁技术、人工合成氨技术、橡胶和塑料的合成，以及纳米材料都最先出

① 周嘉华，赵匡华．中国化学史．古代卷．南宁：广西教育出版社，2003

自化学家之手。因此，毫不夸张地讲，化学是人类文明的基石。

（一）化学与自然学科

化学与自然科学有着紧密的联系。化学不仅具有自身独特学科内涵，而且也是一门具有重要作用的交叉学科，其发展已经涉及数学、物理学、天文学、生物学、地学及工程应用等诸多领域。如化学与数学、物理学相互影响；化学与生物学结合，形成生物化学等。星系探测的一个重要目标就是探索地外星球上是否存在生命，是否存在水，是否适合人类居住，存在多少元素以及什么样的元素。化学在地学中的应用表现在环境化学是运用化学与环境科学的理论与方法研究环境污染物在地球环境（大气圈、水圈、岩石圈、生物圈）中形成、迁移、转化与归宿的学科。化学与医学也密切相关，供氧器就是利用过氧化钠与二氧化碳反应来制氧，挽救了许多人的生命。人们还应用科学的方法制造生理盐水，减轻病人的痛苦。近代，人类发明了许多新药品，如青霉素等，攻克了一些不治之症。人们的目光逐渐由传统化学转向对宏观现象的探索，而数学中那些精巧的方法、和谐的理论，给化学的研究带来了很多有利的工具，群论就是其中的一种。高分子（包括合成聚合物和生物大分子）作为一门相对年轻的科学已经进入了我们日常生活的许多方面，它已成为化学教学研究中不可缺少的组成部分。

（二）化学与工程科学

化学在应用发展过程中形成了一门工程学科，叫化学工程。它体现了化学与工程科学的密切联系。化学工程在国民经济中的作用是十分明显的。它们从石油、煤、天然气、盐、石灰石、其他矿石和粮食、木材、水、空气等基本原料出发，借助化学过程或物理过程，改变物质的组成、性质和状态，使之成为多种价值较高的产品，如化肥、汽油、润滑油、合成纤维、合成橡胶、塑料、烧碱、纯碱、水泥、玻璃、钢、铁、铝、纸浆等，应用在石油炼制工业、冶金工业、建筑材料工业、食品工业、造纸工业等工业应用上。现代工业生产的规模常要求一套装置的年产量达数十万吨或更高。这些装置必然面临大量的工程问题，而且指标稍有下降就会带来很大的经济损失。科学技术的进步时时刻刻在创造新的产品和新的工艺。但这些新的产品必须借助工程的手段才能实现工业生产，新的工艺要有经济和技术的合理性才能取代原有工艺。上述装置大型化和新产品、新工艺工业化的问题都属于化学工程的研究范围①。

---

① 周益明，姚天扬，朱仁．中国化学史概论．南京：南京大学出版社，2004

（三）化学与社会科学

随着生产力的发展、科学技术的进步，化学与人们的生活越来越密切。众所周知，我们周围的物质都是由许许多多的化学元素组成的，包括我们人体不可缺少的许多元素。化学在人类的生产和生活中发挥了不可估量的作用。

在日常生活中，化学给人类带来许多方便。例如，洗衣粉和肥皂是家用去污的好产品；啤酒是人们喜欢的饮料；蒸馒头时放些苏打，馒头蒸得又大又白又好吃等。

化学给人类生活带来的变化有利也有弊。例如，汽车尾气排放造成大气污染；酸雨在警告我们；臭氧层空洞威胁着我们。环保成了化学给人们生活带来的重大问题。

残酷的人类同样把化学应用于战争。日本帝国主义曾毫无人性地进行人体化学试验。现在人类已采取了措施，如禁止使用核武器。

四、化学的未来

化学在不同的历史时期有着不同的发展趋势。化学的发展或突破将会带动一个学科或几个学科的发展。化学前沿发展的两种重要趋势是：一方面分科越来越细；另一方面逐步走向综合、走向统一。这种综合和分化是两个方向相反而又有密切联系的发展趋势，综合可导致新的分化，而新的分化又酝酿着新的综合。[①]

（一）化学前沿发展模式

可以说是化学前沿形成和发展的基本模式，在整个化学前沿发展的历史进程中得到了清楚的体现，在未来的发展中这种模式将会继续延伸。

第一，沿着物质结构层次双向探索。化学一方面沿着物质结构层次的微观方向（如原子核和基本粒子）深入发展，相应地形成了核化学和基本粒子化学等前沿领域。另一方面沿着物质结构层次的宏观方向发展，形成了新的前沿（如高分子化学和凝聚态化学、地球化学和宇宙化学等）。凝聚态化学是现代化学前沿的一个重要组成部分，重点研究凝聚态的物理化学性质与化学组成、微观结构和化学反应之间的关系及有关材料的应用。该前沿领域与量子化学、结构化学密切相关，并在发展过程中相互渗透、相互促进，进而不断形成许多新的边缘学科和交叉学科。

---

① 国家自然科学基金委员会化学科学部．新世纪的物理化学——学科前沿与展望．北京：科学出版社，2004

第二，在运动形式交叉领域开拓。在任何物质系统中，物理运动和化学运动是难于截然分开的。化学运动与生物运动进一步联系，形成并发展了生物化学和化学仿生学。如今，正在形成的生命化学有比生物化学更多、更复杂的内容。生命化学需要实现更高度的综合。它不仅研究化学运动、物理运动与生命运动的联系，而且还研究它们与社会行为和思维活动的联系。例如，脑化学重点研究思维运动与化学运动的关系和规律，是生命化学这一前沿领域中颇具活力和诱人的一个方向。化学运动和多个运动形态的联系与渗透又导致出现综合性非常强的化学前沿学科，如环境化学等。

第三，向应用性和综合性方向发展。应用化学承接于基础化学和化学工业之间，是化学理论向生产力转化的中介。它具有明显的应用性和综合性，也正是这两点使得化学前沿更丰富多彩。从其应用性来看，应用化学同国民经济和人类生活的各个方面相关。关系越密切的领域，越易被重视而成为重要的化学前沿。众所周知，不少化学前沿是属于应用化学的范畴，例如能源化学、材料化学、海洋化学等。另外，从综合性角度来看，应用化学研究的对象都是较复杂的物质客体或物质系统，往往需要多种学科的结合和多种理论与技术的结合。可见，应用化学的发展既能促进方法的交叉和理论的交叉，同时又能加速化学科学前沿的分化和综合。

（二）21 世纪的四大化学难题

科学研究始于提出问题。科学问题的提出、确认和解决是科学发展的动力。2000 年，中国科学院化学部和国家自然科学基金委员会化学部组织编写了《展望 21 世纪的化学》，对 20 世纪化学的成就做了很好的总结，对 21 世纪近期化学的发展提出了展望。美国麻省理工学院化学系主任 S. Lippard 教授在广泛征求美国化学同行的基础上提出基础化学的 22 个新前沿领域。[①] 归纳而言，21 世纪化学的四大难题主要包括以下内容。

化学探索的第一根本规律——化学反应理论和定律。化学和化学变化的本质是若干原子核和电子之间的电磁相互作用，这种相互作用的根本规律是量子力学。薛定谔第一方程可以解决定态分子结构、化学键理论和分子间的相互作用问题。薛定谔第二方程是包含时间的方程，可以解决原子或分子从某一定态到另一定态的跃迁几率问题，从而建立光谱跃迁理论，但量子力学没有给出严格的化学反应速率的基本方程。所以严格的、彻底的、微观的化学反应理论应该包括决定某两个或几个分子之间能否发生化学反应；能否生成预期的分子；需要什么催化

① 薛永强．化学的 100 个基本问题．太原：山西科学技术出版社，2004

剂才能在温和条件下进行反应；如何在理论指导下控制化学反应；如何计算化学反应的速率；如何确定化学反应的途径等问题的解决方法。这是21世纪化学应该解决的第一个难题。

化学探索的第二根本规律——结构和性能的定量关系。这里“结构”和“性能”是广义的，前者包含构型、构象、手性、粒度、形状和形貌等，后者包含物理、化学的功能性质以及生物和生理活性等。虽然W. Kohn从理论上证明一个分子的电子云密度可以决定它的所有性质，但实际计算中困难很多，目前对结构和性能的定量关系的了解还远远不够。所以这是21世纪化学的第二个重大难题。

纳米尺度的基本规律探索。在复杂性科学和物质多样性研究中，尺度效应至关重要。尺度的不同常常引起主要相互作用力的不同，导致物质性能及其运动规律和原理的质的区别。例如，纳米铂黑催化剂可使乙烯催化反应的温度从600℃降至室温；又如，电子或声子的特征散射长度，即平均自由途径在纳米量级。当纳米微粒的尺度小于此平均自由途径时，电流或热的传递方式就发生质的改变。所以，纳米分子和材料的结构与性能关系的基本规律是21世纪化学和物理需要解决的重大难题之一。

活分子运动的基本规律探索。充分认识和彻底了解人类和生物体内活分子的运动规律，无疑是21世纪化学亟待解决的重大难题之一。

总之，化学前沿发展规律是多层次、多元化的。合成化学难题——化学反应和自组装规律、合成方法学、分离理论及方法；分析化学难题；材料化学难题——广义结构（包括构型、构象、手性、粒子尺度、形状和形貌等）和广义性能（包括物理、化学和功能性质、生物和生理活性等）之间的关系，其中包含纳米尺度和性能关系的特殊规律；生命化学难题——生命现象的化学机理。人们对它的规律性探讨目前还只是初步的，有的看法也不尽一致或有待深化。但有一点可达成共识，即人们普遍认为对于化学前沿发展规律的探讨是重要的，决不能忽视。

对化学科学前沿的探索是奇妙的。抓住前沿，可以培育出一批一流的化学人才；抓住前沿，可以研究并学会使用大量先进的科研设备，掌握新的实验手段和运用大量新技术，加快化学科学研究的步伐，有力地带动整个学科的发展。希望大学生们能了解化学发展动态，抓住前沿，明确主攻方向，成为一流人才。

第四章 天文学、地学、生物学、逻辑学

第一节　天　文　学

天文学（astronomy）——揭示宇宙无限的奥秘。

古人曰：天地四方为宇，古往今来为宙。物理学家认为：宇宙就是一切时间和空间。霍金认为：什么是宇宙，一切无中生有。浩瀚苍穹的宇宙，辽远神秘的星空，让人类世世代代为之神往。人类生在天地之间，从很早的年代就开始探索宇宙的奥秘。天文学是一门人类认识宇宙的科学，天文学与数学、物理学、化学、生物学、地学、逻辑学同为七大基础学科。

一、天文学的概念

天文学是一门古老的科学，它一开始就同人类的劳动和生存密切相关。天文学究竟起源于何时，因年代久远已经不可稽考。留传到今天的遗迹和文献（如埃及的金字塔、亚述的石碑和中国古书）可上溯到5000余年以前，这足以说明古代各民族已懂得一些简陋的但是经典的天文知识。再追溯上去，还可以找到雕刻在洞穴石壁上面的星座（如大熊星座）的图画。

天文学和所有科学一样起源于需要。人类对四季判别、农耕时间的需要和对天象的敬畏崇拜都影响了天文学的发展。所以，许多年以来，天文学和算术、几何学、占星术，以及原始部落的宗教信仰、哲学论理等都有着密切的联系。

（一）天文学的研究对象

天文学是研究天体、宇宙的结构和发展的科学，包括天体的构造、性质和运行规律等。天文学的研究对象可分为太阳系、银河系、河外星系和“物理宇宙”。几千年来，人们主要是通过观察天体的存在、测量它们的位置来研究它们的结构、探索它们的运动和演化的规律，扩展人类对广阔宇宙空间中物质世界的认识。天文学与其他自然科学不同之处在于，天文学的实验方法是观测，通过观

测来收集天体的各种信息。因而，对观测方法和观测手段的研究，是天文学家努力研究的一个方向。天文学家通过观测太阳、月球和星星等天象，测量它们的位置，计算它们的轨道，研究它们的诞生、演化和衰亡，探讨它们的能源机制及对各种天体的辐射。小到星际的分子，大到整个宇宙。天文学在人类早期的文明史中，占有非常重要的地位。因此，人们把日月星辰等天体在宇宙中分布、运行等现象，称为天文。古代人类以几何等数学方法来观天和计算，如图 4-1 所示。

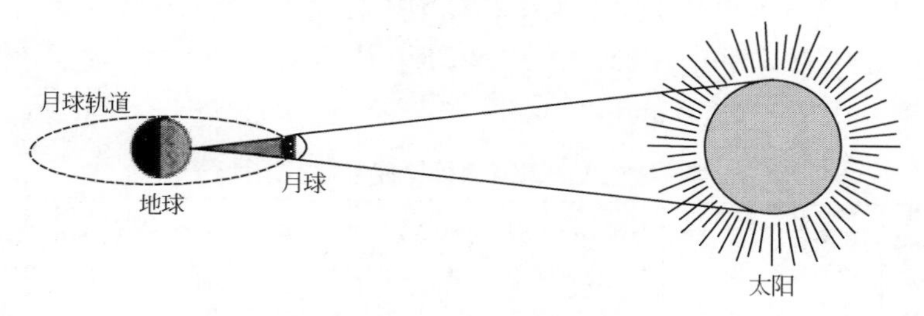

图 4-1 观“天”的构思图

（二）天文学的特征

天文学具有三大特征：观测特征、物理特征、历史特征。①

1）观测特征。这是天文学研究方法的基本特点。不断地创造和改革观测手段，成为天文学家一个致力不懈的课题。宇宙中的天体浩瀚无际，而且天体离开我们越远看起来越暗弱。因此，观测设备的精度越高，研究暗弱目标的能力就越强，人的眼界就越能深入到前未企及的天文领域。

2）物理特征。这是天文学研究方法的天体演化模型。除了反映出它的基本结构以外，还可以反映出它所处的演化阶段。天体的信息是通过辐射（如光或波）传给我们的。特别是河外星系，代表着从百万年到上百亿年前的各种“样本”，包含着上百亿年的演化线索。所以，通过统计分类和理论探讨，我们就可以建立起天体演化的模型。

3）历史特征。这是天文学研究方法的宇宙图像。天文史记载着天文的宇宙图像，让我们顺着“天地四方为宇，古往今来为宙”的历史足迹，来了解天文学走过的路程。因此，天文学是我们探索宇宙奥秘的一门科学。

（三）太阳系家族

太阳系是由太阳、行星及其卫星、小行星、彗星、流星和行星际物质构成的

① 天文学名词审定委员会．天文学名词．北京：科学出版社，2001

天体系统，太阳是太阳系的中心。在庞大的太阳系家族中，太阳的质量占太阳系总质量的99.8%。八大行星及数以万计的小行星所占比例微乎其微，它们沿着自己的轨道万古不息地绕太阳运转着。同时，太阳又慷慨无私地奉献出自己的光和热，温暖着太阳系中的每一个成员，促使他们不停地发展和演变。

在这个家族中，除地球外，肉眼能看到的大行星有五颗。对这五颗行星，各国命名不同。我国古代有五行学说，因此便用金、木、水、火、土这五行把它们分别命名为金星、木星、水星、火星和土星。近代发现的三颗远日行星，西方按照以神话人物名字命名的传统，以天空之神、海洋之神和冥土之神的名称来称呼它们，在中文里便相应译为天王星、海王星和冥王星，如表4-1所示。

表4-1　太阳系八大行星部分数据统计表

行星	星日距离/兆千米	赤道半径/千米	公转周期	自转周期/天	公转平均速度/(千米/秒)	相对质量	相对体积	表面平均温度/℃	轨道偏心率(e)	轨道倾角/(°)	星环数
水星	57.9	2440	87.9天	58.6	47.89	0.05	0.056	350(昼) -170(夜)	0.206	7.0	
金星	108.2	6052	224.7天	-243	35.03	0.82	0.856	-3(云顶) 48(表面)	0.007	3.4	
地球	149.6	6378	365.26天	0.9973	29.79	1.00	1.000	2(表面)	0.017	0	
火星	227.9	3395	686.98天	1.026	24.13	0.11	0.150	-2 (表面)	0.093	1.8	
木星	778.0	71400	11.86年	0.41	13.06	317.94	1316	-150 (云顶)	0.048	1.3	6
土星	1427.0	60000	29.46年	0.44	9.64	95.18	745	-180 (云顶)	0.056	2.5	3
天王星	2870.0	25900	84.0年	-0.72	6.81	14.63	65.2	-210 (云顶)	0.047	0.8	5
海王星	4496.0	24750	164.8年	0.67	5.43	17.22	57.1	-220 (云顶)	0.008	1.8	4

关于冥王星问题的说明：冥王星刚被发现之时，它的体积被认为有地球的数倍之大。很快，“九大行星”成为家喻户晓的说法。不过，新的天文发现不断使“九大行星”的传统观念受到质疑。天文学家先后发现冥王星所处的轨道属于太阳系外围的柯伊伯带，这个区域一直是太阳系小行星和彗星诞生的地方。为了缩

小传统的行星概念与新发现的差距，国际天文学联合会2006年8月24日通过的新行星定义规定，“行星”指的是围绕太阳运转、自身引力足以克服其刚体力而使天体呈圆球状、能够清除其轨道附近其他物体的天体。而冥王星由于其轨道与海王星的轨道相交，不符合新的行星定义。冥王星个头小，与新发现的柯伊伯带的几个小行星差不多大小，甚至更小。因此，冥王星被降级为“矮行星”，如图4-2所示。

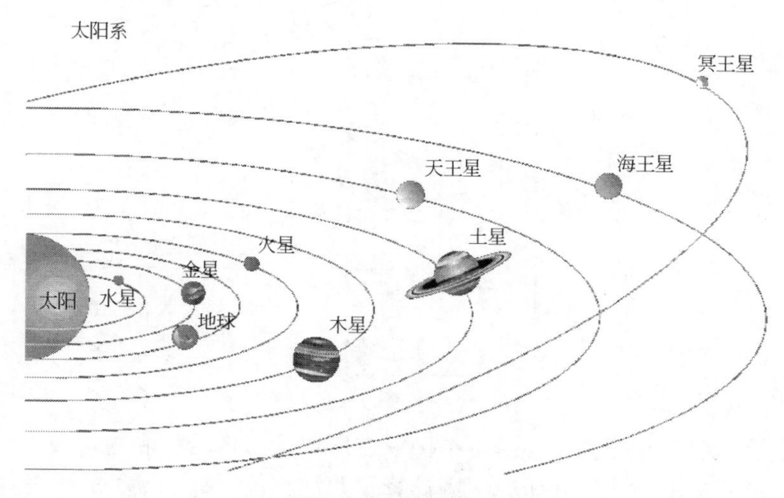

图4-2　太阳系家族

（四）天文学学科分支

在天文学的悠久历史中，随着研究方法的发展，先后创立了天体测量学、天体力学和天体物理学。到20世纪30年代为止，所有的天文观测都是用光学手段进行的。在此后的时间里，射电天文望远镜和空间天文望远镜的相继出现，开展了对天体的无线电、红外、紫外、X射线和γ射线的观测。射电天文学和空间天文学就成为按观测手段分类的新学科。按研究对象的学科分类，辅以研究方法和观测手段的分类，天文学的分支大体有恒星天文学、光学天文学、天体演化学、天体物理学、空间天文学、宇宙学、天体测量学、天文史学等，如图4-3所示。

二、天文学发展简史

人类诞生伊始，人类的文化尚处于萌芽之际，日月经天，斗转星移等就成为人类认识自然环境的朴素工具，由此认识了“昼夜更替”、“寒来暑往”、“春露秋藏”……然后“日出而作，日落而息”，“春播秋收”……由此古天文学就悄

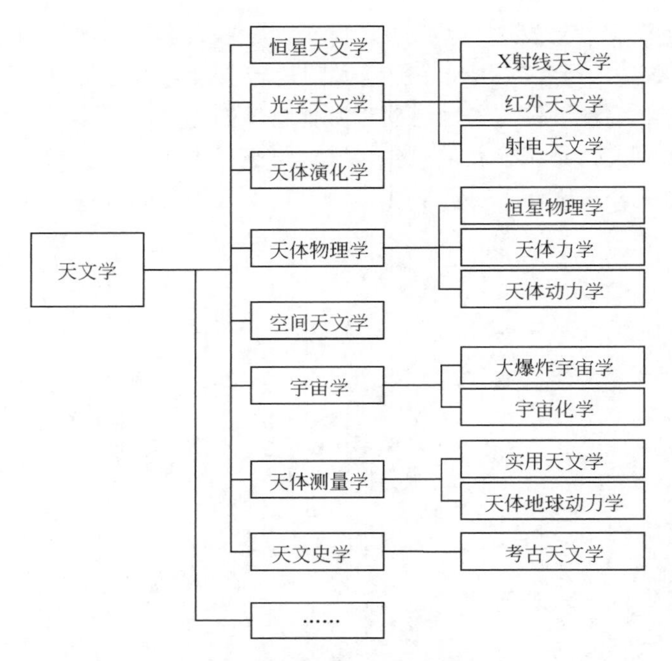

图 4-3　天文学学科分支

悄地诞生了。四大文明古国——古中国、古巴比伦、古希腊和古埃及在远古时期就开始了对天文学的认识和研究。因计算尼罗河水位变化的需要，产生了埃及的天文学。古希腊的天文学是在环球航海中发展起来的。我国在公元前 13 世纪就建立了世界上最早的天文台。人类对天象的观测迄今已有 6000 年的历史了。但是人类在漫长的时期内由于自己的无知和偏见经历了重重的苦难与斗争，付出了沉重的代价，更有无数伟大的智者为此付出了生命，最终才认识到人类居住的地球也只不过是浩瀚宇宙中的一颗行星。①

（一）远古天文学

远古天文学包括古埃及天文学、古巴比伦天文学、古中国天文学、古印度天文学及之后的古希腊天文学。我们的祖先无法解释当时的天文现象，不免要发挥他们的想象力，编造出一个个美妙的神话，来表达自己对大自然的敬畏之情，如中国的盘古开天辟地、古埃及的女神黛娜等。

公元前 3 世纪，古希腊科学家阿基米德（公元前 287 ~ 前 212）发明了星球仪，认为地球是圆球状的，并围绕着太阳旋转。这一观点比哥白尼（Nicolaus Copernicus，1473 ~ 1543）的日心说要早近 1800 年。由于当时的条件所限，他并

① 伏古勒尔 G. 天文学简史. 李珩译. 桂林：广西师范大学出版社，2003

没有就这个问题做深入系统的研究。亚历山大时期的数学家和天文学家托勒密在他最重要的著作《天文学大成》中把地球置于宇宙的中心，被称做托勒密体系。

古希腊天文学从泰勒斯开始就已经将占星、神等分离出去了。从毕达哥拉斯开始提出了天球即地球模型，零散的天文学知识因此而系统化。毕达哥拉斯由月相的周期变化推断月亮是球状的，进一步推测大地和其他星体也是球状的。他认为地球位于宇宙中央，外围由内向外有“天空”——天空内的万物都是如空气和云等变化的；可生可灭的“有序宇宙”——太阳、月亮和行星永恒而有序地转动的地方；“奥林帕斯”——纯元素聚集的区域也是恒星所在之处；以及奥林帕斯外界的“天火”，如图4-4所示。

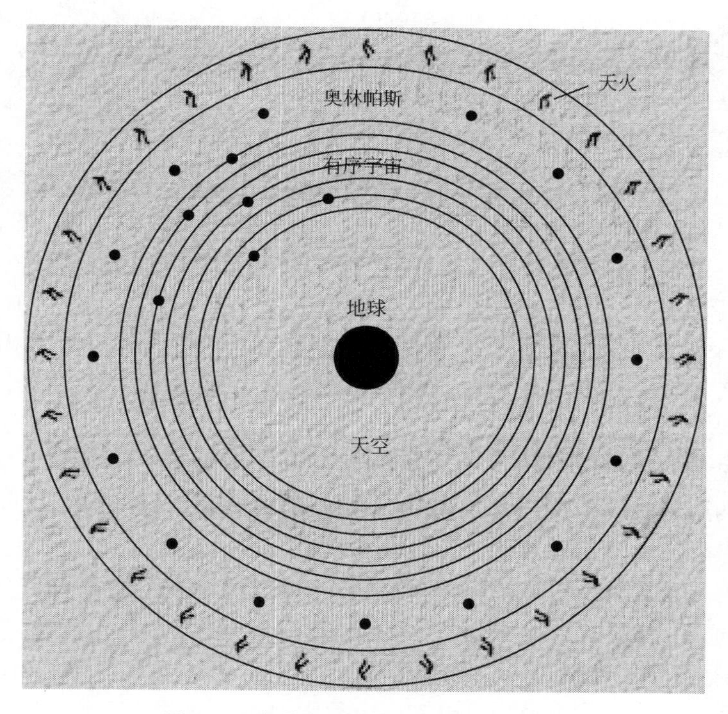

图4-4　球形大地时期对“天”的看法

同时，毕达哥拉斯主张以几何等数学方式的和谐原则来了解所有的自然事物，他率先提出了“和谐宇宙”的概念和“球形大地（地球）”的见解。自希帕克斯创立球面三角学，科学的天文学宣告正式形成，开始了毕达哥拉斯学派的球形大地时期。

上古天文学的特点：第一，现象意义的记载。其中包括对于日月五星运行的观察和记录，对于天体方位的辨认，对于异常天象的记录，如日食、月食、新星、彗星等。第二，没有形成可以量化计算的宇宙模型。宇宙模型都是或模糊或清楚、或神话或认知的探索，但只是定性的理解，不能将之运用于具体运算。

（二）中世纪天文学

在天文学领域，公元5～16世纪是一个承上启下的历史时期。在东方，中国的天文学依然沿自己的轨道继续发展。新的天文仪器被发明，新的更精密的历法被制定。总体上讲，中国的天文学发展水平和当时的经济状况是吻合的，一切都是为了农业生产的需要。此时，欧洲却笼罩在基督教的黑暗统治之下，天文学停滞不前；然而在近东和欧洲的某些地区，阿拉伯人建立了自己的势力范围，也继承了古希腊灿烂的天文学成就。之后基督教十字军的多次东征造成了两种文化的碰撞和交流，使古希腊的科学成就回到欧洲，并为欧洲人所接受。基督教会又企图将科学重新纳入神学的轨道，于是就有了神圣不可侵犯的“地心说”。但科学的发展有其自身的规律，一旦开始，就不会结束。果然，当哥白尼重新提出“日心说”的时候，科学就抛开了神学的束缚，向着自己的目标前进。

地心说是长期盛行于古代欧洲的宇宙学说。它最初由古希腊学者欧多克斯提出，后经亚里士多德、托勒密进一步发展而逐渐建立和完善起来。托勒密认为，地球处于宇宙中心静止不动，从地球向外，依次有月球、水星、金星、太阳、火星、木星和土星，它们在各自的圆轨道上绕地球运转。其中，行星的运动要比太阳、月球复杂些：行星在本轮上运动，而本轮又沿均轮绕地运行。在太阳、月球、行星之外是镶嵌着所有恒星的天球——恒星天，再外面是推动天体运动的最高天（图4-5）。

地心说是世界上第一个行星体系模型。尽管它把地球当做宇宙中心是错误的，但它的历史功绩不可抹杀。地心说承认地球是“球形”的，并把行星从恒星中区别出来，着眼于探索和揭示行星的运动规律，标志着人类对宇宙认识的一大进步。地心说最重要的成就是运用数学计算行星的运行，托勒密还第一次提出了“运行轨道”的概念，设计出了一个本轮均轮模型。按照这个模型，人们能够对行星的运动进行定量计算，推测行星所在的位置，这是一个了不起的创造。在一定时期里，依据这个模型可以在一定程度上正确地预测天象，因而它在生产实践中也起过一定的作用。①

但从16世纪开始，这一观点逐渐被哥白尼的日心说所替代。日心说，也称为地动说，是与天体运动和地心说对立的学说，它认为宇宙的中心是太阳，而不是地球，如图4-6所示。哥白尼提出的日心说推翻了长期以来居于统治地位的地心说，实现了天文学的根本变革。

---

① 廉永清．宇宙未解之谜．北京：中国画报出版社，2009

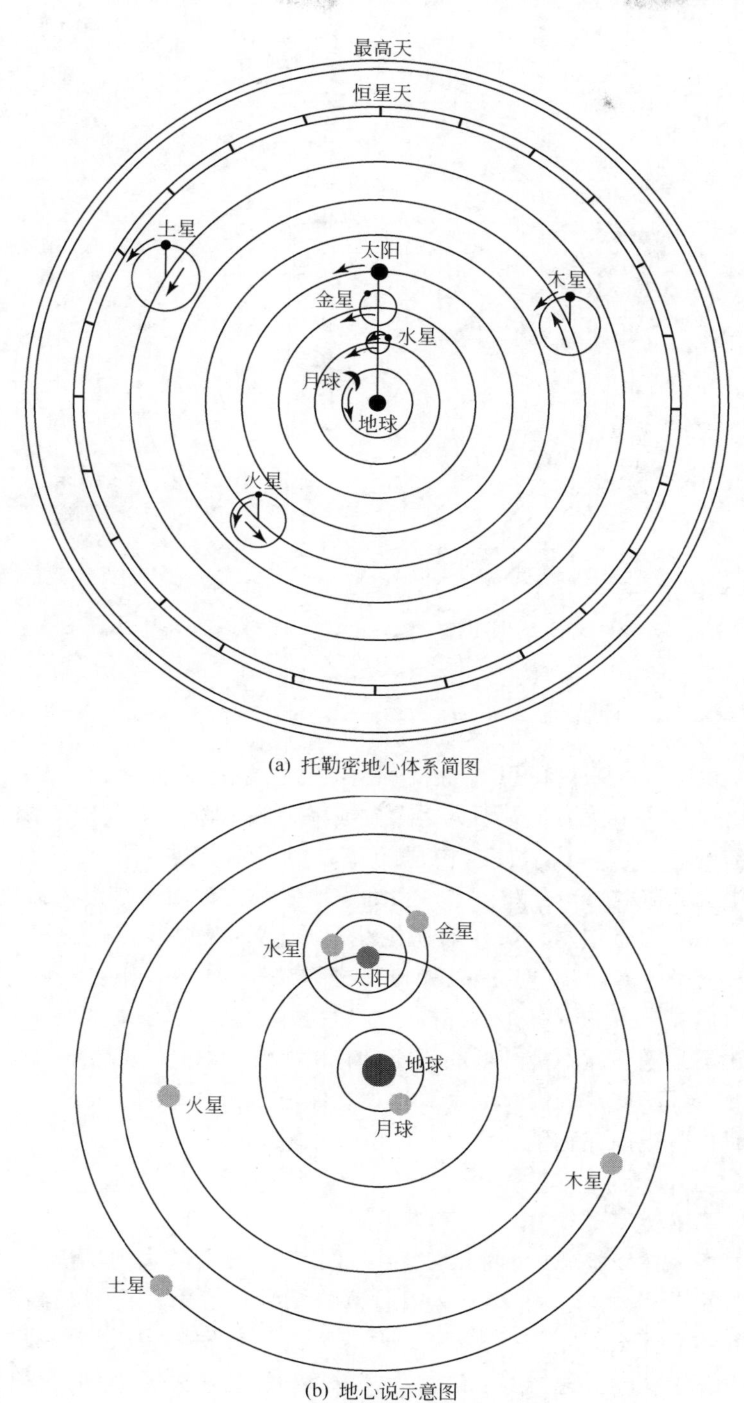

(a) 托勒密地心体系简图

(b) 地心说示意图

图 4-5　地心学说体系图

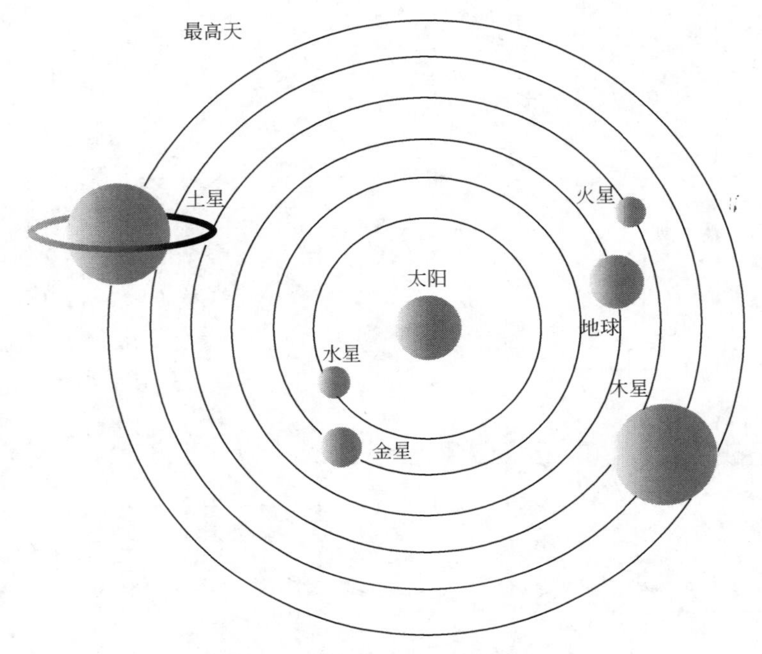

图 4-6 “日心说”示意图

哥白尼之后的意大利思想家、科学的殉道士布鲁诺（Giordano Bruno，1548～1600）进一步认为，太阳只是无数恒星中的一颗，仅是太阳系的中心，而不是宇宙的中心。这一认识使哥白尼的日心说得到了进一步的发展。1609 年，伽利略用望远镜巡视星空，获得了一系列重要发现：银河系是由无数单个的恒星组成的，木星有 4 颗卫星，金星有圆缺变化。这些观测事实有力地支持了日心说。德国天文学家开普勒（Johannes Kepler，1571～1630）用自己的观察和研究推翻了哥白尼提出来的所有天体都按圆周运动并且亘古不变的假说。他揭示了行星运动的轨迹是椭圆而不是圆形的，而且有快有慢。这将古希腊的美学论证和中世纪的宗教论证所支撑的天体运动对称观念颠覆了，古老的宇宙观和一切权威的威信在此时也就土崩瓦解了。

（三）近代天文学

由于哥白尼重新提出“日心说”，引起了天主教会的强烈不满，很多科学家被控以“异端”的罪名。随着天文望远镜的发明和使用，新的观测事实无不证明：地球并不是什么“宇宙的中心”。西方人的思想发生了天翻地覆的改变。在这种气氛下，天文学飞速发展。近代天文的第一个成就是开普勒行星运动三定律的发现。古希腊人的陈腐观念——行星做匀速圆周运动——被彻底抛弃了。开普勒根据第谷毕生观测所留下的宝贵资料，孜孜不倦地对行星运动进行深入的研究，提出了行星运动三定律。①

行星运动第一定律（椭圆定律）：所有行星绕太阳的运动轨道是椭圆的，太阳位于椭圆的一个焦点上。

行星运动第二定律（面积定律）：从太阳到行星所连接的直线在相等时间内扫过同等的面积（图4-7）。1609年，这条定律发表在他出版的《新天文学》上。

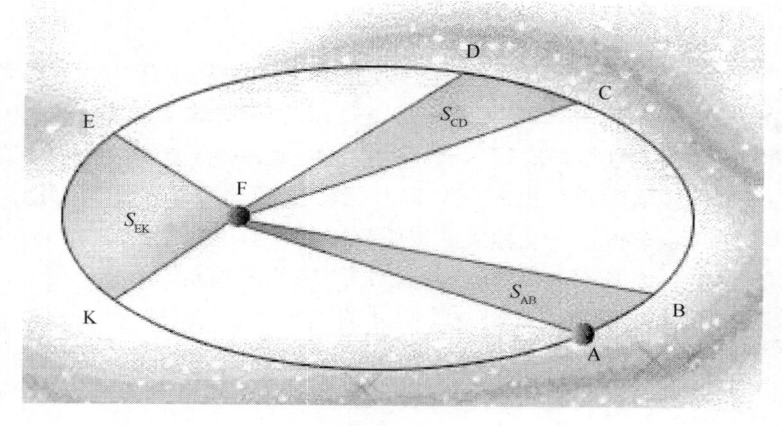

图4-7　行星运动

用公式表示为

$$S_{AB}=S_{CD}=S_{EK}$$

行星运动第三定律（调和定律）：行星绕日一圈的时间的平方和行星各自离日的平均距离的立方成正比。行星绕太阳运动的公转周期的平方与它们的轨道半长轴的立方成正比。

用公式表示为

$$\frac{a^3}{T^2}=K$$

式中，a为行星公转轨道半长轴；T为行星公转周期；K为常数。

随着力学的发展，牛顿发现了万有引力定律，为天体力学的创立打下了坚实的基础。之后经过欧拉、拉格朗日等数学家的辛勤工作，天体力学逐渐发展起来，到18世纪末，拉普拉斯写出巨著《天体力学》，天体力学正式问世。19世纪，天体力学得到快速发展，几乎成为天文学的代名词。1846年，海王星的发现标志着天体力学的发展达到顶峰，“日心说”获得了彻底的胜利。18世纪中后

① Voelkel J R. 约翰内斯·开普勒. 刘堃译. 西安：陕西师范大学出版社，2004

期，德国哲学家康德和法国天文学家拉普拉斯先后提出了关于太阳系形成的星云说，打破了欧洲统治思想界的形而上学的桎梏。从此，太阳系演化学诞生了，这一时期的欧洲天文学一派欣欣向荣的气象。而在中国，这一时期正处在最后一个封建王朝——清王朝的统治之下。中国古典天文学继续走下坡路，天文机构——钦天监被西方传教士控制，他们将西方的第谷学说介绍给中国，对革命性的“日心说”却避而不谈。中国天文学开始落后于西方。

（四）现代天文学

19 世纪中叶，天体物理学的诞生是现代天文学发展的标志。天体物理学是用物理方法研究天体的一门学科，它把人们带进了解天体的形态、结构、化学成分、物理状态和演化规律的时代。因此，它很快就替代了天体力学，成为推动现代天文学发展的主流学科。20 世纪以前，天体物理学尚处在幼年时期。进入 20 世纪，天体物理学取得了一项惊人的成就——关于恒星演化的理论，进而分析恒星的诞生、燃烧，以及死亡的演化过程，还解决了困扰人们数百年的星云本质问题。天文学家们最终确认，我们肉眼所见的恒星属于一个名叫银河系的旋涡星系，我们的太阳系只是银河系中极其微小的一部分，而大部分星云则是和我们银河系差不多的星系。而爱因斯坦相对论的提出，射电探测的崛起和 60 年代四大天文发现（类星体、星际有机分子、微波背景辐射和脉冲星）又分别给天体物理学带来新的理论依据、技术手段和动力，极大地推动了天体物理学和天文学的发展。

在同一时期，天体力学也得到了巨大的发展。19 世纪末，纽康和布朗分别建立太阳和月亮运动理论，一劳永逸地解决了古人几千年也未解决的棘手问题。对行星运行的研究导致了摄动理论的新发展。数学家们为解决摄动问题给天体力学引入了新的数学研究方法，如定性方法、数值方法等。20 世纪 50 年代以后，随着电子计算机的出现和人造天体的上天，天体力学焕发出勃勃生机，深深地影响着我们的生活。

现代天文学的发展是如此的迅猛，以至于我们不可能全面地介绍现代天文学，但“管中窥豹”就足以说明现代科技的发展推动了天文学的发展。人类在大自然的怀抱中不能无视自然界。庄严的节律、深邃的夜空、璀璨的群星、神秘的天体演化、瑰丽的天文奇观对人类的诱惑亘古不变。无论过去、现在、未来，无论您走到地球的任何一角，都不要忘却头顶上的星空，它总是以无比的庄严肃穆、安详静谧，向人类展示着神秘而又和谐的宇宙壮丽之景，使人们心驰神往，无限遐想，心灵得到净化。

(五) 天文学学派

阿拉伯天文学也称伊斯兰天文学或穆斯林天文学。一般所说的阿拉伯天文学是从指公元7世纪伊斯兰教兴起后到15世纪左右各伊斯兰文化地区的天文学。在这段时期里阿拉伯天文学大体形成了三个学派，即巴格达学派、开罗学派和西阿拉伯学派。①

巴格达学派。公元829年，巴格达建立了天文台，在这里工作过的著名天文学家有法干尼等人。法干尼著有《天文学基础》，对托勒密学说做了简明扼要的介绍；贾法尔·阿布·马舍尔著有《星占学巨引》；塔比·伊本·库拉提出了颤动理论，他最著名的发现是太阳远地点的进动，他的全集《论星的科学》在欧洲影响很大；苏菲所著的《恒星图像》，被认为是伊斯兰观测天文学的三大杰作之一；这个天文台还拥有来自中国和西班牙的学者，他们通力合作，用了12年时间，完成了一部《伊尔汗历数书》，它与印度的悉檀多（历数书）相当。

开罗学派。公元10世纪初，在突尼斯一带建立了法提玛王朝（公元909～1171，中国史称绿衣大食）。这个王朝于10世纪末迁都开罗以后，成为西亚、北非一大强国，并在开罗形成了一个天文中心。这个中心最有名的天文学家是伊本·尤努斯，他编撰了《哈基姆历数书》，其中不但有数据，而且有计算的理论和方法。书中用正交投影的方法解决了许多球面三角学的问题。他汇编了公元829～1004年阿拉伯天文学家和他本人的许多观测记录。公元977～978年他在开罗做的日食观测和公元979年他做的月食观测，为近代天文学研究月球的长期加速度提供了宝贵资料。

西阿拉伯学派。西班牙哈里发王朝（又称后倭马亚王朝，中国史称白衣大食）最早的天文学家是科尔多瓦的查尔卡利。他的最大贡献是于1080年编制了《托莱多天文表》。这个天文表的特点是其中有仪器的结构和用法的说明，尤其是关于阿拉伯人特有的仪器——星盘的说明。正当西班牙的天文学家抨击托勒密学说的时候，中亚一带的天文学家比鲁尼曾提出地球绕太阳旋转的学说，他在写给著名医学家、天文爱好者阿维森纳的信中甚至说到行星的轨道可能是椭圆形的，而不是圆形的。马拉盖天文台的纳西尔丁·图西在他的《天文学的回忆》中也严厉地批评了托勒密体系，并提出了自己的新设想：用一个球在另一个球内的滚动来解释行星的视运动。14世纪，大马士革的天文学家伊本·沙提尔在对月球运动进行计算时，更是抛弃了偏心均轮，引进了二级本轮。两个世纪以后，哥白尼在对月球运动进行计算时，所用方法和他的是一样的。阿拉伯天文学家们

---

① 纳忠．阿拉伯通史．北京：商务印书馆，2005

处在托勒密和哥白尼之间，起了承前启后的作用。

三、天文学与其他学科

天文学作为一门基础研究学科，与其他基础学科一样，彼此互相借鉴，互相渗透。天文观测手段的每一次发展，都推动着应用技术的进步。天文学学科研究的许多内容，在短时间内与我们人类似乎关系不大，但是，天文学家的工作在不少方面是同人类社会发展密切相关的。

（一）天文学与自然科学

我们在天文学的起源中提到，几乎所有的自然科学分支研究的都是地球上的现象，天文学从它诞生的那一天起就和我们头顶上可望而不可即的灿烂星空联系在一起。事实告诫我们：人类历史上每一次科学革命都是由天文学所引发的。因此，天文学与其他自然科学的联系是非常紧密的。

物理学和数学对天文学的影响非常大，是现代进行天文学研究不可或缺的理论基础。牛顿力学的出现、核能的发现、相对论的探索等对人类文明起着重要的推动作用，这些事件的发生都与天文研究有密切的联系。当前，对高能天体物理、致密星和宇宙演化的研究，将极大地引导现代科学的发展。对太阳和太阳系天体（包括地球和人造卫星）的研究在空天、航天、测地、通信导航等领域均有着许多应用价值。①

（二）天文学与工程科学

天文学的发展引导了工程科学的进步。望远镜、航天飞机、宇宙飞船等现代装备的出现推动了空天科学和航天技术等高技术领域的迅速崛起。

20 世纪 60 年代最为突出的天文学与工程科学结合的案例是美国的“阿波罗计划”，又称“阿波罗登月工程”。这是美国总统约翰·肯尼迪于 1961 年批准、由美国国家航空和航天局执行、迄今为止最庞大的月球探测计划，旨在 20 世纪 60 年代末把人送上月球并安全返回，是美国 1961 ~ 1972 年从事的一系列载人登月飞行任务。为此，美国研制了“水星”、“双子星座”和“阿波罗”等一系列飞船。阿波罗登月是历时最长、规模最大、投资最多、最富传奇性的人类对太空的探险行动。早在 1957 年就开始设想阿波罗登月计划，经过若干年科学、技术和财政支持的多方面综合论证，1961 年 5 月 25 日，美国正式宣布实施该项计划。

---

① 余明．简明天文学教程．北京：科学出版社，2001

该项计划历时10年多，于1972年12月底结束。在这10年多的时间里，共进行了17次飞行试验，包括6次无人亚轨道和地球轨道飞行、1次载人地球轨道飞行、3次载人月球轨道飞行、7次载人登月飞行（其中6次成功，1次失败）。参加阿波罗登月计划的除美国国家航空和航天局宇航中心外，还有120所高等学校、20 000家工厂，共400多万人，耗资250亿美元。12名美国航天员登上月球，在月面停留累计299.6小时，航天员出舱在月面活动累计80小时，带回月球岩土标本389.7公斤。阿波罗11号宇宙飞船中的阿姆斯特朗成为第一个踏上月球地面的人，详细地记录了月球表面特性、物质化学成分、光学特性并探测了月球重力、磁场，完成了月震探索研究等任务。

中国月球探测计划“嫦娥工程”于2003年3月1日启动，分三个阶段实施，首先发射环绕月球的卫星，深入了解月球；其次发射月球探测器，在月球上进行实地探测；最后送机器人上月球，建立观测站，实地实验采样并返回地球，为载人登月及月球基地选址做准备。整个计划大概需要20年的时间。

从中国古代嫦娥奔月到20世纪阿波罗登月，21世纪世界各国纷纷制定各类深空探测计划。21世纪，空天科学技术已成为世界各国科技实力竞争的标志之一。

（三）天文学与社会科学

天文学对社会科学发展的影响。人类的生活和工作离不开时间，而昼夜交替、四季变化的严格规律须由天文方法来确定，这就是时间和历法的问题。如果没有全世界各国相对统一的标准时间系统，没有完善的历法，人类的各种社会活动将无法有序进行，一切都会处在混乱状态之中。

太阳的光和热在几十亿年里哺育了地球万物的成长，其中包括人类。太阳一旦发生剧烈活动，对地球上的气候、无线电通信、宇航员的生活和工作将会产生重大影响，天文学家责无旁贷地承担着对太阳活动的监测、预报工作。不仅如此，地球上发生的一些重大自然灾害，如地震、厄尔尼诺现象等，天文学家也在为之努力工作，并为防灾、减灾做出自己的贡献。

四、天文学的未来

爱因斯坦说：“宇宙中最不可理解的事，是宇宙是可以理解的。”亘古及今，星空总是触动着人们去沉思、遐想、探索，又总是吸引着人们去注视它、观测它、研究它……

（一）天文学的世纪难题

21世纪初，天文探测的重点是月球与火星。除发射环绕飞行器对星球表面进行拍照外，还将发射有着陆器、可行走的机器人，以及建造月球和火星的载人活动基地。至于天文观察，预计今后将有数座轨道天文台在太空工作。欧美的哈勃望远镜未来有希望解开银河系奥秘，使天文观察进入一个新纪元。还有将要发射的红外天文台、宇宙背景辐射探测者等都是本世纪有重要意义的项目。在哈勃和巴德相继去世后，美国天文学家桑德奇成为宇宙学观测方面的领导者。桑德奇对21世纪天文学和宇宙学提出了三大领域的23个问题，集中反映了21世纪的主攻方向，将星系天体物理推到最前沿的位置，如表4-2所示。①

表4-2　桑德奇对21世纪天文学和宇宙学提出的23个问题

问题	内容
第一类问题	哈勃星系序列
问题1	该序列是由演化或初始条件所造成的？
问题2	星系的参数沿该序列是否会变化？
问题3	序列的宽度（范登堡光度分类）的起因是什么？
问题4	旋涡结构是否总是运动学的旋转作用？
问题5	原初恒星形成率主要驱动？
问题6	密度－形态关系宇宙学
问题7	“并吞”起什么作用？
问题8	尘埃（AGB星）的起源和年龄？
第二类问题	恒星演化和星系
问题9	银河系各组成恒星的年龄、运动和化学组成
问题10	分布的宇宙起源说（cosmogony）
问题11	从石块到恒星的质量函数
问题12	星系中不同位置的年龄和金属丰度的关系
问题13	早期星系中出现各种事例的序列
问题14	恒星计数所绘制出的银晕和厚盘

① 刘孝贤．天文学的100个基本问题．太原：山西科学技术出版社，2004

续表

问题	内容
第三类问题	宇宙学
问题 15	宇宙膨胀是真实的？ a. 超新星的时间延迟：$t(z)=t(0)/(1+z)$ b. 微波背景辐射的温度：$T(z)=T(0)/(1+z)$
问题 16	回顾时间的演化
问题 17	宇宙天体的距离尺度 a. 所有指示物的定标 b. 指示物的偏差问题 c. 为什么某些方法不对？
问题 18	减速因子 q_0
问题 19	解释 $N(m)$ 计数过剩问题
问题 20	暗物质的性质：Ω 值
问题 21	是否有纯宇宙膨胀的明显的速度偏离？
问题 22	星系际物质（气体、尘埃和石块）
问题 23	大尺度结构形成时间：星系团和星系群是年老还是年轻？

（二）天文学的发展前景

21 世纪天文学已走向全波段观测，紫外波段（1000～3000 埃①）是极其重要的波段之一，这是因为天体在这个波段内有极强的吸收线或发射线，这是探讨天体结构和演化不可缺少的一个波段。由于大气的吸收，来自天体的紫外辐射只能被大气外的空间装置接收到。因此，1978 年，欧洲空间局和美国国家航空航天局联合发射了“国家紫外天文探测器”，这是一架 40 厘米的紫外望远镜。它运行了 18 年，于 1996 年终止使用，获取了 11 万个天体的紫外光谱，得到了惊人的发现，改变了人类对宇宙大尺度结构的认识，发现空间存在大量的插入气体云，发现一批活动星系核和活动天体，使人类了解了一部分天体的物理状态和结构。因此，世界各国天文学家期盼着更先进的紫外卫星上天，世界空间天文台进一步的紫外卫星倡议和设计应运而生。

21 世纪初，中国天文学的发展有着催人奋进的机遇与挑战。如大天区面积多目标光纤光谱天文望远镜（LAMOST）是一架横卧南北方向的中星仪式反射施

① 1 埃＝0.1 纳米

密特望远镜。应用主动光学技术控制反射改正板，使它成为大口径兼大视场光学望远镜的世界之最。由于它的大口径，在曝光 1.5 小时内可以观测到暗达 20.5 等的天体。由于它的大视场，在焦面上可以放置四千根光纤，将遥远天体的光分别传输到多台光谱仪中，同时获得它们的光谱，成为世界上光谱获取率最高的望远镜。投资 2.35 亿元，成为我国天文学在大规模光学光谱观测中，在大视场天文学研究上，居于国际领先的地位。为了确保 LAMOST 科学试观测的科学产出，中国国家天文台的 LAMOST 巡天观测计划，目前已获得 20 多万条天体的光谱等观测记录，崭新的天文发现有望出现。①

第二节 地 学

地学（geoscience，又称地球科学（earth science））——描绘多姿多彩的板块漂移。

地球是人类的家园。一直以来，人们都十分关心赖以生存和发展的地球的状况，从而萌生各种地学概念。随着人类社会的发展，地理知识的积累，逐步形成一门研究地球表面自然现象和人文现象以及它们之间的相互关系和区域分异的学科。研究地学是为了更好地开发和保护地球的自然资源，使人地关系向着有利于人类社会生活和生产的方向发展。因此，地学是一门人类认识宇宙的科学，它与数学、物理学、化学、天文学、生物学和逻辑学同为七大基础学科。

一、地学的概念

地学以人类居住的地球为其研究对象，研究领域广泛、涵盖面广。由于中国的近代地学是由西方传入的，因此近代地学及其分支学科的名称首先出现在译著之中。中国传统的地学术语有其专门的含义，加上译者对西方近代的地学理解不同，在开创性的工作中又缺乏经验，对学科的理解和命名上存在着不一致，不但对矿物岩石学、地貌学和水文学这样具体的分支学科译名不一致，而且对综合性很强的地学学科如地理学和地质学的理解和命名也存在着不一致现象。② 由此，我们从科普的视角，以地学的历史发展为主线，辅以环境科学等与地学密切相关的学科了解地学。地球的演变给人类地学研究不断地提供新内容，至今人们对地球的认识还处于无限的探索之中。

---

① 王绶琯．塔里窥天：王绶琯院士诗文自选集．西安：陕西人民出版社，2006

② 涂光炽．地学思想史．长沙：湖南教育出版社，2007

（一）关于地学的定义

地学通常有地理学、地质学、海洋学、大气物理、古生物学、环境科学等学科。地理学是研究地球表面自然现象和人文现象以及它们之间的相互关系和区域分异的学科，简单说就是研究人与地理环境关系的学科。地质学是关于地球的物质组成、内部构造、外部特征、各圈层间的相互作用和演变历史的知识体系。海洋学是研究海洋中各种现象及其规律和各组成部分之间相互联系与作用的科学。大气物理学是研究大气的物理现象、物理过程及其演变规律的大气科学的分支学科。它主要研究大气中的声像、光像、电像、辐射过程、云和降水物理、近地面层大气物理、平流层和中层大气物理等；既是大气科学的基础理论部分，又是环境科学的一个部分。人们对大气中的许多物理现象，如虹、晕、华、雷、闪电等早已注意，并进行过研究，但内容分散在物理、化学、天文、无线电等学科之中，后来才把它们纳入大气物理学成为一个学科。古生物学是生命科学和地球科学汇合的交叉科学。它既是生命科学中唯一具有历史科学性质的时间尺度的一个独特分支（研究生命起源、发展历史、生物宏观进化模型、节奏与作用机制等历史生物学的重要基础和组成部分），又是地球科学的一个分支（研究保存在地层中的生物遗体、遗迹——化石，用来确定地层顺序、地质时代，了解地壳发展的历史，推断地质史上水陆分布、气候变迁和沉积矿产形成与分布的规律）。水文科学是关于地球上水的起源、存在、分布、循环、运动等变化规律以及运用这些规律为人类服务的知识体系。环境科学研究的环境是以人类为主体的外部世界，即人类赖以生存和发展的物质条件的综合体，包括自然环境和社会环境。

（二）关于地学的分支

地学以地质学、大气科学、地理学、海洋学、环境科学、水文学等多个基础分支学科构成。这六个学科还可以细分，其特点体现了自然科学和人文科学的交叉，如图 4-8 所示。

二、地理学发展简史

科学家将地球的演化过程划分为地球的天文时期、地球的前地质时期、前太古代、原太古代。这一时期，地球历史包括原始地壳、原始陆壳的性质和形成，以及原始生命的形式和出现等复杂的问题。这个时代被称为冥古代。直到今天，地学史发展成为一门庞大的学科体系。它包括了地理学发展史、地质学发展史、大气科学发展史、海洋学发展史、水文学发展史，以及刚刚走进人们视野的环境

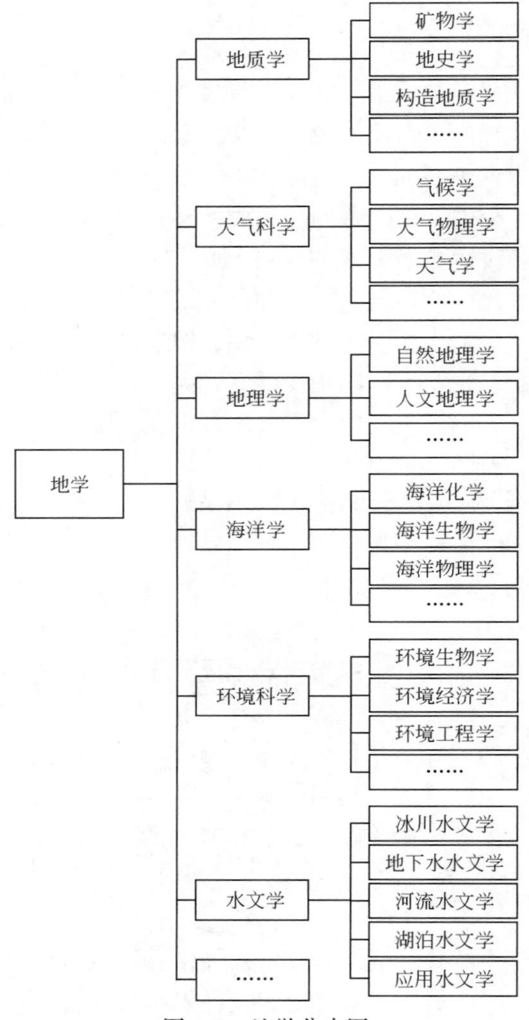

图 4-8　地学分支图

科学发展史等学科门类。在这里，我们仅仅介绍与我们关系最密切的地理学发展史。

地理学发展史是研究人类认识和利用地理环境的历史，以探讨地理学的产生、发展及其规律。研究全人类认识地理环境的历史，是世界地理学史或称地理学发展史；研究各个地区、民族或国家地理学的发展过程，是该地区、民族或国家的地理学史。[①] 地理学发展史可以分为古代、中古代、近代和现代四大阶段。

① 白光润．地理学导论．北京：高等教育出版社，1993

（一）古代地理学

在古希腊，地理学可以概括为“地方志”和“地图学”两个方面。地图学是古代数理地理学的主要内容，包括绘制地图所需的几何投影方法、主要城市的经纬度确定等。发展到托勒密时代，欧、亚、非三大洲各地区各民族之间的交往逐渐增进，商人、官吏、教徒、僧侣、军人，各色人等的各方见闻交流增多，这促进了古代地理学向一个新的高度迈进。

古埃及地理学运用数学探讨地理现象的传统，成为古希腊罗马地理学发展的源流，其主要成就有交流人地关系、讨论区域界线、研究大气现象产生的原因、探索生物对气候的依存，以及观察和推测地理环境与人类社会发展的关系。柏拉图（约公元前427～前347）从唯心论出发，认为圆是最完美的对称形，演绎出圆的地球位于宇宙中心，这是球形说最早的概念；而柏拉图的学生亚里士多德（公元前384年～公元前322年）则认为地球和天体都是由原质构成的，他从实验材料和实地观察中进行了归纳判断，科学地证实了大地球形学说；埃拉托色尼（公元前275～前193）被西方地理学界尊为“地理学之父”，他不仅第一次合成了“geographica”（意为地理学或大地的记述）这个术语，而且还用两地竿影换算出弧度，计量了地球的周长是252 000希腊里（折合约39 690千米），近于近代的实测值。

托勒密的《地理学》第八卷，在相当程度上是以泰尔人马里努斯的工作为基础发展起来的。他在《地理学》第一卷中提出两种地图投影方法。

第一种地图投影方法如图4-9所示，各圆弧都以H点为圆心，代表不同的纬线；各经线皆为以H点为中心向南方辐射的直线；注意H点并非北极（应是位

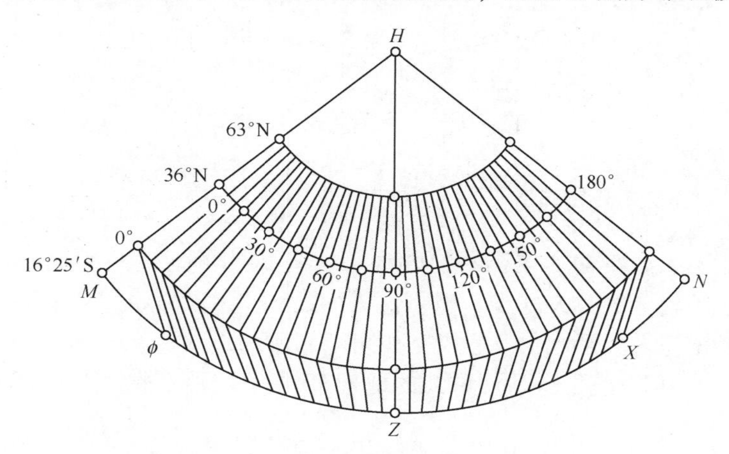

图4-9　托勒密的投影法之一

于北极上空的某一点)。在图 4-9 中，经度仅 180°，纬度仅有从北纬 63°至南纬 16°25′，这是因为当时的地理学家所知道的“有人居住世界”（inhabited world）就仅在此极限之内。在图 4-9 中，特别画出北纬 36°的纬线，这是那时各种地图的常例。北纬 36°正是罗得岛所在的纬度，从中可看到这门学问的创始人，设立天文台于罗得岛的希帕恰斯的影子。用现代的标准来看，图 4-9 中的赤道以北地区的投影，完全符合圆锥投影（conic projection）的原理。至于赤道与南纬 16°25′之间的地区，托勒密采用变通办法，将南纬 16°25′纬线画成与北纬 16°25′对称的状况，并作对等划分。

第二种投影方法如图 4-10 所示。纬线仍是同心圆弧，但各经线改为一组曲线。这个方案中还绘出了北回归线，即纬度为 23°27′的纬线。第二种投影法，大致与后世地图投影学中的“伪圆锥投影”相当，它比圆锥投影复杂，因为现在任一经线与中央经线的夹角不再是常数（在圆锥投影中该夹角为常数，等于两线所代表的经度差乘以一个小于 1 的常数因子)，而是变为纬度的函数。

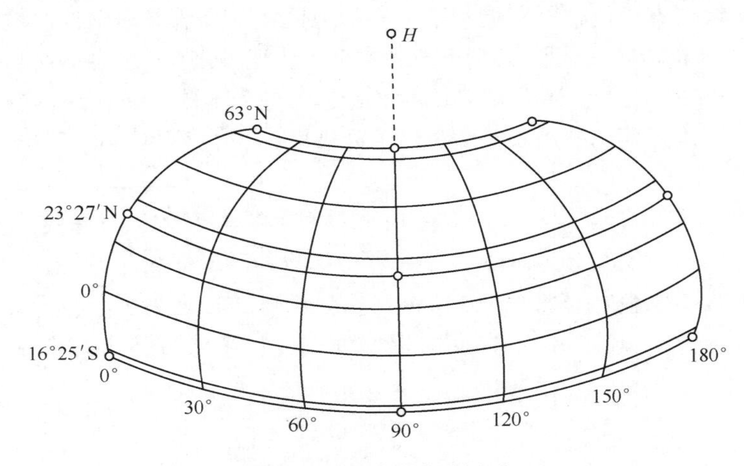

图 4-10 托勒密的投影法之二

托勒密在《地理学》中的世界地图，就是采用第二种投影法绘制的。他表示，这是因为“我个人在这个工作方面及一切的事务上，宁愿采取较好和较困难的方法，而不采取粗糙和较容易的方法”①。托勒密的上述两种地图投影法，是地图投影学历史上的巨大进步，他在这方面的创造直到将近 1400 年之后才后继有人。托勒密还发明了成角日晷仪，如图 4-11 所示。

公元 15 ~18 世纪，有两件重大的地理事件：中国的郑和“七下西洋”和西

① 波德纳尔斯基．古代的地理学．梁昭锡译．北京：商务印书馆，1986

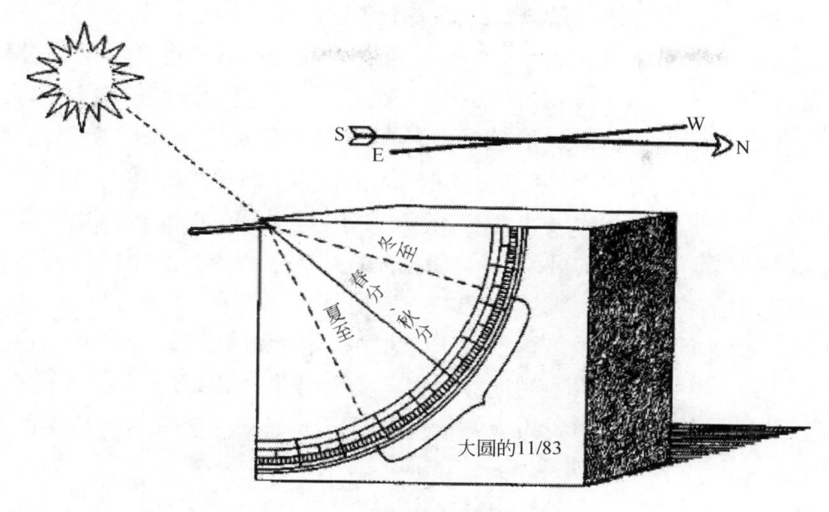

图 4-11　托勒密的成角日晷仪

方的地理大发现。这一时期地理学处于由古代向近代转变的时期。西方地理学用了三个多世纪，完成了技术革新、资料积累和建立地理唯物论的哲学基础三方面的准备，为欧美近代地理学的建立创造了前提。①

（二）中古代地理学

在公元 4～14 世纪的中古时期，中国、阿拉伯的地理知识和思想有长足的进步；而欧洲的地理知识和思想则出现了停滞和倒退。从公元 7 世纪开始，伊斯兰教团结了分散的阿拉伯部族，统治了中亚、西亚、北非和伊比利亚半岛，其地理学的成就是不能忽视的。如编成了第一本《世界气候图集》、提出褶曲抬升山岳的运动和侵蚀切割地形的均变过程等。这个时期的中国在方志、沿革地理、域外地理、自然地理和地图等方面都有很大的成就。中国的《尚书·禹贡》、《管子·地员》、《山海经》、《水经注》等著作，都是世界上比较早的地理学史料。到了后期，欧洲地理大发现涌现出了哥伦布、达伽马、麦哲伦等地理探险家，他们的发现极大地推动了地理学的发展。②

（三）近代地理学

这一时期的地理学是同工商业社会逐步相适应而发展起来的具有知识形态雏

---

① 唐锡仁，杨文衡．中国科学技术史．地学卷．北京：科学出版社，2000

② 波德纳尔斯基．古代的地理学．梁昭锡译．北京：商务印书馆，1986

形的地理学。它的显著特点是以对地球表面各种现象及其关系的解释性描述为主要内容；其逻辑推理和概念体系也渐趋完善，学科开始日益分化，学派林立。

近代地理学的形成是以德国地理学家洪堡德的《宇宙》和李特尔的《地学通论》两本书的问世为标志。地理学的各门学科几乎都在这个时期出现和建立，因此这一时期也是地理学学科门类蓬勃发展的时期。不仅洪堡德为自然地理学、植物地理学奠定了基础，德国的李希霍芬、法国的德马东也为自然地理学的发展做出了重要的贡献；美国的戴维斯和德国的彭克也分别创立了侵蚀轮回学说和山坡平行后退理论，标志着地貌学的建立；奥地利沃汉恩的《气候学手册》、俄国沃耶伊科夫的《全球气候及俄国气候》、德国柯本的世界气候分类法，也为气候学奠定了基础；英国的华莱士对世界动物区的划分为动物地理学奠定了基础；俄国道库恰耶夫的土壤地带学说为土壤地理学奠定了基础；李特尔和德国的拉采尔还创建了人文地理学等。①

（四）现代地理学

现代地理学随着科学技术的进步而发展，形成了逐步完善的格局，其标志是以地理数量方法、理论地理学的诞生和计算机制图、地理信息系统、卫星定位测控等应用的出现。现代地理学强调理论化、数量化、行为化和生态化的统一性。

随着人类科学技术的进步，以及世界各国各地区环境管理和保护发展的需要，地理学逐渐成为了一门有坚实的应用理论基础性的学科，学科的内容和结构也将发生变化。地理学中方法性学科和技术性学科，如地理数量方法、地图学等，将率先获得有效的发展；综合性分支学科、应用性分支学科，如综合自然地理学、城市地理学、旅游地理学、医学地理学、行为地理学、资源地理学、人口地理学等也将有较快的发展；地理学中研究人文科学的趋势将会加强，人文地理学在地理学中的比重将会增大。20世纪80年代，由于世界范围内人口、资源、环境和开发等问题日趋严重，各国地理学者广泛地参与了三大规划（城市规划、区域规划和环境规划）的工作，从实践中产生了对城市、区域和环境的综合研究；在理论模式和决策方面也大有进展，充分发挥了地理学固有的综合特点，萌发出了一系列的新分支。

（五）地学学派

20世纪20年代，围绕着地球大陆的运动问题，地学界特别是地质学界基本分立为两大学派。其一为传统学派，主张地壳运动以垂直运动为主，局部的水平

---

① Newbigin M J. 近代地理学. 王勤堉译. 上海：商务印书馆，1933

运动是垂直运动的次生现象；其二为大陆漂移假说学派，坚持地壳运动以水平运动为主，认为大陆能在其硅镁层基地上面发生大规模的相对水平位移，其中就具体的漂移形式又分为各个小型的学术派别，如泰勒、魏格纳学派、约里学派等。

三、地学与其他科学

（一）地学与自然科学

第二次世界大战以后，由于人类活动与生产规模的空前发展，出现了严重的环境污染问题。一系列震惊世界的公害事件，使人们日益重视对环境问题的研究，促使了环境科学的诞生与发展。虽然环境科学并不能完全概括地学与自然科学中其他学科间的相互关系，但我们可以窥视其中的一些简单联系。环境科学的主要分支学科如下：环境物理学，主要研究电磁波、光、热、声、振动等对人影响以及减少这些影响的技术及其依据的原理与理论；环境化学，它是运用化学与环境科学的理论与方法，研究环境污染物在地球环境（大气圈 、水圈、岩石圈、生物圈）中形成、迁移、转化与归宿的学科；环境生物学，是研究生物与受人类干预的环境之间的相互作用规律及其机理的学科，特别着重研究污染物对生态系统的影响。这些说明了地学与物理学、化学和生物学的联系。而地图则是数学与地学相结合的数字与几何见证，因为地图既是人们地理知识的形象而准确的记录，又是测量、计算和绘制等技术进步的综合产物。①

（二）地学与工程科学

地学与工程科学的联系可以从地球环境与工程科学的交叉来了解。因此，环境工程是一门研究人类活动与环境的关系、研究改善环境质量的途径及技术的学科。所包含的内容有大气污染治理与控制工程、水污染治理与控制工程、噪声污染与控制工程、固体废弃物污染与治理工程、环境影响评价等学科。这是一门复杂的、具有高度综合性的学科，牵涉社会学、经济学、管理学、军事科学等学科，并与各学科交叉成各类边缘学科，如环境经济学等。欧美环境工程在纯水制备领域拥有丰富的工程经验，主要为电力、石化、化工、电子、冶金、医药等行业提供新技术。

（三）地学与社会科学

地学与社会科学的联系自古就有记载。例如，班固（公元 32 ~ 92）著的

① 卢嘉锡，唐锡仁，杨文衡．中国科学技术史．地学卷．北京：科学出版社，2000

《流书·地理志》是中国第一部用“地理”命名的地学著作，书中记述了疆域政区的建置，为地理学著述开创了一种新体制，即疆域地理志。对中国后世疆域地理著作以及府志、州志等地方志都有很大影响。司马迁在《史记·货殖列传》中，对当时全国经济地理状况做了概括的描述。该书是中国最早的一部经济地理学著作。现在地学与社会科学的联系非常紧密，我们依然以环境科学为例。环境科学已从自然科学和工程技术领域扩大到社会科学各领域，运用的知识和方法涉及自然科学、工程科学及社会科学等多种学科。例如，环境医学是研究环境与人群健康的关系的学科，主要从医学角度出发研究环境污染对健康的影响和危害，包括探索污染物影响健康的作用机理，查明环境致病因素和致病条件，阐明污染物对健康损害的早期反应和潜在的远期效应等；环境管理学研究采用行政、法律、经济等手段处理国民经济各部门、各社会集团有关环境问题的相互关系；环境经济学研究生产发展和环境保护之间的相互关系，对各种宏观的与微观的环境保护计划与治理工程项目进行经济方面的研究；环境法学研究为保护环境与自然资源而制定各种环境保护法规的必要性、制定法规的依据和程序。

四、地学的未来

（一）地学发展的九大热点

国际地质科学联合会组织科学家经过 3 年的研究，就地学的发展方向提出了九大热点问题，这无疑也成为地学界在发展进程中的难题，如表 4-3 所示。

表 4-3 国际地质科学联合会九大热点问题

序号	问题
问题一	可持续发展必不可少的地下地质
问题二	海底，广阔的未知地带
问题三	了解地球的内部，发现新的材料
问题四	行星地球状况，监测地质——环境变化的指示物
问题五	了解其基底，使城市稳定
问题六	保存古气候记录
问题七	行星地球去除污染的潜力
问题八	深部地球，了解其可能引起灾害的动力
问题九	早期生命，是产生于地球还是来自地球外

（二）地学发展的趋势

地学发展呈现出以下两个趋势：

第一，传统地质学正在被地球科学所取代，并向着更广泛的领域——地球系统科学发展。以矿物学、岩石学、古生物学、地层地质学、构造地质学等为特征的传统地质学，已经被地质学、地球物理学和地球化学构成的“地球科学”所取代，成为“与地球固体地表、地壳、地幔和地核研究有关的地学子集”。而今，把岩石圈同水圈、大气圈和生物圈（包括人类）作为一个有机组成的整体，研究其相互作用的特点和过程，形成了地球系统和地球系统科学。地球系统科学是横跨固体地球科学、大气科学、海洋科学等的横断科学。我国已有学者从地球各层圈的相互作用及其动力学以及由此引起的全球变化；互动的内因与机理上进行了探索研究，初步形成了“地球系统科学学”，成为当代地球研究的前沿。①

第二，地球科学大有作为。当今，地球科学不仅已经与生命科学和环境科学紧密结合，而且与数、理、化及人文科学交叉、融合，进入了以地球系统科学为特点的大科学时代。其特征是，注重圈层相互作用，以建立地球系统科学知识体系为目标；以高新技术为先导，促进科学与技术的融合；强调人地关系，为社会经济与可持续发展服务。一个新的地球观正在逐步确立。与此同时，随着工业的不断发展，环境问题越来越受到各国政府和人民的重视，环境工程学也将受到前所未有的重视。

第三节　生　物　学

生物学（biology）——破译生命基因的密码。

走进生命，也就走进奇迹。地球上的生物估计有 200 万 ~ 450 万种；已经灭绝的种类更多，至少也有 1500 万种。从北极到南极，从高山到深海，从冰雪覆盖的冻原到高温的矿泉，都有生物的存在。它们具有多种多样的生命形态，它们的生活方式也变化多端。生物科学是现代发展最迅速、最活跃的基础科学之一，它研究生命现象和生命活动规律，在分子、细胞、组织和个体等不同层次上，揭示生物体结构和功能之间的相互关系，并进而揭示生命的本质。这些生命本质的揭示，是生物技术发展的理论基础。② 因此，生物学是一门人类认识生命现象的科学，与数学、物理学、化学、天文学、地学和逻辑学同为七大基础学科。

---

① 柴东浩．地球科学的 100 个基本问题．太原：山西科学技术出版社，2004

② 中国科学技术协会，中国细胞生物学学会，中国神经科学学会等．生物学学科发展报告．北京：中国科学技术出版社，2008

一、生物学的概念

在远古时代，人类对自然科学中的生物现象总是迷惑不解，往往把有限的生命和无限的生命力混淆在物质运动规律之中，对生命科学的规则缺乏深度认识。随着生物学学科的发展与成熟，人类对生命现象有了生物学理论的再认识，使一个一个生命科学难题被解开，一个一个生物学规律被奇迹般地揭开。生物学起源于博物学，经历了描述性生物学、实验生物学、分子生物学进而进入到系统生物学。

（一）生物学的定义

生物学即生命科学（life science biology）。生物学是研究生物的种类、结构、功能、行为、发育和起源进化，以及生物与周围环境的关系的一门科学。严格地说，生物学是研究生命现象和生命活动规律的科学。生物学也是在分子、细胞，以及生命系统等各个层次水平上探讨生物体生长、发育、遗传、进化以及脑、神经、认知活动等生命现象本质并探索其规律的科学，是自然科学中最具有挑战性的一门学科。

传统意义上的生物学，一直是以农业和医学为基础，涉及种植、畜牧、养殖、医疗、制药、卫生等方面；随着生物学理论与方法的不断进步，它的应用领域也在不断扩大，生物学的影响已经扩展到食品、化工、环境保护、能源、冶金等方面；如果考虑仿生学的因素，它还影响到了机械、电子技术、信息技术等诸多领域的发展。

（二）生物的特征

G. H. 弗里德先生在《生物学》一书中认为生物学的基础在于了解生物的基本特征。该书共分7部分33章，通过疑难问题解析和实例分析对生物学的基本内容及新进展进行了简明扼要的介绍。该书表述风格独特，客观、简明、有趣地描述了生物学的生物特征，他认为：生物不仅具有多样性，而且具有共同的特征和属性。①

一般认为生物的特征有：

1）共同的物质基础和结构基础。其物质基础是蛋白质和核酸。如生物体新陈代谢的化学反应都是在酶的催化下进行的，而几乎所有的酶都是蛋白质。结构

① Fried G H，Hademenos G J. 生物学. 田清涞，殷莹，马洌译. 北京：科学出版社，2002

基础：除病毒外具有细胞结构。

2）有新陈代谢能力。植物在光合作用下，不断用新物质代替旧物质的过程。

3）有应激性。如生物在条件反射下对外界刺激的反应。

4）有生长和繁殖能力。如动植物的由小变大，繁衍后代。

5）遗传和变异的特性。按照达尔文在《进化论》中提出的“自然选择”，变异有利于物种的生存和延续；出现不利于物种生延的变异时，变异的物种就会难以生存，使之被自然淘汰掉，这就是自然界“适者生存”的原则。

6）能适应一定的环境，也能影响环境。

尽管生物世界存在惊人的多样性，但所有的生物都有共同的物质基础，遵循共同的生物发展规律。生物就是在这样一个统一而又多样的物质世界衍生。生物学积累了大量关于各种层次生命系统及其组成部分的资料。今天，对于生命系统的规律做出定量的理论研究已经提到日程上来，系统论方法将作为新的研究方法而受到人们的重视。

（三）生物学分支

早期的生物学主要是对自然的观察和描述，是关于博物学和形态分类的研究。因此，生物学最早是按类群划分学科的，如植物学、动物学、微生物学等。由于生物种类的多样性，人们对生物学的了解越来越深入，学科的划分也就越来越细，一门学科往往被划分为若干个子学科。生物学作为一门继物理、化学之后又一快速发展的基础学科，正朝着宏观和微观两个方向发展。宏观方面已经发展到全球生态系统的研究，而微观方面则向着分子方向衍生。生物学发展的这种局面，反映了生物学蓬勃的发展前景。

生物界是一个多层次的复杂系统，为了揭示某一层次的规律以及和其他层次的关系，学科的划分出现了按照生物层次划分的趋势，这有利于从各个侧面认识和把握某一个自然类群的生物特点和规律性。但无论研究对象是什么，都不外乎是以分类、形态、生理、生化、生态、遗传、进化等方面进行研究，如图4-12所示。

二、生物学发展简史

生物学的发展简史可划分为四个阶段：萌芽时期、古代生物学时期、近代生物学时期和现代生物学时期。

（一）萌芽时期

生物学发展的萌芽时期是指人类产生（约300万年前）到阶级社会出现

(约 4000 年前）之间的这一段时间。这时人类处于石器时代，原始人开始栽培植物、饲养动物，并有了原始的医术。这时的人类活动只是为了满足生存的需要，由此为人类生物学的发展奠定了源生态的基础。

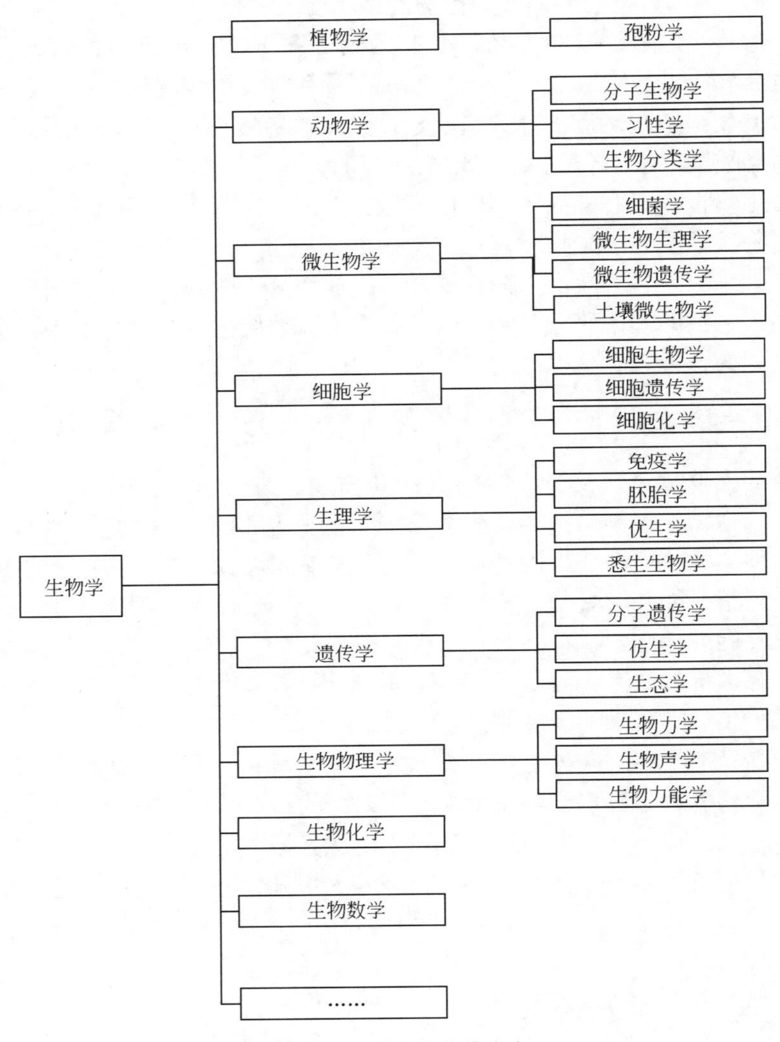

图 4-12　生物学学科分支

（二）古代生物学时期

到了奴隶社会（约 4000 年前开始）和封建社会后期，人类进入铁器时代。此时生产力得到了巨大发展，生产有了一定的剩余，私有观念也随之产生，并出现了原始的农业、牧业和医药业，由此开始有了生物知识的积累。植物学、动物学和解剖学虽然还停留在观察现象、记录数据、搜集事实的阶段，但同时也开始了整理、思索、提出问题等初步的发展。古代生物学在欧洲以古希腊为中心。在此期间，生物学的发展在理论上出现了创新。如希腊学者亚里士多德描述了500多种动物并予以分类，将动物分成有血动物和无血动物。前者又分成有毛胎生四足类、鸟类、鲸类、鱼类、蛇类、卵生四足类；后者又分成软体类、甲壳类、有壳类、昆虫类。他还对一部分动物做了解剖和胚胎发育的观察，著有《动物志》、《动物的结构》、《动物的繁殖》和《论灵魂》，是最早的动物学研究成果。希腊学者狄奥弗拉斯特阐明了动物和植物在结构上的基本区别，描述500多种野生和栽培植物，著有《植物志》和《论植物的本源》等。古罗马内科医生盖仑曾亲自做过大量的解剖，也对心脏和血管做过细心的研究，把希腊解剖知识和医学知识系统化，创立人体生理解剖学。意大利文艺复兴时期的艺术家、自然科学家和工程师列奥纳多·达·芬奇运用艺术创作的方法，研究了人体解剖、肌肉活动、心脏跳动、眼睛的结构与成像，以及鸟类的飞翔机制等，绘制了前所未有的人体精确解剖图，首次提出一切血管均起始于心脏。

中国的古代生物学则侧重研究农学和医药学，也正是由于这些原因，封建中国的农业和医药业才得以领先世界。中国古医书《黄帝内经》（包括《素问》和《灵枢》两部分），对人体内脏的部位、大小、长短及功能已有一定认识，并指出人体的生理功能与生活条件、精神状态有密切关系，对男女的生长发育过程及生理特征也有比较切实的描述。中国古书《尔雅》将植物区分为草本和木本，并将相近的物种排在一起，以示同类；将动物分为虫、鱼、鸟、兽、畜，亦将其中相近的物种排在一起，还使用了"鼠属"、"牛属"、"马属"等名称。中国北魏农学家贾思勰著《齐民要术》，全面地总结了秦汉以来中国黄河中下游的农业生产经验，其中含有丰富的生物学知识。如粟的品种分类、作物与环境的某些关系、一些作物的遗传性和变异性、一些作物的性别，以及人工选择的某些成就等。①

（三）近代生物学时期

从15世纪下半叶到19世纪末是近代生物学的发展时期。1665年，英国物理学家罗伯特·虎克发现了细胞；英国生物学家查尔斯·罗伯特·达尔文创立了生物进化论；奥地利的孟德尔是遗传学、微生物学的奠基人，被誉为现代遗传学之父。生物学的发展，由此开始对工农业和医学产生了巨大影响。

---

① 刘亚东．世界科技的历史．北京：中国国际广播出版社，2007

15 世纪生物学的重要科学贡献在于对动植物的分类和人体结构等进行了初步研究。如德国植物学家布龙费尔斯撰写并出版《草本植物志》，摆脱前人书本知识的束缚，根据自己的观察，对植物做了逼真生动的描述。意大利医生、植物学家 A. 切萨皮诺以果实为基础提出植物分类系统，完成巨著《植物》一卷。中国药物学家李时珍的《本草纲目》52 卷刻印出版，它记述了丰富的动植物知识，明确规定部、类、种三级分类程序；分植物为草、谷、菜、果、木五部，分动物为虫、鳞、介、禽、兽、人六部，每部又各分若干类，类之下分种。比利时医学家 A. 维萨里所著的《人体的结构》出版，创立近代人体解剖学。

16 世纪生物学的重要科学贡献是发现细胞等研究。英国物理学家罗伯特·虎克用自制的、当时分辨率最高的显微镜进行生物体观察，发现动物体内蜂窝状小室，称之为“细胞”，其所著《显微图谱》中有关细胞的描写是人类对细胞的首次观察记录。接着，荷兰生物学家列文虎克通过显微镜又进一步发现了动物的“精虫”，即精子细胞，这是一个活性细胞。还有英国医学家威廉·哈维发表于 1628 年的著作《动物心血运动解剖论》，建立了血液循环理论。意大利解剖学家 M. 马尔皮基观察到蛙肺里连接动脉和静脉的毛细血管，证实了哈维的血液循环理论。意大利医生 F. 雷迪通过蝇卵生蛆的对比实验，为反对自然发生说提供了第一个证据。英国植物学家 N. 格鲁编著的《植物解学》中也包括植物生理学的研究成果等。

17 世纪生物学的科学研究成就主要是植物生理学在理论上达到了系统化。1771 年，英国化学家 J. 普里斯特利用实验证明，绿色植物可恢复蜡烛因燃烧而“损坏”了的空气。法国化学家拉瓦锡确认动物呼吸是一种缓慢的氧化过程。瑞典植物学家林奈所著《自然系统》第一版出版，把自然界的植物、动物、矿物分成纲、目、属、种。实现了植物与动物分类范畴的统一，其后又使用了国际化的双名制。中国医学家俞茂鲲在《痘科金镜赋集解》中记载，人痘接种术起于明朝隆庆年间。《医宗金鉴》介绍了痘衣、痘浆、水苗、旱苗四种方法。据俞正燮在《癸巳存稿》中记载，1688 年俄国已派医生来中国学习“人痘法”。意大利解剖学家 L. 伽伐尼证明用静电刺激蛙神经，能引起与其连接的肌肉收缩，发现了神经的电传导现象。英国医生 E. C. 琴纳最先在欧洲采用牛痘接种法预防天花，实现了人体的主动免疫。德国胚胎学家 C. F. 沃尔夫在《发生论》中，根据植物器官与鸡胚的发育，阐述了发育的渐成特性，主张后成论等。

18 世纪生物学的重要科学贡献在于提高生物学的系统理论。法国动物学家比较解剖学家和古生物学家 G. 居维叶提出的各器官形态结构与功能之间的相关理论。J. B. de 拉马克所著《动物哲学》出版。俄国胚胎学家 K. M. 贝尔发表《论哺乳动物卵的起源》，首次准确地描述了哺乳动物的卵，出版了《动物胚胎学》，这是最早的比较胚胎学著作。德裔美国生理学胚胎学家 J. 勒布在不同时期用不同溶液处理海胆卵，实现完全孤雌发育，得到正常的幼虫等。德国化学家 F. 沃勒发表《论尿素的人工制成》，第一次用非生命物质为原料合成原来由生物体产生的有机物尿素。中国医学家王清任著《医林改错》，他根据对尸体的观察，重新绘制了脏腑图，改正中国前人旧说，正确地区分了胸腔、腹腔的部位，指出膈肌之上只有心脏、肺脏，其余内脏器官均在膈肌之下；记述了气管、支气管和细支气管，纠正了“肺有二十四孔”之误。德国生理学家 E. H. 杜布瓦－雷蒙测定了动物的肌肉与神经处于活动状态时产生的电流。德国化学家 J. 李比希所著的《化学在农业和植物生理学上的应用》出版，推翻植物的“腐殖质”营养学说，创立矿物质营养学说。中国植物学家吴其浚的《植物名实图考》记述了植物 1714 种，每物附图，绘图精审，有的可据以定科或目。英国生物学家 C. R. 达尔文与 A. R. 华莱士联合发表阐述生物进化思想的论文。德国生物学家 E. 海克尔所著《形态学概论》出版，在其中首次创用“生态学”一词。该书还建议把原生植物和原生动物合并为原生生物，列为植物和动物之间的第三界。瑞士生理化学家 J. F. 米舍尔首次分离出核素，即核酸。德国细胞学家 T. H. 博韦里确认生殖性细胞染色体减数现象的普遍性；提出染色体个体性学说，引导后来人们从染色体“行为”来解释孟德尔所发现的遗传规律。中国思想家严复的《天演论》出版。《天演论》是英国赫胥黎《进化论与伦理学》一书的意译，介绍了“物竞天择，适者生存”的进化思想等。

19 世纪的生物学发展更是突飞猛进。荷兰的 H. 德·弗里斯、德国的 C. E. 科伦斯和奥地利的 E. von 切尔马克分别重新修正了孟德尔遗传规律。奥地利免疫学家 K. 兰德施泰纳发现 A、B、O 三种血型。美国细胞学家 C. E. 麦克朗提出副染色体（X）决定性别的设想。德国化学家 E. H. 菲舍尔和另一位德国化学家 F. 霍夫迈斯特分别提出蛋白质分子结构的肽键理论。英国生理学家 W. M. 贝利斯和 E. H. 斯塔林提取出“肠促胰液肽”（secretin）并命名为“激素”（hormone）。俄生物学家巴甫洛夫首次提出“条件反射”的概念。德国生化学家 A. 科塞尔和俄国出生的美国生化学家 D. A. 列文等从胸腺核酸中分析出胞嘧啶，他们和其他科学家合作分析出核酸的 4 种碱基和 2 种核糖。丹麦遗传学家 W. L. 约翰森提出了“基因”（gene）、“基因型”（genotype）、“表型”（phenotype）等遗传学的基本概念。美国遗传学家 T. H. 摩尔根发现伴性遗传现象，第一次用实验证明“基因”坐落在染色体上。美国生化遗传学家 G. W. 比德尔和生化学家 E. L. 塔特姆合作，提出“一个基因一个酶”的假说。英国数学家 G. H. 哈迪和德国医生 W. 魏因贝格各自独立发现，在一个不发生突变、迁移和选择的无限大的随机交配群体中，其基因频率和基因型频率将代代保持不变，后称哈迪－魏因贝格定律。中国生理学家蔡翘发现，在美洲袋鼠的中脑结构上，有一个视觉与眼球运动的功能部位——顶盖前核，又称“蔡氏区”。摩尔根的《基因论》出版。中国生理学家冯德培在肌肉放热的研究中，发现了肌肉的“静息代谢能”因肌肉拉长而增加的现象，被称为“冯氏效应”。中国昆虫学家胡经甫著的6卷本《中国昆虫名录》出版……数不胜数的科学成就，层出不穷地展现在生物学领域。

（四）现代生物学时期

20世纪的生物学即属于现代生物学的范畴，始于1900年孟德尔学说的重新认识。此后，遗传学向着理论（包括生物进化）和实践（主要是基因植物育种）两个方面深入发展。与此同时，由于物理学、化学和数学向生物学的渗透以及许多新的研究手段的应用，一些新的边缘学科如生物物理、生物数学应运而生。其中最为重要的发现是DNA双螺旋结构模型，它与天体物理学中的大爆炸宇宙模型、粒子物理学中的夸克模型和地学中的地球板块模型，统称为20世纪科学界最著名的四大科学模型。

双螺旋结构模型。脱氧核糖核酸（Deoxyribo Nucleic Acid，DNA），是指一种分子量很大、能自行复制的链状分子，存在于一切活细胞内，是携带遗传信息的重要物质。DNA的基本功能是以基因的形式荷载遗传信息，并作为基因复制和转录的模板。它是生命遗传的物质基础，也是个体生命活动的信息基础。DNA双螺旋模型造就了分子生物学，造就了基因工程，而基因工程已在改造我们的生活、医药健康、能源、环境等。科学在不断发展，中心法则也不断地得到新发现的补充和支持，如RNA的反转录、m RNA的剪切加工、DNA甲基化的后遗传调控，以及近来极受重视的小分子RNA（miRNA）和RNA干扰（RNAi）等，这一切都使我们对RNA分子的生物信息如何运作认识得更清楚。功能基因组的研究进展将生命科学发展推上一个新的快车道，特别是一系列高通量技术的进入，如生物芯片、自动质谱、全cDNA库、全蛋白质表达库、全抗体库的建立等，生物学由此进入了崭新的发展阶段。①

1985年由美国科学家率先提出了人类基因组计划（Human Genome Project，HGP），并于1990年正式启动。其主要目标是：识别人类DNA中所有基因（超过10万个）；测定组成人类DNA的30亿个碱基对的序列；将这些信息储存到数据库中；开发出有关数据分析工具；发现所有人类基因并搞清楚它们在染色体上的位置，破译人类全部遗传信息，使人类第一次在分子水平上全面地认识自我，并致力于解决该计划可能引发的伦理、法律和社会问题。随着人类基因组逐渐被

---

① Watson J D. 双螺旋：发现DNA结构的故事．北京：科学出版社，2006

破译，一张生命之图被绘出，人们的生活也将发生巨大变化。基因药物已经走进人们的生活，利用基因治疗更多的疾病不再是一个奢望。

中国在1993年启动了相关研究项目，在上海和北京相继成立了国家人类基因组南、北两个中心。1999年7月，我国在国际人类基因组注册，承担了其中1%的测序任务，所测的序列是人类3号染色体短臂上约3000万碱基对的顺序，该区域约占整个人类基因组的1%，大约有1100多个基因，其中有些基因是在我国发病率高的致病相关基因，如控制肺癌、鼻咽癌和卵巢癌等有关基因。参加这项计划的中国科学家宣布，在完成基因组计划之后，将重点转向研究中国人的基因，特别是与疾病相关的基因；同时还将应用人类基因组大规模测定碱基顺序的技术，测定出猪、牛等哺乳动物基因组的全部碱基顺序。这标志着我国已掌握生命科学领域中最前沿的大片段基因组测序技术，在结构基因组学中占了一席之地。①

人类基因组计划是当代生命科学的一项伟大工程，它奠定了21世纪生命科学发展和现代医药生物技术产业化的基础。

第四节　逻　辑　学

逻辑学（logic）——人类理性的阶梯。

逻辑学是人类历史上最美丽的花朵，也是思维进行探索的产物，是人类文化宝贵财富的重要组成部分，有着悠久的历史。逻辑学是进行正确思维的工具，逻辑思维能力是人们必备的基本素质。因此，逻辑学是一门人类认识宇宙的认知科学，与数学、物理学、化学、天文学、地学、生物学同为七大基础学科。

一、逻辑学的概念

逻辑学是研究和规范思维形式的科学，是一门具有2000多年悠久历史的基础性学科。“逻辑”是英语“logic”的音译。它出自古希腊语，为λoyoσ的音译——“逻各斯”（logos，意为理性）。因为它有很多含义，汉语里很难找到相对应的词。著名哲学史家格思里在《希腊哲学史》第一卷中详尽地分析了公元前5世纪及之前这个词在哲学、文学、历史等文献中的用法，总结出10种含义：①任何讲出的或写出的东西；②所提到的和与价值有关的东西，如评价、声望；③灵魂内在的考虑，如思想、推理；④从所讲或所写发展为原因、理性或论证；

① 杨焕明，董月玲．生命大解密：人类基因组计划．北京：中国青年出版社，2000

⑤与“空话”、“借口”相反，“真正的逻各斯”是事物的真理；⑥尺度、分寸；⑦对应关系、比例；⑧一般原则或规律，这是比较晚出的用法；⑨理性的能力，例如，人与动物的区别在于人有逻各斯；⑩定义或公式，表达事物的本质。

亚里士多德被公认为逻辑学的创始人，是传统形式逻辑的奠基人。他创建了范畴表和谓词表，提出了逻辑思维的三大规律（同一律、矛盾律、排中律），确定了判断的定义和分类，制定了演绎三段论推理的主要格式和规则，并且说明了演绎与归纳的关系。

西方逻辑学早在明代就开始传入中国，李之藻（1565~1630）与人合作翻译了葡萄牙人所写的一部逻辑学讲义，译为《名理探》。清朝末年，逻辑方面的翻译著作有《辩学启蒙》（1896）、《穆勒名学》（严复译，1905）等。一开始，中国译者们按先秦传统（即诸子百家中的名家学派，以邓析、公孙龙子、惠施为代表）来理解 logic，先后将其译为“名学”、“辩学”、“名辩学”、“理则学”、“论理学”等。严复是将 logic 译为“逻辑”的第一人。

（一）逻辑学的定义

在现代汉语中“逻辑”是个多义词。其含义有以下六种：第一，指客观事物的发展规律。例如，这部电视剧的情节不符合逻辑。第二，指观点、理论、说法、言辞。例如，这篇辩护词里都是些荒谬的逻辑。第三，指思维的规律、规则。例如，警方根据已获得的证据，做出了合乎逻辑的推测。第四，指文章或演讲中的论证性、论辩力。例如，我十分佩服这场演讲中的不可战胜的逻辑力量。第五，指逻辑这门科学或学科门类，泛指逻辑科学或专指普通逻辑或形式逻辑。例如，大学生应该学习和了解逻辑学。第六，最后一种含义指“逻辑学”这门学科。①

逻辑通常指人们思考问题，从某些已知条件出发推出合理的结论的规律。说某人逻辑性强，就是说他善于推理，能够得出正确的结论。说某人说话不合逻辑，就是说他的推理不正确，得出了错误的结论。

逻辑学是一门研究思维的规定和规律的科学。它的对象是思维，它既不研究自然界，也不研究社会。在过去很长一段时期里，它从属于哲学，被当做哲学的一部分。但是在长期历史发展中，它从哲学中逐渐分化出来，具有自己独立存在的地位和自己独特的研究对象。逻辑学是关于以推理、论证有效性为核心的思维形式和思维规律的科学。

① 陈波．逻辑学是什么．北京：北京大学出版社，2002

（二）逻辑学的特征

抽象性。从某种意义上说，逻辑学可以说是最难理解的科学，因为它所处理的题材，不是直观的，而是纯粹抽象的东西，需要一种特殊的能力和技巧，才能够回溯到纯粹思想。但在另一种意义下，也可以把逻辑学看做是最容易理解的科学。因为它的内容不是别的，是我们自己的思维和思维的熟悉的规定。这些规定同时又是最简单、最基本的，而且也是人人最熟知的，如有与无、质与量、一与多等。

工具性。逻辑学是一门具有工具性质的学科。1974 年，联合国教科文组织所列的七大基础学科中，逻辑学被列在第二位。它有着极强的应用价值：可以防止语言的逻辑错误，可以在交际中巧妙地表达语义，可以揭露诡辩、反驳谬误。普通逻辑的奠基人古希腊的亚里士多德就曾把演绎逻辑看做认识、论证的工具。他的继承者们就把他的逻辑著作汇集起来命名为《工具论》。归纳逻辑的创立者英国哲学家培根把自己的著作命名为《新工具》，也就是把归纳逻辑看做一种科学认识和发明的工具。

逻辑学的工具作用还表现在以下三方面：逻辑学是人们认识客观事物的必要工具，人们根据已有且可靠的知识，按照正确的推理就可以获得新知识。逻辑学是表达思想的必要工具。逻辑学是辨识谬误的必要工具。因此，学习并掌握逻辑这门工具性质的科学，对提高人们的思维能力，开发人们的智力，以至对提高中华民族的科学文化素质，都是十分有益的。

（三）逻辑学的分支

对于逻辑学的分支，不同时期和不同国家的学者有不同的观点，但无论是东方学者还是西方学者都有着这样的共识：传统逻辑主要是形式逻辑，内容都比较单一。随着生产的发展和科学的进步，人们的实践活动内容越来越丰富，越来越复杂，抽象思维能力越来越发达，也就创造了更加复杂、精密的思维形式、结构。传统逻辑仅有 A、E、I、Q 四种基本命题形式为前提和结论的推理，远远不能分析和验证所有的推理问题。现代逻辑学获得了巨大的发展，这种发展主要表现为众多的逻辑学分支。在现代大学教育中，逻辑学成为各专业，尤其是哲学、语言学、文学、法学、经济学、计算机科学等专业的基础课程。随着现代逻辑学自身的发展，逻辑学已渗透到诸多科学领域，发挥着越来越重要的作用。

现代逻辑学的理论日益丰富，按照不同的学科可有很多分支，逻辑科学分支主要有：

1）元逻辑（语言逻辑）包括：逻辑句法学、逻辑语义学、逻辑语用学、逻辑语言学。

2）基本逻辑包括：传统逻辑（形式逻辑）、正统现代逻辑、非正统现代逻辑。

3）科学方面的发展（实用逻辑）包括：物理学的应用、生物学的应用、社会科学的应用（规范逻辑、价值逻辑、法律应用）。

4）数学方面的发展（数理逻辑）包括：算术、代数、函项理论、证明论（公理化方法、甘岑化理论）。

5）哲学方面的发展（辩证逻辑等）包括：伦理学的应用、形而上学（方法论）的应用、认识论的应用、归纳逻辑。

雷谢尔在《哲学逻辑论题》一书中提出了当前逻辑学研究分支的逻辑学结构，如图 4-13 所示。

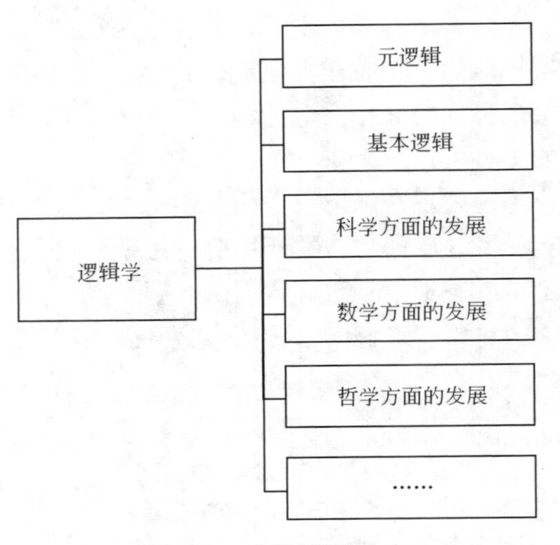

图 4-13 逻辑科学分支

二、逻辑学发展简史

逻辑学是以推理、论证有效性为核心的思维形式和思维规律的科学。西方逻辑史就是研究这些逻辑思想、学说发生、发展规律及其规律性的历史。这里主要介绍西方传统形式逻辑的发展简史。我们可以把逻辑学的发展史概括为以下四个时期：

（一）古希腊罗马逻辑

古希腊逻辑思想，与哲学、认识论思想一道，发源于公元前 5 世纪。亚里士多德建立了一门比较完整的古典形式逻辑。在古希腊，社会意识形态领域中的斗争涉及政治、伦理、法律、宗教、哲学等各个方面。“百家争鸣”，论辩之风甚盛。这就需要有说服力的推理和论证，需要增强理性思维能力。于是，作为说理论证的演说术、雄辩术应运而生。所以，逻辑学的产生同论辩、证明直接相关。古希腊，特别是希腊化时代，传入的东方民族的天文学、地理学、数学，特别是几何学，使得古希腊的科学达到了相当高的水平。科学的发展为逻辑的产生提供了基础，而科学发展本身也需要逻辑方法。古代西方的逻辑就这样逐渐形成和发展起来。

在这一时期，产生了赫拉柯利特的逻各斯，他以朴素唯物主义的形式表述了主客观的辩证法，确定了一系列的存在与认识的辩证原则。赫拉柯利特认为，“这个世界，对于一切存在物都是一样的，它不是任何神所创造的，也不是任何人所创造的；它的过去、现在、未来永远是一团永恒的活火，在一定分寸上燃烧，在一定分寸上熄灭”。赫拉克利特把这种普遍的、必然的客观规律叫做逻各斯（logos）。[①]

接着是巴门尼德的唯心主义逻辑规律思想，芝诺的论证方法，德谟克利特的认识论，苏格拉底、柏拉图的逻辑思想及诡辩学派，以及古希腊伟大的哲学家亚里士多德的古典逻辑，包括他关于范畴和概念的理论、命题（判断）的学说、模态三段论、论证和反驳的学说。最后是麦加拉——斯多葛学派及古罗马逻辑。

（二）中世纪文艺复兴逻辑

中世纪是指从公元476年西罗马帝国灭亡到1640年英国资产阶级革命为止的这一段西欧封建社会历史。逻辑学同语法、修辞、数学、天文等一起，在中世纪的教会学校中传授，其内容逐渐充实起来。直到12世纪，人们才得到亚里士多德逻辑的完全译本。从那时起，中世纪才有了完整的形式逻辑。中世纪逻辑的发展，大致可分为三个阶段：

第一个阶段，从中世纪开始，即公元5世纪末到12世纪的彼得·阿伯拉尔，称为过渡时期或古逻辑时期。第二个阶段，从12世纪出现亚里士多德的全部逻辑著作的拉丁文译本到13世纪，称为创造时期，亦称“新逻辑”时期。这一时期著名逻辑学家有大阿尔伯特、托马斯·阿奎那，西班牙的彼得、罗杰尔·培根等。第三个阶段，从14世纪开始到中世纪结束，是中世纪逻辑学发展的高峰时期或完成时期。著名的逻辑学家有邓斯·司各脱、赖蒙德·卢里、威廉·奥康等。这一时期是中世纪逻辑发展最有成果的时期，创立了推演学说，发展了斯多

① 徐锦中．逻辑学．天津：天津大学出版社，2001

葛学派的命题逻辑，研究了语义悖论及其解决方法，表露出相当精彩的符号逻辑思想。

文艺复兴时期是欧洲封建社会向资本主义社会过渡的大变革时期。这一时期的逻辑学是对中古经院哲学的反动，它结束了亚里士多德逻辑的绝对统治，并认为三段论式的泛滥无益于思维，科学研究的任务绝不是三段论所能负担的。实验科学的发展冲破了重重障碍，引起了科学方法论的重大变革。

（三）近代逻辑发展

16 世纪末到 18 世纪初是欧洲封建制度崩溃，资本主义制度确立的时期。这一时期也被认为是近代自然科学的创立时期。一方面，随着自然科学知识的积累，特别是实验科学的发展，直接导致了以弗朗西斯·培根为杰出代表的归纳逻辑的勃兴；另一方面，演绎逻辑也摆脱了中世纪封建神学的羁绊，并与数学联系，有了较大发展。由于笛卡儿、霍布斯，特别是莱布尼茨提出了一些崭新的逻辑思想，逻辑学开始进入发展的新阶段。

莱布尼茨对形式逻辑做出了重大贡献，首先提出了形式逻辑四大基本思维规律之一的充足理由律，完善了形式逻辑学的公理系统；同时他也是现代形式逻辑即符号逻辑的奠基者。康德是近代最著名的二元论、先验论与不可知论的代表。他把逻辑明确的确定为形式的科学，在他的主要著作《纯粹理性批判》中，也有一些关于逻辑的论述。康德对于理性思维中与时间、空间的有限性与无限性问题相关的四个“二律背反”的证明，已相当纯熟地运用形式逻辑的归谬证明法（即反证法），即先肯定命题的反题，然后再论证其不可能成立而推翻对立的反命题，从而依据矛盾律与排中律证明原命题本身的正确。康德之后，德国古典唯心主义哲学经过费希特、谢林，至黑格尔已经登峰造极。黑格尔对辩证逻辑有着全面精深的见解，此外还有赫舍尔、惠威尔的归纳学说，穆勒的“归纳五法”等。

19 世纪中叶，形式逻辑复苏，其新生力量主要来自熟悉专业的数学家，而并非来自纠结于经验主义与唯心主义思辨的哲学家。

（四）现代逻辑发展

现代阶段的形式逻辑，大体上包括自黑格尔逝世至罗素及其以后这一段时期的逻辑发展。

现代逻辑大致包括布尔的逻辑代数、弗雷格与罗素的逻辑，以及现代逻辑。布尔代数的代表有哈密顿与德摩根的逻辑学说和布尔逻辑代数。布尔之后逻辑代数的发展有：杰芳斯的逻辑学说、文恩的图解、汉廷顿的“逻辑代数独立公设集”和施罗德的《逻辑代数》。19 世纪中期以后，围绕着数学的逻辑基础和元数学的研究，现代形式逻辑进一步发展。随着对悖论和解决数学基础问题的分歧和争论，逐步形成了以罗素为代表的逻辑主义派，以布劳维尔为代表的直觉主义派，以希尔伯特为代表的形式主义派，还有维特根斯坦、卡尔纳普、塔尔斯基、奎因等逻辑学家的思想。

自莱布尼茨提出建立普遍符号语言和把逻辑数学化以来，经过不少逻辑学家和数学家的努力，到布尔创立逻辑代数，初步完成了用代数方法处理形式逻辑的工作，特别是 1879 年弗雷格建立了第一个狭义谓词演算系统，这标志着逻辑科学的重大变革，产生了现代形式逻辑的雏形。至今，现代形式逻辑已发展成为严密的科学体系，它的理论基础雄厚，分支众多，实际应用越来越广泛。

特别是 21 世纪认知科学的兴起。认知科学是一个领域广泛的科学群，其中包括哲学中的认识论和逻辑学，生命科学中的心理学、脑科学、神经科学，以及社会学、语言学、行为科学（包括对动物认知行为的研究）、人类学、系统科学（系统论、控制论、信息论、混沌学等），也包括计算机科学技术中的人工智能、机器人、传感器、人工语言研究等。逻辑学作为一门重要的科学工具，为其发展奠定了基础，在多学科的学术空间开辟新的领域。①

三、逻辑学与其他科学

逻辑学发展至当代，由于现代科学的综合、交叉的进步趋势，加之逻辑学向其他科学的渗透，更将逻辑学与其他科学，特别是临近学科关系密切。因此，有必要将逻辑与相关科学联系起来。

（一）逻辑学与自然科学

数学是自然科学的基石，而逻辑学就是数学研究和发展必不可少的工具。下面我们将简要介绍逻辑学在诞生的最初 2000 年是怎样影响自然科学，尤其是数学的发展的。

第一个数学逻辑体系——欧几里得几何学公理系统：欧几里得的《几何原本》把前人已有的几何学知识搜集起来，用公理方法建立起演绎数学体系的典范，从少数几个基本假定（即五大公设和五大公理）出发，通过逻辑推理，证明一系列定理。因而，它实际上就是几何学的逻辑体系。这个体系如下：

1）5 条公理或基本概念。例如，等量加等量总量仍相等，整体大于部分。

---

① 徐锦中．逻辑学．天津：天津大学出版社，2001

2）5 条公设。例如，两点之间可作一直线、所有直角彼此相等。以基本概念与公设为大前提，用三段论证明几何学的 467 条定理。

逻辑对物理学及科学认识论的影响：伽利略对自由落体运动的研究，开辟了实验自然科学发展的道路，是科学史上第一个提供科学实验方法的典型。

第一个自然科学的逻辑体系——牛顿力学系统：牛顿发展了伽利略的科学认识方法，把数学演绎、逻辑推理和科学实验结合起来。在《自然哲学的数学原理》中，他从作为力学基础的定义和公理（运动定律）出发，运用数学形式与逻辑推理，建立了力学的逻辑体系。

牛顿力学的公理方法和逻辑体系具有物理学方法论意义。牛顿力学的逻辑体系对西方科学与哲学发展产生了巨大的影响。爱因斯坦说："由于牛顿第一个成功地以微积分为数学工具，建立了物理因果性的完整的逻辑体系，从少数几条公理出发，'能用数学的思维，逻辑地、定量地演绎出范围很广的现象，并且能同经验相符合'。所以，牛顿力学的逻辑体系和欧几里得几何学的逻辑体系一样，决定着西方的思想、研究和实践的方向。"这是科学思想史上的一场伟大的、深刻的革命。

爱因斯坦曾经认为：西方科学的发展以两个伟大成就为基础，即希腊哲学家发明形式逻辑体系以及通过系统的实验发现有可能找出的因果关系。他称赞《几何原本》是西方科学摇篮中的奇迹，因为它是第一个典型的演绎逻辑体系。"这个逻辑体系如此精密地一步一步推进，以致它的每一个命题都是绝对不容置疑的……如果它不能激起你的热情，那么你就不是一个天生的科学家。"①

在这一段近 2000 年的历史时期内，主要是形式逻辑与数学相结合，这对数学的发展产生了巨大的影响。

（二）逻辑学与工程科学

逻辑学与工程科学的结合主要从现代实用逻辑的发展开始，表现为逻辑学在人工智能、软件工程等领域中的应用。自从电子计算机问世，人工智能的研究就有了强力的支撑。我们前面提及的那些历史上伟大的科学家和思想家，他们为今天人工智能的研究作了充分的准备。

"思维与计算"同一的思想是人工智能科学兴起的重要的思想根源。古希腊伟大的哲学家、思想家亚里士多德开始采用符号组合的方法表示逻辑推演，并为形式逻辑奠定了基础。

12 世纪末 13 世纪初西班牙神学家、逻辑学家赖蒙德·卢里（Raymond Lull）

---

① 田中裕．怀特海——有机哲学．包国光译．石家庄：河北教育出版社，2001

试图得到一种逻辑演算，他设计了历史上第一台能把基本概念组合成各种命题的原始逻辑机。这种逻辑机是以机械方式来模拟和表达人类思维的一次大胆的尝试，它已初步揭示了人类把思维和计算看做同一的思想的重要性。17 世纪，随着生产力的发展，自然科学特别是数学得到了长足的进步。法国物理学家、数学家帕斯卡制成了世界上第一台会演算的机械加法器。英国哲学家霍布斯把思维解释为一些特殊的数学推演的总和。这些表明，人们对于“思维与计算”的认识更加深刻、清晰和明确化。到了 18 世纪，德国数学家、哲学家莱布尼茨继承了思维可计算的思想，提出了建立理性演算的设想，称为“通用代数”。他还改进了帕斯卡的加法数字计算器，做出能做四则运算的手摇计算器。这些成果是计算机模拟人类思维过程走向成功的第一步。它深刻地揭示了逻辑与计算机的内在联系，拉开了逻辑与人工智能科学相结合的序幕。

布尔代数是电子计算机诞生和发展的逻辑基础。布尔代数又称逻辑代数，是英国逻辑学家布尔把代数的方法应用于逻辑学研究所得的逻辑成果。可以说，没有这一成果，就没有现代的电子计算机的诞生。

布尔代数是逻辑史上第一个逻辑演算。它是关于 0 和 1 两个数的逻辑代数。布尔把它解释为类演算和命题演算，并给出对类或命题作合取、析取和否定三种运算形式。对于类和命题，1 和 0 分别对应于“真”与“假”、“全”与“空”。这样，布尔逻辑代数被解释成二值代数系统。布尔的二值逻辑思想对于计算机硬件的设计具有重要意义。这主要表现在它仅有两个数值 0 和 1。只要能够设法区别两个状态（如高压和低压、正向电流和负向电流、通和不通），便可指定其中一种表示 0，另一种表示 1，这样就可以利用二进制来表示一切数了。同时，计算机硬件的工作原理也是应用布尔的二值逻辑思想。计算机中的主要硬件如运算器、控制器等都是运用一些逻辑电路构成的。

在人工智能系统中，如何模拟人的形象思维是目前最为困难的问题，被称为人工智能的瓶颈问题。人工智能要想在这方面有所突破，必须把抽象思维与形象思维结合起来，走两种思维方式结合的研究之路。两者联结的纽带是语言。我们面对的问题是：如何用形象思维得出逻辑规则，产生新的语言；如何用逻辑思维去证实形象思维的结果；如何把形象思维转化为语言表达；如何用形象思维去理解逻辑思维的结果等。这些问题，都是将来模拟智能的重要研究课题，也是逻辑工作者和其他科学工作者共同努力探索的问题。

（三）逻辑学与社会科学

逻辑学在社会科学领域的应用主要表现在规范逻辑和法律逻辑方面。内田种臣在《模态逻辑》一书中说：“所谓规范逻辑，就是指各种规范概念。例如，关于义务、许可、禁止、权利、要求、特权等概念的逻辑研究。这样的研究必须联系到当然、善、恶、有效性、快乐等价值论概念的研究。”规范逻辑在以下几个方面表现出强大的应用功能。

规范逻辑和法律逻辑及其应用。在我国，法律逻辑自20世纪70年代末80年代初正式提出以来，已走过近20多年历程。法律逻辑是在20世纪70年代末我国逻辑学界“逻辑学现代化”的大背景下提出的。经过长时间的讨论、冲突、比较和沟通，直到近两年才逐渐达成这样的共识。我国逻辑科学的发展方向不仅要走数理逻辑的现代逻辑道路，而且要大力提倡走非形式逻辑、逻辑应用的道路，只有这样才能更有利于我国逻辑学的发展。①

我国法律逻辑是从普通逻辑应用性研究开始起步的。国内发行量较大的高等学校法学试用教材《法律逻辑学》在我国比较早地提出“法律逻辑”概念，并对法律逻辑的对象和性质做了如下说明：“法律逻辑学是一门应用性质的形式逻辑分支学科，这门科学也可以叫做‘法律逻辑’或‘法学逻辑’。法律逻辑学并不是法学的一个部门……由于法律逻辑学是一门应用性质的形式逻辑分支学科，它的任务在于把形式逻辑一般原理应用于法学和法律工作的实际，探索在法律领域应用形式逻辑的具体特点。因此，法律逻辑学并没有与传统形式逻辑不同的特殊对象，研究的还是属于思维领域的现象。”② 有学者认为法律逻辑的研究对象是法律推理，也得到了广大同仁的赞同。

规范逻辑在伦理学中应用。比较起来，“道义逻辑”概念比“规范逻辑”概念要普及和流行得多，其原因就在于规范逻辑从开始就与伦理的范畴紧密联系在一起，“道义”比较起“规范”更具有伦理方面的含义，因此，人们更多的是把规范逻辑称为“道义逻辑”。

我国不少学者对规范逻辑在论理学或伦理实践中的应用有十分深刻的研究。北京大学的陈波指出：“道义逻辑与伦理学的关系十分密切。一方面，伦理学直觉为判断道义逻辑的公理、规则与定理的合理性提供了工具；另一方面，道义逻辑又为整理、阐明伦理学直觉提供了工具。”湖北中医学院周祯祥教授在1999年出版《道义逻辑——伦理行为和规范的推理理论》一书中，从为道德哲学建立逻辑基础的良好愿望出发，不但系统的概述了道义逻辑的历史、发展、现状及最新成果与趋势，而且紧密联系当前我国道德建设实际，力图为新时期伦理道德建设提供现代逻辑的知识基础，为我国的伦理道德建设提供新的视角和思维方式。③

规范逻辑在政治学中应用。当代政治学发展表明，逻辑学与政治学的研究和

---

① 刘邦凡．规范逻辑的应用功能．广西社会科学，2005，(5)：34-36

② 吴家麟．法律逻辑学．北京：群众出版社，1983

③ 周祯祥．道义逻辑：伦理行为和规范的推理理论．武汉：湖北人民出版社，1999

教学存在紧密的联系。政治学科的许多知识、命题是与哲学相关联的，因而处理哲学词项的许多的哲学逻辑分支，如模态逻辑、道义逻辑等，与政治知识、政治命题的教学与传授也有一定的联系。利用模态逻辑、道义逻辑的原理与方法来处理政治知识、政治命题的教学也有较大的效果。例如，道义逻辑（规范逻辑）有助于教师讲授政治规范、道德规范，以及法律规范，解释政治、法律的许多具体判断或命题，同时，在用规范逻辑的方法进行教学时，学生也会潜移默化地掌握规范逻辑的一些基本方法（如规范判断或规范命题之间的推导关系），从而对政治、道德规范，和法律条文有更理性的理解。再例如，模态逻辑的必然命题与可能命题之间的转换，用于许多政治命题（政治条文）、法律命题（法律条文）的讲解，能使学生对政治命题、法律命题形成辩证的理解、把握与运用，杜绝机械地死记硬背政治的、法律的条文，从而有可能使学习者将掌握知识与运用知识结合起来。

四、逻辑学的未来

现代逻辑是在传统逻辑基础上为克服其不足而应用一种新的研究方法所形成的逻辑科学，它的实质是传统逻辑的现代发展。20 世纪以来，现代逻辑发展的第一个趋势是它在各个领域的高度渗透，与各门学科高度结合，现代逻辑分支大量涌现。

现代逻辑向各个领域的渗透首先表现在向数学领域的渗透。逻辑研究思维形式和思维规律，数学则是研究现实世界空间形式和数量关系的科学。前者是逐渐形式化的，特别是现代逻辑，后者是形式化的科学，特别是现代数学更突出了数量、形式及其结构的研究。我们知道，现代逻辑的基础是数理逻辑。1910～1913 年，罗素和怀特海合著的《数学原理》的出版，标志着完整的、系统的数理逻辑的正式诞生。数理逻辑是将数学方法运用于逻辑领域而形成的新的逻辑科学。但数理逻辑成熟之后，它又被反过来用于研究数学中的逻辑问题，于是数理逻辑与数学基础就作为逻辑与数学相结合的一对双胞胎而紧密地联系在一起了。一些逻辑学家结合数学基础问题和某些数学问题的研究，使数学方面的逻辑持续取得新的进展。数理逻辑的递归论、集合论、证明论和模型论之间的相互作用和各自发展形成了现代逻辑的一大趋势。

第三篇

科学实验与科学发现

科学的想象力需要严谨的实验。历史上的科学实验甚多,我们选取了物理学、化学和生物学的经典科学实验案例,通过对实验内容的理解,明确其中科学发现的重要意义,学习科学家们从事科学探索最为可贵的科学精神。

第五章 科学实验

科学实验也是科学研究的重要方法之一。科学实验也是当今新兴科学技术的生长点，起着推动人类社会科学和技术发展的作用。

科学实验（scientific experiment）是根据研究目的，运用一定的物质手段，通过干预和控制科研对象而观察和探索科研对象有关规律和机制的一种研究方法。科学实验的基本类型是探索试验和验证实验，常见的实验类型有比较实验、析因实验、模拟实验、判决实验等。对于大多数不从事专业科学研究的人来说，科学实验似乎只是在学校实验室里面完成的辅助课程，做起来枯燥无味，并没有什么意思。然而实际上，历史上一代又一代的科学家利用简陋的仪器设备进行实验的过程，不仅包含着艰苦的探索、曲折的历程和孜孜以求的科学精神，还包含着动人的智慧、故事，以及传奇。

历史上的科学实验甚多，我们选取了改变世界格局的十大物理学经典实验、让人又爱又恨的著名化学实验、帮助人类走得更远的生物学实验等具有一定代表性的经典科学实验。

第一节 改变世界格局的十大经典物理学实验

2004年9月，美国纽约大学历史学家罗伯特·克瑞丝在美国的物理学家中作了一次调查，并评选出最有魅力的十大经典物理学实验。令人惊奇的是这十大实验中的绝大多数是科学家独立完成的，最多有一两个助手。这些实验都是在实验桌上进行的，没有用到大型装备，最多是把直尺或者是计算器。更为重要的是，十大实验共同体现了一种“最美丽”的经典的科学概念，即用最简单的仪器和设备，说明一个最根本和最单纯的科学道理，得出完美的结论。

一、杨：双缝演示用于电子干涉实验

光既不是由微粒构成，也不是一种单纯的波。20世纪初，麦克斯·普克朗和阿尔伯特·爱因斯坦分别提出，一种叫光子的物质可以发出光和吸收光，但是其他实验还是证明光是一种波状物。经过几十年发展的量子学说最终总结出统一

两个矛盾的真理：光子和亚原子微粒（如电子、质子等）是同时具有两种性质的微粒，物理学上称它们具有波粒二象性。电子双棱镜示意如图 5-1 所示。

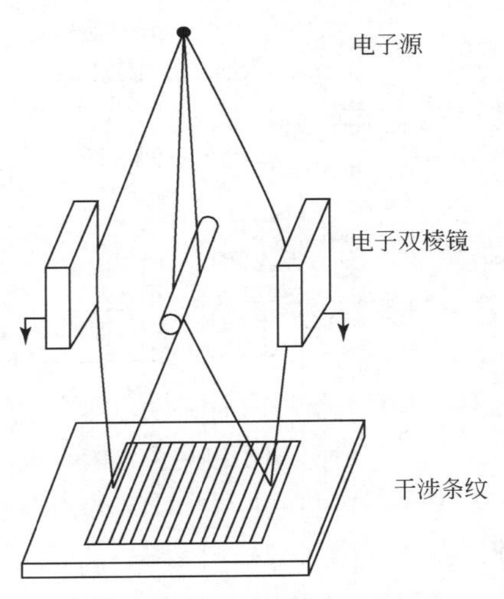

图 5-1 电子双棱镜示意图

单电子双缝干涉如图 5-2 所示。

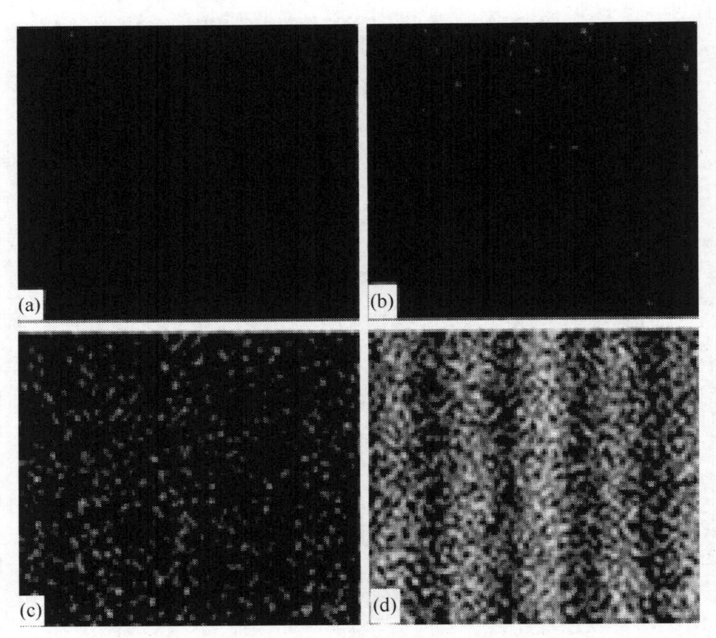

图 5-2 单电子双缝干涉图

（a）8 个电子；（b）270 个电子；（c）2000 个电子；（d）60000 个电子

将杨的双缝演示实验改造一下，可以很好地说明这一点。科学家们在实验中用电子流代替光束。根据量子力学，电子流被分为两股，被分得更小的粒子流产生波的效应，它们相互影响，以至产生像杨的双缝演示实验中出现的加强光和阴影。这说明微粒也有波的效应。直到 1961 年，科学家才在真实的世界里验证了这一实验。[①]

二、伽利略：自由落体实验

亚里士多德断言：物体从高空落下的快慢与物体的重量成正比，重的物体下落快，轻的物体下落慢。1800 多年来，人们都把它当做真理而深信不疑。直到 16 世纪，伽利略大胆地挑战权威。

伽利略认为，假如一块重的石头以某种速度下落，那么按照亚里士多德的论断，一块轻些的石头就会以相对慢些的速度下落。如果我们把这两块石头捆在一起，那么这块重量等于两块石头重量之和的新石头，将以多大的速度下落呢？如果仍按亚里士多德的论断，必定得出截然相反的两个结论。伽利略进而假定，物体下落速度与它的重量无关。如果将两个物体受到的空气阻力略去不计，那么两个重量不同的物体会以同样的速度下落，同时到达地面。如图 5-3 所示。

(a)

(b)

图 5-3 伽利略和比萨斜塔

(a) 伽利略；(b) 比萨斜塔

① Feynman R P, Leighton R B, Sands M L. 费恩曼物理学讲义. 第 3 卷. 潘笃武，李洪芳译. 上海：上海科学技术出版社，2005

为了证明这一观点，1589 年的一天，比萨大学青年数学讲师，25 岁的伽利略，同他的辩论对手及许多人一道来到比萨斜塔。伽利略登上塔顶，将一个重 100 磅和一个重 1 磅的铁球同时抛下。在众目睽睽之下，两个铁球出人意料地差不多是平行地一齐落到地上。面对这无情的事实，在场观看的人个个目瞪口呆，不知所措。用事实证明，轻重不同的物体，从同一高度坠落，速度一样，它们将同时着地，从而推翻了亚里士多德的论断。①

伽利略挑战亚里士多德的代价是他失去了工作，但他展示的是自然的本质，而不是人类的权威。科学做出了最终的裁决。比萨斜塔实验已成为科学史上的一个经典的故事，流芳百世。

三、密立根：油滴实验

电子是非常小的粒子，它所携带的电荷极其微小。所以，要测量电子的电荷是很困难的。

1909 年，密立根和他的学生在威耳逊实验的基础上开始了测定电子电荷的实验，其目的是求得电子电荷基本常数的可靠值。他们首先测定荷电水蒸气云在引力作用下的下降速率，然后用电场的反向作用力修正这一速率，再利用斯托克斯黏性定律算出云雾的质量，这样，从理论上就可以算出离子电荷。密立根发现测定单个水滴上的电子电荷比测定云雾中大量粒子的电荷要精确得多，于是设计了研究单个水滴在电场和重力场作用下运动的方法。观测到任何给定的水滴上的电荷总是一个不可减少的值的整数倍，这一结论为电子是一个具有同样电荷与质量的基本粒子提供了最有力的证据。通过不断地改进实验方案，不仅完全摆脱了上述所有局限性，而且形成了一种研究电离作用的全新方法。密立根油滴实验的装置和测量过程，如图 5-4 所示。

密立根油滴实验示意图如图 5-5 所示。除尘空气通过喷雾器 A 把一束细油滴喷入防尘箱 C，便会有一滴或数滴通过针孔 P 落入水平放置的空气电容器的两个极板 M 和 N 之间。电池组 B 加在两板之间，产生一个近似均匀的电场。小油滴经过喷嘴喷出时，因摩擦而带电荷。使小油滴在电场力、重力、空气阻力和浮力作用下开始下落或上升。在强光照射下，通过显微镜观察油滴的运动。从油滴上下运动的速度，求出油滴的带电量。如果用 X 射线或镭照射油滴，使油滴所带电量发生改变，就会看到油滴的速度突然发生变化，从而求出电荷量改变的差。

---

① 赵秋光，齐磊，白雪莲等. 科学家的智慧：解决科学难题实例精选. 大连：大连出版社，2004

(a)

(b)

图 5-4 密立根及其油滴实验装置

（a）密立根；（b）油滴实验装置

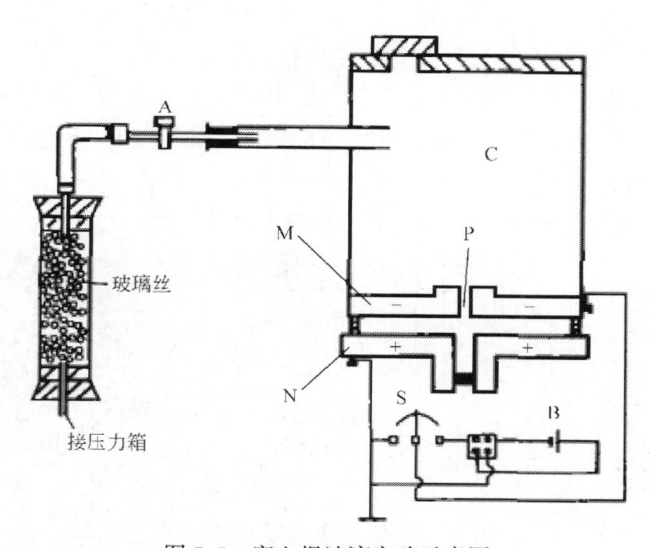

图 5-5 密立根油滴实验示意图

1913 年，密立根完成了精确测定电子电荷的工作，在《物理学评论》第Ⅱ卷第 2 期（1913）上发表了题为《关于基本电荷和阿伏伽德罗常量》的长篇论文，公布了测定的电子电荷值为：

$$e=(4.774\pm0.009)\times10^{-10}\text{静电单位}$$

精确地测得出基本电荷的电荷量 e 的值，也证明了爱因斯坦光电方程是正确的。[①] 电子电荷是最基本的物理常量之一，是现代物理学的一块重要基石。正如物理学家加尔斯特兰德所说：“他（密立根）对单位电荷的精确求值是对物理学的不可估量的贡献，它能使我们以较高的精密度计算大量最重要的物理常量。”由此，密立根于 1923 年成为诺贝尔物理学奖得主。

四、牛顿：棱镜分解太阳光

我们生活在色彩缤纷的物质世界里，各种物体在我们眼前都呈现不同的颜色。其中令人赏心悦目的有雨过天晴后天空中出现的七色彩虹，它引起人们对光的思考。

为了揭开颜色之谜，1666 年，英国物理学家伊萨克·牛顿（Isaac Newton，1642～1727）利用在家休假的时间，找来了一块三棱镜，用来进行分解太阳光的色散实验，如图 5-6 所示。他布置了一个房间作为暗室，在窗板上开了一个圆形小孔，让太阳光射入，在小孔面前放一块三棱镜，这样就在对面墙上看到了鲜艳得像彩虹一样的光线，这七种颜色从近到远依次为红、橙、黄、绿、蓝、靛、紫，如图 5-7 所示。牛顿做事非常认真，他不但善于从观察到的实验现象中提出问题，还善于用实验事实证明。难道白色的阳光是由这七种颜色的光组成的？牛顿假设，如果白光通过三棱镜后变成七种颜色的光是由于白光与棱镜的相互作用，那么各种颜色的光经过第二块棱镜时必然会再次改变颜色。

图 5-6 牛顿分解太阳光实验

① 董有尔．大学物理实验．合肥：中国科技大学出版社，2006

图 5-7 太阳光经过三棱镜折射效果

他又把一块三棱镜放在第一块棱镜后面，并在两块三棱镜之间放一带小孔的屏，转动第一块棱镜使各种颜色的光单独穿过这个小孔，由小孔出来的就是单一颜色的光，再让其通过第二块三棱镜。实验发现，经过第二块三棱镜后，光的颜色并没发生变化，显然关于光与棱镜相互作用而变色的说法是不成立的。接着，牛顿认为，如果白光是由七种颜色的光组成的，一块三棱镜能把白光分解，那么再用一块三棱镜便可能使这些彩色的光复原为白光。实验成功了，七色光带又恢复成了白光。白光一定是这七种颜色的光组成的，而三棱镜能分解太阳光是由于各种颜色的光相对三棱镜有不同的折射率而产生的结果。牛顿为了证明这一事实又测定了七种颜色的光在三棱镜中的折射率。实践是检验真理的唯一标准，牛顿通过大量实验事实准确地解释了三棱镜分解太阳光的色散现象。

三棱镜分解太阳光实验在光学研究上奠定了基础。1668 年，牛顿完成了第一台避免色散的反射望远镜。反射望远镜的发明奠定了现代大型光学天文望远镜的基础。牛顿开创了现代物理学的重要领域——光谱学研究的先河。

牛顿三棱镜分解太阳光的实验是通过最简单的实验手段，利用最简单的实验器材，揭示了最深刻的科学真理，在科学史上将永远记载着这光辉的一页。牛顿的成功与他勤奋，刻苦钻研，善于观察、实践，执著追求，勇于创新的精神是分不开的。①

五、杨：光干涉实验

光的波动理论的建立经历了许多努力。英国物理学家托马斯·杨（Thomas Young，1773～1829）（图 5-8）的光干涉实验就是其中之一。

---

① 董国华，孟宪起．中学生百科丛书．物理百科．北京：中国经济出版社，2006

图 5-8 托马斯·杨

杨在格丁根大学学习期间，爱好音乐，并且有出色的乐器演奏才能，也深受德国自然哲学学派的影响。他对生理学、光学和声学产生了强烈的兴趣，开始怀疑微粒说，并钻研物理学家惠更斯的著作。之后，逐渐将对光学基础研究的兴趣投入到对光、声振动的实验研究之中，并参与波粒二相性的争论，他确信二者的相似性和波动说的正确性。1800 年正是微粒说占上风的时期，他发表了《关于光和声的实验和研究提纲》的论文，公开向牛顿提出挑战。随之，完成了干涉现象的一系列杰出的研究工作，提出了“干涉”一词，用来概括波与波之间的相互作用，形成了杨氏的干涉原理。为了验证这一假设，他做了著名的杨氏双缝干涉实验。

如图 5-9 所示，他用强的太阳光照射在开小孔 S 的不透明的遮光板上，通过小孔的光作为点光源，在点光源后面放置另一块开有两个很靠近的小孔 S_1 和 S_2 的不透明遮光板，并用白布屏接收透过小孔 S_1 和 S_2 投射的光，结果在屏上两束光交叠区出现一系列亮暗相间的条纹。为了提高亮度，又将 S、S_1、S_2 变成相互平行的狭缝进行实验。如果光由微粒组成，可以想象穿过 S_1 和 S_2 的两束光在屏上互相重叠的部分会由于微粒积聚得多而更亮一点，但是实验结果显示，在两束光交叠区内出现一系列亮暗相间的条纹，这种现象微粒说无法解释。当时，他利用惠更斯波动理论并补充了他的干涉原理，解释了双缝干涉实验：光源 S 发出的光投射在 S_1 和 S_2 上，S_1 和 S_2 则作为两个相干的次波源向前发射次波，这两列次波相遇时发生了干涉，当一列波的波峰与另一列波的波谷相遇，叠加时使合成波的强度最小，并在屏上形成暗纹；当一列波的波峰与另一列波的波峰相遇，叠加时使合成波的强度最大，并在屏上形成亮纹。杨氏双缝实验构思的精巧就在于次波源 S_1 和 S_2 是在同一波源发出波的波面上取出的，因此，由次波源 S_1 和 S_2

发出的两列次波是相干光波。杨氏的创造性工作为许多人所借鉴，产生了后来的很多干涉装置如菲涅耳双面镜、菲涅耳双棱镜、洛埃镜、比累对切透镜等，设计思想都源于此。

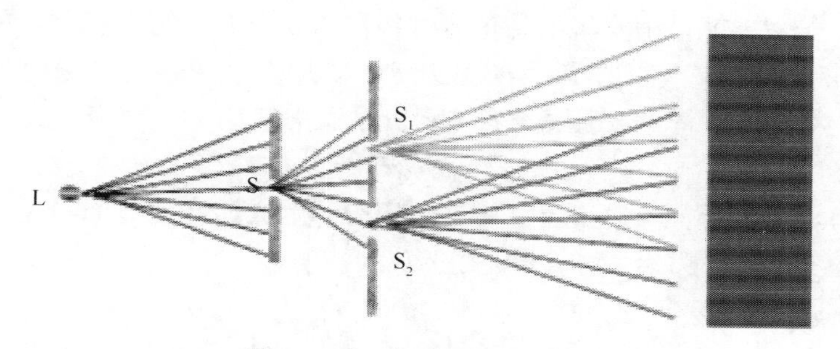

图 5-9　杨氏双缝干涉实验图

在杨氏双缝实验中，给出了光波的波长与干涉条纹间距之间的关系：

$$\lambda = d\Delta x/D$$

杨用此方法测出了各种颜色光波的波长，与现代的测算值相当吻合。杨还对出现在影界附近的衍射条纹给出了正确解释，他把衍射看做直接通过缝的光和边界光波之间的干涉。他还发现利用透明物质薄片也可以观察到干涉现象，进而引导他对牛顿环展开研究。他用自己创建的干涉原理解释了牛顿环的成因和薄膜的颜色，从而完全确定了光的周期性，为光的波动理论找到了又一个强有力的证据。①

六、卡文迪许：扭矩实验

牛顿的伟大贡献是他发现了万有引力定律，但是万有引力到底多大？勾起了科学家的好奇。18 世纪末，英国科学家亨利·卡文迪许（Henry Cavendish，1731～1810）（图 5-10）决定找出这个引力。1797 年和 1798 年这两年间，卡文迪许在实验室进行了扭秤实验，测定两个物体间微小引力和万有引力常量。

图 5-10　卡文迪许

如图 5-11 所示，在两个普通大小的物体之间引力极小，通常是根本觉察不到的，可以想象卡文迪许测定引力大小和万有引力常量 G 值是多

① 董有尔．大学物理实验．合肥：中国科技大学出版社，2006

么困难。由于哑铃装置的每一个 m 与 M 靠得很近，哑铃便会因它们之间的万有引力的吸引而旋转。但是非常细的石英悬丝阻碍了转动，转动将在最大角的地方停下来，这个角我们用 θ_{max} 表示。在角 θ_{max} 处，引力完全被悬丝的阻力所平衡。实验的这个步骤，就是确定将细悬丝转过各种角度所需要的力。一旦关系被确定下来，θ_{max} 的测定就确定了质量间的引力 F。质量大小和它们之间的距离都可以改变，因为力 F、质量 m 和距离 r 都是已知的，万有引力定律表达式

$$F = GmM/r^2 \tag{5-1}$$

式中的万有引力常量便可以决定。由这个实验，卡文迪许证明了 G 是常量，测定了它的数值，确立了万有引力定律的正确性。

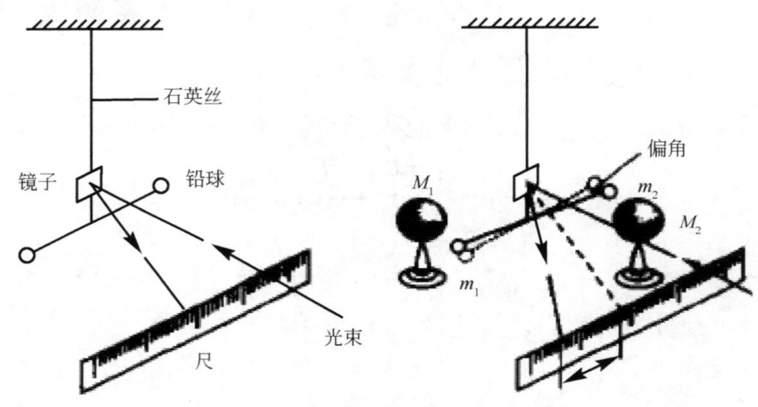

图 5-11 卡文迪许测定万有引力常量所用的扭秤

因为在 m 和 M 之间的引力极其微小，角 θ_{max} 同样极小。为进行此项测量，在悬线上装一个小镜子，光束被镜子反射回来。反射光束可在离镜子有一定距离的屏幕上观察到。当镜子转动时，光束扫过屏幕，最大转角 θ_{max} 便可确定。小镜子作为“放大器”使得很小的 θ_{max} 也能被精确地测定。一旦 G 被测定，对于质量为 m，在地表附近做落体运动的物体，根据牛顿第二定律得方程式

$$Gm_E m/r_E^{\ 2} = mg \tag{5-2}$$

其中，m_E 是地球质量，r_E 是地球半径，g 是地球表面的重力加速度。地球表面附近的落体高度 $h << r_E$。消去方程两边的 m，得

$$m_E = gr_E^2/G \tag{5-3}$$

在卡文迪许的年代，地球的半径 r_E 是已知的。由式（5-3）就可以求出地球的质量。卡文迪许根据 17 次的实验结果的平均值，给出了地球密度为 5.48 克/厘米^3。还测定了万有引力常量值为 $G = 6.754 \times 10^{-11}$ 米^3/(千克 · 秒^2)。①

① 倪光炯，王炎森．文科物理：物理思想与人文精神的融合．北京：高等教育出版社，2005

卡文迪许的实验是物理学史上，也是科学史上最重要的实验之一。之前，牛顿的万有引力定律从天体运动中得到了验证。而卡文迪许的实验，则在实验室条件下，在地面上验证了万有引力定律。在地面上称量出地球的质量，这无疑是一个奇迹，一个人类智慧的成果。

七、埃拉托色尼：测量地球圆周长

早在2000多年前，古希腊的科学家埃拉托色尼（Eratosthenes，公元前275～前193）（图5-12）就推测地球是球形的，而且用极其简单的工具测量出地球的周长。因此，他被人们誉为“地理学之父”。

图5-12 埃拉托色尼

埃拉托色尼发现：因为观察者在地球上所处的纬度不同，太阳在天穹所处的位置也不同。如果从地心引出两条直线，一条引向太阳折射点，一条引向出现影子的地方，那么，根据泰勒斯数学定律，这两条引线所形成的夹角就等于阳光和这个垂直物体间的夹角。只要知道了夹角的大小和它们对应的那段弧长，就可以求得地球的周长。

为了找到太阳折射点，埃拉托色尼来到正位于北回归线上的埃及赛伊尼（Syene，今天的阿斯旺（Aswan））。每年夏至日正午，当阳光刚好垂直照射赛伊尼的时候，所有垂直的物体的影子都缩成了一个点，影子消失。在赛伊尼附近，有一口深井，井口很小，由于夏至正午阳光的直射，太阳可以直射井底。垂直物体影子的消失和阳光对井底的直射表明该时刻太阳刚好位于天顶。此时，在距离赛伊尼5000希腊里①的亚历山大城，一个高大的方尖塔在城面上投下阴影。在另一年的夏至日，埃拉托色尼来到了这个高大的方尖塔下，以这个方尖塔作为依据，测量了夏至日那天塔的阴影长度和塔的高度，记录下了数据，对地球周长进行计算。

由于太阳和地球距离十分遥远，所以太阳光可近似地看成是平行光。如图5-13所示，AB代表方尖塔，AC代表影子的长度。由于弧AC的尺度相对于地球的周长小得多，所以弧AC的长度近似等于线段AC的长度（图5-13（b）），所以三角形ABC可以近似看成是直角三角形。在直角三角形ABC中知道AC（弧长）和AB（方尖塔高），自然可以得到光线和方尖塔AB的夹角α。又由泰勒斯

① 1希腊里约为158.5米

的数学定律（一条射线穿过两条平行线时，它们的对角相等）可知，由地心引出的两条线 OA 和 OD 的夹角也为 α。埃拉托色尼测得该角度 α 的大小为 $7°12'$，相当于圆周角 360°的 1/50。由此表明，这一角度对应的弧长（从赛伊尼到亚历山大城的距离）应当等于地球周长的 1/50。由于赛伊尼距亚历山大城 5000 希腊里，所以地球周长为 25 万希腊里。这个数据经埃拉托色尼修订后为 39 690 千米，与今天所测量的地球赤道的周长极其相近。①

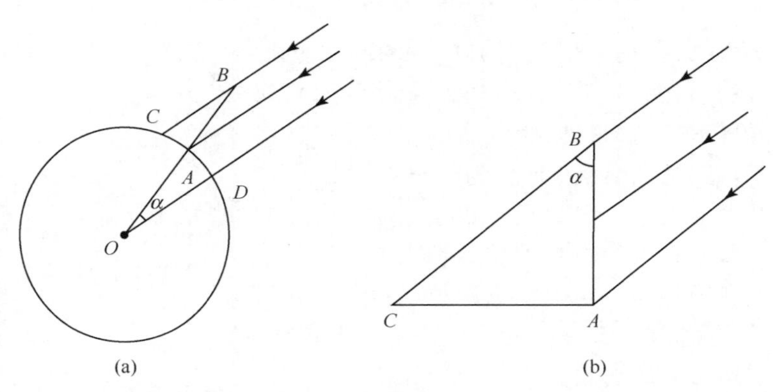

图 5-13　地球周长的测算

（a）弧 AC；（b）线段 AC

今天，通过航迹测算，我们知道埃拉托色尼的测量误差仅仅在 5% 以内。这正说明他测量的精巧所在，充分反映了他的智慧和才华。

八、伽利略：加速度实验

伽利略在研究斜面上物体的平衡问题时提出：为什么物体在陡平面上运动得更快？在不同的斜面上，运动之比有什么关系？伽利略在《关于两门新科学对话》一书中论述到：同一物体从不同倾斜角的斜面下落时，如果它们的斜面的高是相等的话，物体到达底端的速度也相等。根据是“匀加速运动是从静止出发，在相等的时间间隔增加相同的运动量的运动。”条件是：“没有外部的阻碍、斜面坚硬光滑、物体呈完全球形及斜面没有摩擦。”伽利略通过实验进行了以下实验，给予了的严格证实。

伽利略设计了一个斜面实验，如图 5-14 所示。“用一块长为 12 库比特（约 6.96 米），宽约 1/2 库比特（约 29 厘米），厚约 3 指宽（约 5 厘米）的硬木板，

① 赵秋光，齐磊，白雪莲等. 科学家的智慧：解决科学难题实例精选. 大连：大连出版社，2004

在其中央直长方向凿刻了1指宽（约1.67厘米）直径的半圆形小槽。凿得平直后再予以抛光，贴上羊皮纸，尽量保持光滑。然后，使一个滚圆的小青铜球从高1~2库比特处滚下来，同时用一套古罗马式的精密水漏来计时。每一组数据重复检验数次，以保证在任何两个观察值之间时间的偏差不超过1个脉动时间的1/10（约0.1秒），在有了十分把握之后，便取槽的全长 L 作为第一次全程 s 的观察值，然后依次为 $L/2$，$L/4$，再增加为 $2L/3$，$3L/4$ 等。再改变木板斜度，进行重复实验，实验共做了上百次。”由于当时没有机械钟表，伽利略制造了一个水钟。在水桶的底部开一个小孔，接上一根小直径的管子，便产生一股细流。在测量小球滚落时间时，无论是全长滚动还是部分滚动，均用一只玻璃杯收集这股细流。然后在一个非常精确的天平上称量所收集的水，这些重量的差值和比值就是时间的差值和比值。他仔细地对在不同间隔时间中球所滚动的距离进行了研究，第1个单位时间结束时所运行的距离为1个单位距离。距离随时间的平方增加，因此，在2个单位时间结束时，该球已经滚动了4个单位距离，在3个单位时间的末尾，球滚动了9个单位距离，依次类推，立即得到了 s/t^2 的结论。这样，在斜面上距离与时间的平方成正比的规律经受了实验的检验，而且在各种不同倾角的斜面上都经受住了检验。为了找出斜面上的运动和自由落体运动之间的关系，以便把由斜面上得出的匀加速运动的上述结论合理地推广到垂直情况下的自由落体运动，即到斜面倾角 $a=90°$ 的情况，也就是在自由落体的情况下，仍保持匀加速运动的性质。伽利略经过进一步的实验，从斜面上的加速度求出自由落体加速度的数值，得出了自由落体也是匀加速运动的结论。①

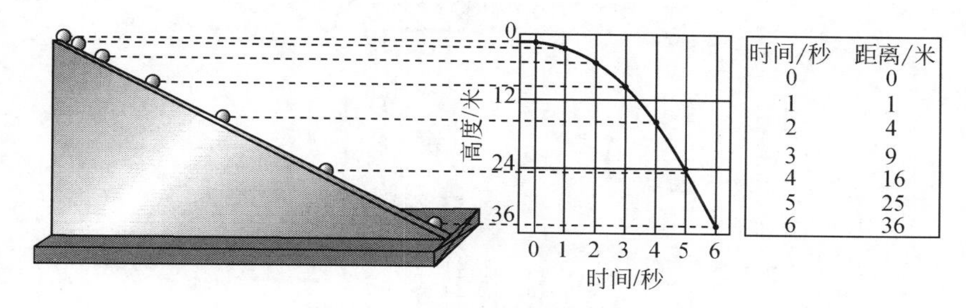

图5-14 伽利略的斜面加速实验示意图

爱因斯坦感慨地说：“今天我们难以估量，在精确地建立加速度概念的公式并且认识它的物理意义时，该显示出多么大的想象力！”在落体实验中，伽利略把定量实验技术和数学的论证分析紧密结合在一起，开创了物理学中这一极其重要的科学方法。

---

① 董有尔．大学物理实验．合肥：中国科学技术大学出版社，2006

九、卢瑟福：发现核子实验

图 5-15　卢瑟福

英国物理学家卢瑟福（Ernest Rutherford，1871～1937），（图 5-15）于 1909 年发现了 α 粒子的大角度散射现象，进而发现了原子核，否定了原子的汤姆孙“果子干面包”模型，建立了原子的“核式”模型，成为原子科学发展的重要里程碑。

卢瑟福的原子实验如图 5-16 所示。通过抽真空的容器，用一铅块 R 包围着 α 粒子源，α 粒子是放射性物体中发射出来的快速粒子，它具有氦原子那样的质量，是电子质量的 7300 倍，它带两个单位的正电荷，后来证明是氦原子核。发射的 α 粒子经一细的通道 D 后，形成一束射线，打在一厚度约为 0.0004 厘米的金属箔 F 上。金属箔可以移动，以便 α 粒子穿过它或不穿过它。穿过金属箔的 α 粒子打到由涂硫化锌荧光物的玻璃片制成的荧光屏 S 上。当被散射的 α 粒子打在荧光屏上，就会发生微弱的闪光。通过放大镜 M 观察闪光就可以记下某一时间内在某一方向散射的 α 粒子数。放大镜、荧光屏与外壳制成一体，可以转到不同的方向对 α 粒子进行观察。

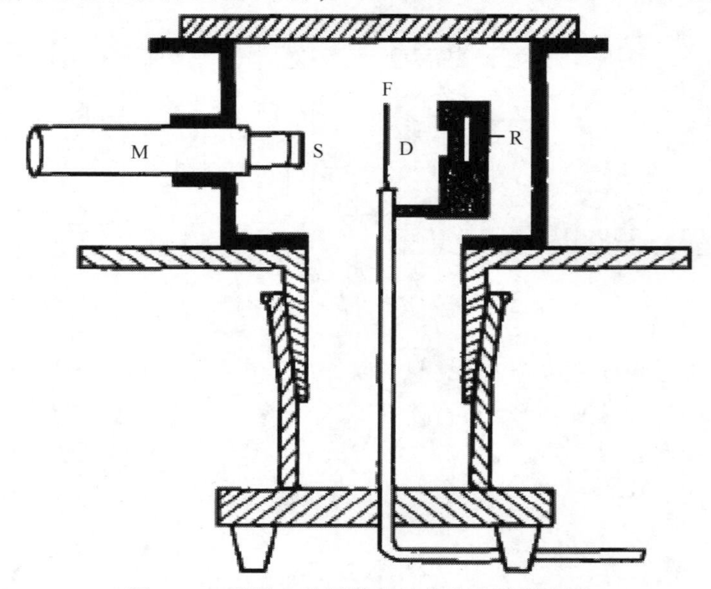

图 5-16　观测 α 粒子散射的实验装置示意图

卢瑟福与他的合作者盖革和马斯登观察到一个重要的α粒子散射现象，就是α粒子受金属箔散射时，绝大多数如以前所观察到的，平均只有2°~30°偏转，但有1/8000的α粒子偏转大于90°，其中有的接近180°。

实验结果表明，约有1/8000的α粒子发生了大角度散射，甚至被倒撞回来（将近180°的大偏转）。这种情况确实令人大吃一惊。用卢瑟福的话来说“这是我一生中从未有过的最难以置信的事件。它的难以置信好比你对一张纸射击一发15英寸①的炮弹而打在自己身上。”卢瑟福对实验中发现的α粒子的反常散射现象进行了思索，因为只有假设原子中心有一个很小的核，正电荷集中在核上，电子围绕原子核运动，才有可能对大角度散射的实验结果做出满意的解释。但是这种原子模型是不稳定的，因为根据麦克斯韦电磁理论，围绕核运转的电子由于受到向心力的作用而不断被加速，不断加速的带电粒子要不断失去能量，连续发射电磁波，形成连续光谱，同时，电子将由于很快失去能量而沿螺旋线趋于原子核，使得原子在10~12秒内崩塌，这是与原子线状光谱和原子稳定性的事实相违背的。

卢瑟福坚持自己这种原子“核式”模型的正确性，并对这种原子“核式”模型进行了严密的理论计算，得出：对于小角度的散射，理论与实验不符，是由于在小角度的散射情况下，因金属箔有一定的厚度而引起的多次小角度散射不可忽略。接着，盖革和马斯登对α粒子散射实验又作了许多改进，在1913年发表了全面的实验数据，进一步肯定了卢瑟福的理论，并测得原子核半径为10^{-14}米数量级。而原子的半径是10^{-10}米数量级，可见原子核在原子中是很小的。②

在探索原子奥秘的征途中，卢瑟福的方法和理论开辟了一条正确研究原子结构的途径，为近代物理的发展建立了不朽的功勋。

十、米歇尔·傅科：钟摆实验

1851年，法国著名物理学家米歇尔·傅科（Jean Bernard Leon Foucault，1819~1868）在公众面前做了一个科学实验，让人们亲眼目睹了地球在做自转运动。

傅科曾研究用于天文摄影的照相技术，对摆的运动和地球自转问题的兴趣，也正是起因于天文观察。为了控制望远镜系统的运动，使它能跟踪目标，傅科仿照17世纪惠更斯未曾实现的圆锥摆钟的设计方案，特制了一台特殊的钟，他用一根钢棒支撑摆锤。在实验过程中他发现，当把钢棒夹在车床的卡子上，用手转

① 1英寸=2.54厘米

② 迟全勃．读经典实验悟人生哲理．北京：中国纺织出版社，2005

动车床时，钢棒振动总是要维持它原来的振动平面，不随车床转动。这一奇妙的现象，引起了傅科极大的兴趣，对物理的敏锐直觉使他感觉到这是一个很有价值的实验。接下来他联想到是不是可以用类似的方法，做一个演示来证明地球的自转。这个想法在他的脑海中萦绕了很久，经过深思熟虑，后来傅科终于想到了一个简单而绝妙的办法证明了地球的自转。如图 5-17 所示。

(a)

(b)

图 5-17 傅科与先贤祠大厅的傅科摆

（a）傅科；（b）贤祠大厅的傅科摆

1851 年夏天，在法国巴黎先贤祠大厅，傅科进行了一个非常有趣而意义非凡的实验。实验在当时就非常引人注目，吸引了成千上万的人赶来观看。傅科做实验时选用了直径为 30 厘米、质量为 28 千克的摆锤，摆长更是长达 67 米。摆由傅科亲自吊上，悬挂在大厅屋顶的中央，并且可以在任何方向自由摆动。摆锤的下面放有直径 6 米的巨大沙盘和启动栓，每当摆锤经过沙盘上方的时候，摆锤下面的指针就会在沙盘上面留下运动的轨迹。实验开始后，围观的人们亲自看到了奇迹的发生，摆在他们的面前悄悄地产生了“移动”——沿着顺时针方向发生了旋转。摆每振动一次（周期为 16.5 秒），摆尖在沙盘边沿画出的路线就会移动约 3 毫米，每小时偏转 11°20′（即用时 31 小时 47 分回到原处）。有的人在摆动开始时，明明看到摆球在自己的面前荡来荡去，但经过一段时间以后，却发现摆动发生了明显的变化，摆球离自己越来越远。对于当时围观的人们来说，通过自己亲自的观测，都可以得出这么一个“简单”的道理：自己没有移动，那一定是摆平面发生了“移动”。在场的许多目睹者都目瞪口呆，有的甚至私下偷偷地说：“脚下的地球好像真的在转动呀！”

轰动巴黎的“傅科摆”实验是第一个能够向广大观众演示地球自转的实验，它生动而形象地证明了地球的自转，极大地促进了人们对科学的信任和热爱。①

第二节 让人又爱又恨的著名化学实验

一、门捷列夫：发现元素周期表

俄国化学家门捷列夫（D. I. Mendeleev 1836～1907）（图5-18）一生在化学上贡献甚多，其中最大的贡献是发现化学元素周期律。自然界到底有多少种元素？元素之间有什么异同和内部联系？新的元素应该怎样去发现？这些化学界的理论问题在当时正处于探索之中。近五十多年来，各国的化学家们为了打开这扇秘密的大门付出了艰辛而顽强的努力。虽然有些化学家在一定深度和不同角度客观地叙述了元素间的某些联系，但由于他们没有把所有元素作为整体来研究，所以没有找到元素的正确分类原则。年轻的学者门捷列夫也毫无畏惧地挑战这个领域，开始了艰难的探索工作。

图5-18 门捷列夫

门捷列夫在攀登科学高峰的路上，也吃尽了苦头。他企图在元素全部的复杂的特性里捕捉元素的共同性。但他的研究一次又一次地失败了。1859年，他去德国海德堡进行科学深造，1862年，去巴库油田进行考察，重新测定了一些元素的原子量，1867年，参观和考察了德国、法国、比利时的许多化工厂、化学实验室，大开眼界，丰富了知识。这一系列的实践活动都为他发现元素周期律奠定了基础。

门捷列夫有一个独特的习惯：在探求元素的化学特性和它们的一般原子特性后，必须将每个元素记在一张小纸卡上。在实验室，不断研究他的纸卡。他发现，性质相似的元素的原子量并不相近；相反，有些性质不同的元素，它们的原子量反而相近。为了抓住元素的原子量与性质之间的相互关系，他把重新测定过原子量的元素，按照原子量的大小依次排列起来。1869年2月19日，他终于发

① 张乐昆．青少年不可不知的99个实验．北京：中国时代经济出版社，2006

现了元素周期律，如图 5-19 所示。他的元素周期律说明：简单物体的性质、元素化合物的形式和性质都与元素原子量的大小有周期性的依赖关系。门捷列夫在排列元素周期表的过程中，大胆指出一些公认的原子量不准确并进行了改正。例如，门捷列夫坚定地认为金应排列在锇、铱、铂这三种元素的后面，原子量都应重新测定。经过重测，锇为 190.9，铱为 193.1，铂为 195.2，而金为 197.2。实践证实了门捷列夫的论断，也证明了元素周期律的正确性。

1	2	3	4	5	6	7	8	9	10	11	12	13	14	15	16	17	18
1 H																	2 He
3 Li	4 Be											5 B	6 C	7 N	8 O	9 F	10 Ne
11 Na	12 Mg											13 Al	14 Si	15 P	16 S	17 Cl	18 Ar
19 K	20 Ca	21 Sc	22 Ti	23 V	24 Cr	25 Mn	26 Fe	27 Co	28 Ni	29 Cu	30 Zn	31 Ga	32 Ge	33 As	34 Se	35 Br	36 Kr
37 Rb	38 Sr	39 Y	40 Zr	41 Nb	42 Mo	43 Tc	44 Ru	45 Rh	46 Pd	47 Ag	48 Cd	49 In	50 Sn	51 Sb	52 Te	53 I	54 Xe
55 Cs	56 Ba		72 Hf	73 Ta	74 W	75 Re	76 Os	77 Ir	78 Pt	79 Au	80 Hg	81 Tl	82 Pb	83 Bi	84 Po	85 At	86 Rn
87 Fr	88 Ra		104 Rf	105 Db	106 Sg	107 Bh	108 Hs	109 Mt	110	111							
镧系 (57~71)			57 La	58 Ce	59 Pr	60 Nd	61 Pm	62 Sm	63 Eu	64 Gd	65 Tb	66 Dy	67 Ho	68 Er	69 Tm	70 Yb	71 Lu
锕系 (89~103)			89 Ac	90 Th	91 Pa	92 U	93 Np	94 Pu	95 Am	96 Cm	97 Bk	98 Cf	99 Es	100 Fm	101 Md	102 No	103 Lr

图 5-19　门捷列夫元素周期律

元素周期律的发现，揭示了一个非常重要而有趣的规律：元素的性质随着原子量的增加呈周期性的变化，但又不是简单的重复。门捷列夫根据这个原理，不但纠正了一些有错误的原子量，而且先后预言了 15 种以上未知元素的存在。在门捷列夫编制的元素周期表中，还留有很多空格，这些空格应由尚未发现的元素来填补。

门捷列夫从理论上计算出这些尚未发现的元素的最重要性质，断定它们的性质介于邻近元素的性质之间。例如，他预言在锌与砷之间的两个未知元素的性质分别类铝和类硅。1875 年，法国化学家布瓦博德兰发现了第一个待填补的元素，命名为镓。这个元素的一切性质都和门捷列夫预言的一样，只是比重不一致。门捷列夫为此写了一封信给巴黎科学院，指出镓的比重应该是 5.9 左右，而不是 4.7。当时镓还在布瓦博德兰手里，门捷列夫还没有见到过。这件事使布瓦博德兰大为惊讶，于是他设法提纯，重新测量镓的比重，结果证实了门捷列夫的预言，比重确实是 5.94。这一结果大大提高了人们对元素周期律的认识，也说明很多科学理论被称为真理并不是在科学家创立这些理论的时候，而是在理论不断被实践所证实的时候。实践证明，门捷列夫的理论受到了越来越普遍的重视。元素周期律像重炮一样，在世界上空轰响了！这位享有世界盛誉的科学家给世界留下的宝贵财产，永远存留在人类的史册上。①

二、诺贝尔：发明炸药

阿尔弗雷德·伯纳德·诺贝尔（Alfred Bernhard Nobel，1833～1896）（图5-20），瑞典籍化学家、工程师，是硝酸甘油炸药的发明人。诺贝尔1833年10月21日生于瑞典首都斯德哥尔摩。他的父亲是一位颇有才干的发明家、机械师，倾心于化学研究，尤其是炸药研究。受父亲的影响，诺贝尔从小就表现出顽强勇敢的性格。他常常和父亲一起去做炸药试验，几乎是在轰隆轰隆的爆炸声中度过了童年。就这样，在历经了坎坷磨难之后，没有正式学历的诺贝尔，终于靠刻苦、持久的自学，逐步成长为一位科学家和发明家。②

图5-20 诺贝尔

1847年，意大利的索伯莱格发明了一种烈性炸药，叫硝酸甘油。它的爆炸力是历史上任何炸药都不能比拟的。但是硝酸甘油极不安全，稍不留神，便会使操作人员粉身碎骨。许多人都因为意外的爆炸血肉横飞。诺贝尔决心把这种烈性炸药改造成安全炸药。1862年，他开始对硝酸甘油进行研究。这是一个充满危险的艰苦历程，死亡时刻都在陪伴着他。在一次实验中发生了爆炸，实验室被炸得无影无踪，5个助手全部丧生，连他最小的弟弟也未能幸免。这次恐怖的爆炸事故，使诺贝尔受到了沉重的打击。他的邻居们出于恐惧，纷纷向政府控告诺贝尔。此后，政府禁止诺贝尔在市内进行实验。但是，诺贝尔没有放弃，他把实验室搬到市郊湖中的一艘船上，继续实验。经过长期的研究，他终于找到了一种极易引起爆炸的物质——雷酸汞，他用雷酸汞制成炸药的引爆物，成功解决了炸药的引爆问题。这就是雷管的发明，也是诺贝尔在其科学道路上的一次重大突破。

诺贝尔一生发明过雷管、硝酸甘油炸药、安全炸药、胶质炸药、混合无烟火药、枪支盔甲的电镀、爆炸胶、火箭的引线、轻金属合金、推进炸药、玻璃压力喷嘴、人造丝等。他的发明极多，获得专利的有255项，其中仅炸药就达129

① 赵丽敏．门捷列夫．延吉：延边大学出版社，2003

② 李斯特．诺贝尔奖金的创始人——诺贝尔传．北京：改革出版社，1996

项。他的兴趣不仅限于炸药，作为科学家、发明家，他有着极为丰富的想象力和不屈不挠的毅力。他曾经研究过人造丝、合成橡胶，做过改进唱片、电池、电话、电灯零部件等方面的实验，还曾试图合成宝石。尽管与炸药的研究相比，这些研究的成果不是很大，但诺贝尔那勇于探索的精神却给后人留下了深刻的印象。

作为一个化学家，诺贝尔一生拥有很多发明成果，获得了巨大的财富。他在遗嘱中指定把他的全部财产作为一笔基金，每年以其利息作为奖金，分配给那些在前一年中对人类做出重要贡献的人。诺贝尔用其巨额财产创建了诺贝尔科学奖。

诺贝尔科学奖不仅表现了这位科学家的伟大人格，而且随着世界科学技术的飞跃发展越来越成为世界科学技术奖的标志，不断激励着越来越多的科学技术精英献身于科学事业，去攻克一道道科学难关。同时，它也极大地促进了世界科学技术的发展。我们将在第七章第一节作详细介绍。

三、拉瓦锡：发现氧气

图 5-21　拉瓦锡

拉瓦锡（Antoine-Laurent Lavoisier，1743 ~ 1794）（图 5-21）是法国化学家。他提出“元素”说，推翻“燃素”说，是近代化学的奠基人之一。

拉瓦锡的著名实验之一：拉瓦锡把少量的汞（水银）放在密闭容器里，在连续加热 12 天之后，发现一部分银白色的汞变成了红色的粉末，同时容器里空气的体积差不多减少了五分之一。拉瓦锡研究了剩余的那部分空气，发现这部分空气既不能供给人类及动物呼吸，维持人类及动物的生命，也不能支持可燃物的燃烧。这种气体后来被人们称为氮气。

拉瓦锡的著名实验之二：“燃烧，跟空气大有关系。”他在研究物质燃烧条件时发现，把石墨稠膏涂在金刚石上，使金刚石与空气隔绝，所以金刚石没有被烧掉。也就是说，空气在燃烧现象中，扮演了很重要的角色。拉瓦锡把汞表面上生成的红色粉末（现已证明是氧化汞）收集起来，放在一个较小的容器里经过强热后，得到了汞和氧气，而且氧气的体积恰好与原来密闭容器里所减少的空气的那部分体积相当。他把得到的氧气加到前一个实验里剩下的约五分之四体积的气体里去，得到的气体与空气的物理性质、化学性质都完全一样。通过这些实验拉瓦锡得出了空气是由氧气和氮气所组成的这一结论。拉瓦锡实验室设备如图 5-22 所示。

图 5-22 拉瓦锡实验室设备

拉瓦锡并不相信燃素说，他认为这种气体是一种元素。1777 年，他正式把这种气体命名为 oxygene（中译名氧），含义是酸的元素。拉瓦锡通过金属煅烧实验，于 1777 年向巴黎科学院提交了一篇报告《燃烧概论》，阐明了燃烧作用的氧化学说，其要点为：①燃烧时放出光和热；②只有在氧存在时，物质才会燃烧；③空气是由两种成分组成的，物质在空气中燃烧时，吸收了空气中的氧，因此重量增加，物质所增加的重量恰恰就是它所吸收氧的重量；④一般的可燃物质（非金属）燃烧后通常变为酸，氧是酸的本原，一切酸中都含有氧。金属煅烧后变为煅灰，它们是金属的氧化物。他还通过精确的定量实验，证明了物质虽然在一系列化学反应中改变了状态，但参与反应的物质的总量在反应前后都是相同的。于是拉瓦锡用实验证明了化学反应中的质量守恒定律。拉瓦锡的氧化学说彻底地推翻了燃素说，使化学开始蓬勃地发展起来。①

拉瓦锡成功的原因是多方面的。首先他强调了实验是认识的基础，他的治学座右铭是："不靠猜想，而要根据事实。"他在研究中一直遵循"没有充分的实验根据，从不推导严格的定律"的原则。这种尊重科学事实的思想使他能把前人所做的一切实验只看做是建议性质的，而不是教条性质的，从而批判地继承了前人的工作成果，敢于进行理论上的革命。综观拉瓦锡的实验研究和理论建树，拉瓦锡既没有发现新物质，也没有提出新的实验项目，甚至没有创新或改进实验手段或方法，然而他却在重复前人的实验中，通过严格的合乎逻辑的步骤，阐明了

① 许国良，李彦，王兵．点燃化学革命之火：氧气发现的故事．广州：广东教育出版社，2004

所得结果，做出了化学发展上的不朽功绩。

就在拉瓦锡在科学研究上取得一个又一个的重要进展时，1789 年法国大革命爆发，拉瓦锡由于曾经担任过包税官而入狱，被诬陷与法国的敌人有来往，犯有叛国罪，于 1794 年 5 月 8 日处以绞刑，如图 5-23 所示。法国数学家、物理学家约瑟夫 · 拉格朗日（Joseph Louis Lagrange，1736 ~ 1813）痛心地说："他们可以一瞬间把他的头割下，而他那样的头脑 100 年也许长不出一个来"。

图 5-23　法国大革命爆发，拉瓦锡被处绞刑

四、居里夫人：发现人工放射性核素

波兰裔法国籍科学家玛丽 · 居里（Maria Sklodowska Curie，1867 ~ 1934）（图 5-24）发现了镭和钋两种放射性元素。

1898 年，皮埃尔 · 居里夫妇（图 5-25）发现了镭（图 5-26）。1910 年，居里夫人和德比恩电解氯化镭溶液，用汞作阴极，先得到镭汞剂，然后蒸馏去汞，获得金属镭。1903 年，居里夫妇获得诺贝尔物理学奖。1911 年，居里夫人因放射化学方面的成就获得诺贝尔化学奖。

弗雷德里克 · 约里奥 · 居里（Joliot Curie，1900 ~ 1958），法国物理学家、居里夫人的女婿，他和他的妻子伊伦娜 · 约里奥 · 居里（1897 ~ 1956）（图 5-27）一起从事原子核与放射性研究。1932 年，他们对中子的发现做出了重要贡献。同年，在实验室中获得第一张同时产生的正负电子对的照片。1934 年，他们用

钋产生的 α 粒子轰击铝，产生出中子和正电子，生成放射性磷，首次人工获得放射性物质。他们用同样方法又制成多种其他放射性物质，并发现放射性同位素在医学和生物学上的广泛用途，并于 1935 年获诺贝尔化学奖。

图 5-24　玛丽・居里

图 5-25　皮埃尔・居里与玛丽・居里夫妇

图 5-26　人类第一批镭元素

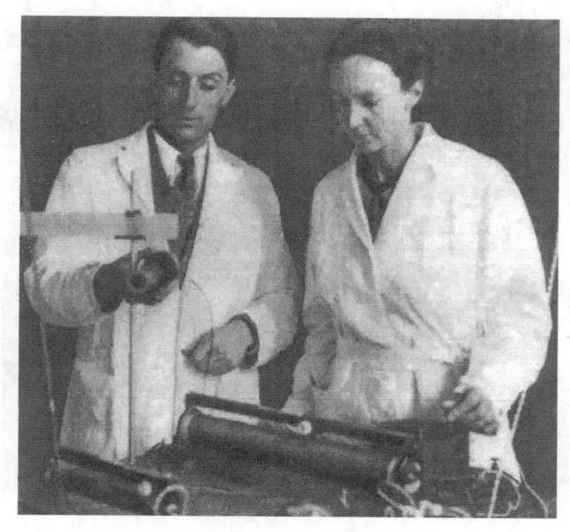

图 5-27　费雷德里克・约里奥・居里与伊伦娜・约里奥・居里

当时，约里奥·居里夫妇吸取了在寻找中子过程中的教训，并根据这些发现，重新开始系统地对那些能够在α粒子的轰击下发射中子的核反应进行实验。他们仍然用钋放射的α粒子去轰击除铍以外的其他轻元素（如镁、铝、锂和硼等）。从它们的核反应中观测到了中子，特别是铝被α粒子轰击后能发射中子的现象使他们产生了浓厚的兴趣。因为在卢瑟福的α粒子散射实验中，曾用铝靶测得过质子，而现在约里奥·居里夫妇又从这一反应过程中观测到了中子。这就表明，铝核在α粒子轰击下，不仅能放射质子，而且能放射中子。由此，人工放射性核素的发现赋予了原子核构造理论的新内容。

在世界科学史上，玛丽·居里是一个不朽的名字。她以自己的勤奋和天赋，在物理学和化学领域两次获得诺贝尔奖。爱因斯坦在评价居里夫人时说："她一生中最伟大的功绩——直面放射性元素的存在并把它们分离出来。不仅靠大胆的直觉，而且靠在难以想象的、极端困难的情况下工作的热忱和顽强。这样的困难，在实验科学的历史中是罕见的。居里夫人的品德力量和热忱，哪怕只有一小部分存在于欧洲的知识分子中间，欧洲就会面临一个比较光明的未来。"①

在人类科学史上，居里一家缔造了一个"科学王朝"。居里家族的科学传统至今已延续四代人。居里夫妇的长女伊伦娜·约里奥·居里和女婿弗雷德里克·约里奥·居里也都从事放射性研究。居里家族的前三代科学家都是法国科学界举足轻重的人物，他们都曾当选为法国科学院的院士。居里家族的第三代人才济济，他们的外孙皮埃尔·约里奥是生物物理学家，孙女海伦·约里奥是核物理学家。居里家族第四代中的杰出人物是阿伦·约里奥，从事生命科学领域的研究。

五、中国科学家首次合成人工胰岛素结晶

1966年12月24日，《人民日报》头版头条报道：我国在世界上第一次人工合成结晶胰岛素。这项成果一直是中国科学界的骄傲，它像"两弹一星"一样，证明了中国人在一穷二白的基础上，仍可在尖端科研领域与西方发达国家一决高下，乃至做出世界一流的成果。

人工合成胰岛素工作包括两个部分：合成两段多肽、通过二硫键重组将这两段多肽连接成蛋白质。

1959年1月，中国科学院主持的胰岛素人工合成工作正式启动。中国科学院上海生物化学研究所建立了以科学家曹天钦为组长的5人小组来领导这项工作。工作一开始就困难重重，邹承鲁所领导的拆、合小组用过7种方法都没能拆开胰

---

① 宋韵声，宋姝．爱因斯坦·居里夫人．北京：新时代出版社，2003

岛素的3个二硫键。通过艰苦的努力，他们终于找到了将胰岛素完全拆开并成为稳定的A链及B链的新方法。二硫键拆开之后，A、B两链能否重新组合成胰岛素？从当时的认识和实践来看，万分困难。但在科技攻关的激励下，他们还是不断地进行尝试，历经艰辛，多次实验，于1959年3月19日得到了第一个肯定的结果——接合产物表现出了0.7%～1%的生物活性！又经过多次失败，克服了许多技术障碍以后，他们终于在1959年国庆节前，使天然胰岛素拆开后再重合的活性稳定地恢复到原活性的5%～10%。1959年年底，张友尚等找到了一个合适的提纯方法，得到了和天然胰岛素结晶一致的重合成胰岛素的结晶（图5-28）。由两条变性的链可以得到有较高生物活力的重合成胰岛素的结晶，这就从实践上进一步证明：天然胰岛素结构是A、B多肽链所能形成的所有异构体中最稳定的，即蛋白质的空间结构信息包含在其一级结构之中。这个结果具有非常重大的理论意义。

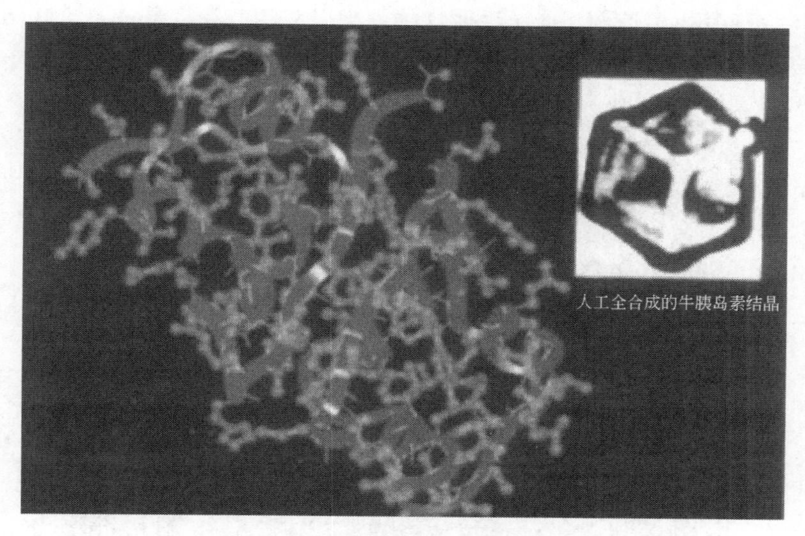

图5-28 人工合成牛胰岛素结晶图

在拆、合工作快速取得突破的同时，合成工作也取得了一定的进展。到1959年年底，钮经义所领导的B链合成小组不但掌握了多肽合成的各种技术，还将B链的所有30个氨基酸都连成了小肽，最长的已达到了8肽。而北京大学化学系的A链合成小组也做了氨基酸的分离、特殊试剂的合成、分析分离方法的建立等工作，另外还合成了一些2肽。北京大学于1960年4月22日合成了A链；中国科学院上海生物化学研究所于1960年4月20日合成了B链30肽；复旦大学于1960年在4月22日合成了B链30肽。期间，由于“大跃进”思想的影响以及部分领导认识不够等因素，人工合成胰岛素的研究工作遭受了重大挫折。

1964年年初，在邢其毅教授的带领下，北京大学化学系与中国科学院上海有机化学研究所合作，共同负责胰岛素A链的合成。而中国科学院上海生物化学研究所方面，在钮经义、龚岳亭等继续合成胰岛素B链的同时，拆、合小组仍在为提高重组活性而努力。他们于1964年8月、1965年5月先后拿到了B链和A链。当A链积累到100毫克（此时B链已积累到了5克）时，杜雨苍等开始做全合成实验。出人意料的是，注射了合成产物的小白鼠并没有因惊厥反应而跳起来。1965年9月3日，杜雨苍等再次做了人工A链与人工B链的全合成实验，并把产物放在冰箱里冷冻了14天。9月17日清晨，杜雨苍从放有冰箱的那个小实验室走出来，手中高举着滴管，人们终于看到了自己奋斗多年的成果——闪闪发光、晶莹透明的全合成牛胰岛素结晶！

1965年9月17日，中国首次人工合成了结晶牛胰岛素。如图5-29所示，科学工作者将人工合成的产物注入小白鼠体内，测验它的生物活力。小白鼠因体内胰岛素增多而发生了惊厥反应，证明这种人工合成的产物就是具有生物活力的人工合成胰岛素。经过6年零9个月的努力，中国科学家终于在世界上第一次取得了人工胰岛素结晶！①

图5-29 人工合成的产物注入小白鼠体内

第三节 帮助人类走得更远的生物学实验

一、哈维发现血液循环

古罗马的盖仑认为，血液在人体内像潮水一样流动后便消失在人体周围。16

① 熊卫民，王克迪．合成一个蛋白质：结晶牛胰岛素的人工全合成．济南：山东教育出版社，2005

世纪，比利时的医生维萨里认为盖仑的理论是错误的。半个世纪之后，英国的哈维医生决心弄清人体血液循环的奥秘，并通过实验去揭开人体血液循环的神秘面纱。于是，他选择血液这一专题，进行深入而仔细的研究。

于是，哈维展开了一系列生命科学实验。首先选择了动物实验，他认为动物的血液与人的血液有相似之处。据哈维的笔记记载，他一生解剖过的动物多达40多种。哈维用兔子和蛇反复实验，解剖之后找出还在跳动的动脉血管，然后用镊子把它们夹住，观察血管的变化。他发现血管通往心脏的一端很快膨胀起来，而另一端则马上瘪下去了，这说明动脉血管中的血是从人体心脏向外流动，证明动脉血管中的血压上升。他又用同样的方法找出了大的静脉血管，用镊子夹住，其结果正好与动脉血管相反，靠近心脏的那一端瘪了下去，而远离心脏的另一端鼓胀了起来，证明静脉血管中的血是流向心脏的。

哈维又做了很多实验，目的在于找出每次心跳泵出血液的准确重量。他认为，即使根据最粗略的计算，也能证明心脏泵出的血液量十分之多，1个小时泵出的血液重量就超过了整个生物体的总重量。根据对人左心室容血量的测量，可算出人的心脏1个小时泵出的血液差不多有245千克，这几乎是一个强壮成年人体重的3倍。按照盖仑的观点，肝脏每小时就要造出相当于人体重3倍重的血液，每天则要造出相当于人体重72倍重的血液，这显然是不可能的。哈维由此得出结论：这么多的血液“决非消化过的食物所能供给，所以，除了循环往复以外是没有别的办法可以供给如此多的血液的”。然后，哈维又通过结扎和剖切的放血实验，确定了血液在体内流动的方向，从而得出血液从心脏经过动脉血管流到静脉血管，再回到心脏这样一个沿着一定方向循环运行的通道，也就是体内循环。把循环论的思想与血液运动结合起来，是哈维多年来反复思考和大量实验的结果。1615年，他根据实验研究，阐明了心脏在血液循环中的作用，公开宣讲了血液循环的理论。

1628年，他把这一发现写成了《动物心脏和血液运动》（又称《心血运动论》（图5-30））一书并正式出版。在书中，他提出了关于血液循环的理论，并告诫人们：“无论是教解剖学还是学解剖学，都应当以实验为依据，而不应当以书籍为依据；都应当以自然为老师，而不应当以哲学为老师”。①

为了让人们接受他的观点，证明人的血液循环与动物的是一样的，哈维还在人的身上反复实验。他找到一些比较瘦的人（容易在身上找到血管），用绷带把那些人手臂上的大静脉血管扎紧，发现靠近心脏的一端的血管瘪了下去，而另一端的血管鼓了起来。他又扎住动脉血管，发现远离心脏的那一端的血管不再跳

---

① Harvey W. 心血运动论．田洺译．北京：北京大学出版社，2007

图 5-30 哈维的《心血运动论》

动，而另一端的血管很快鼓了起来。这证明了人体的血液循环与动物的血液循环是完全一样的。

直到哈维 1657 年逝世以后的第四年，伽利略发明的望远镜被意大利马尔比基教授改制为显微镜，并将其用于医学上，观察到了毛细血管的存在，证实了哈维理论的正确性。哈维的血液循环理论的确认，标志着当时医学领域科学发现的显著成就。他的《心血运动论》一书成为科学革命时期以及整个科学史上极为重要的文献。

二、巴甫洛夫的条件反射实验

俄国生理学家伊万·彼得洛维奇·巴甫洛夫（Ivan Petrovich Pavlov，1849～1936）（图 5-31）是条件反射理论的建构者，也是心理学领域最有影响力的人物之一。

巴甫洛夫致力于研究狗的消化系统。他发现，当把食物放入狗的胃里时，胃壁会分泌胃液促进消化。胃液分泌的量和持续的时间，是随着放入胃里食物的种类和多少而变化的。为了清楚地观察到胃里发生的变化，巴甫洛夫凭借其精湛的外科手术把狗的胃组织切开，在躯体的一侧切开一个洞口，外面再连接一个囊袋，使狗的一部分胃外置出来，以便于观察。这样，狗实际上就有了两个胃：一个是原有的胃，其绝大部分组织仍具有胃的功能；另一个是通过手术连接在外面的胃（又称“巴甫洛夫囊袋”）（图5-32），这个囊袋的内部是可以被观察的。巴甫洛夫发现，囊袋的分泌情况与胃的分泌情况完全一样。完成了这些准备工作后，巴甫洛夫就可以了解消化过程的细节了。

图5-31 巴甫洛夫

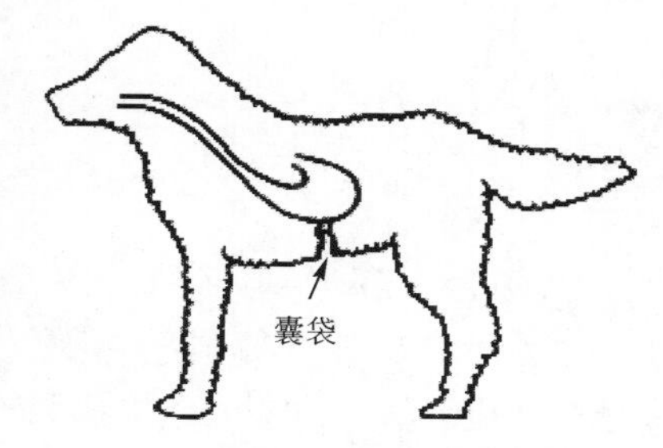

图5-32 巴甫洛夫囊袋

实验研究基本结论：动物有一种固有的生理反射，它以一种极为精确的方式按胃里食物的种类和多少进行胃液分泌。这一结论同样适用于唾液分泌。例如，当嘴里有食物时，会分泌一种稠的唾液开始消化过程，而当在嘴里滴一点酸液时，就会分泌大量稀的唾液以稀释酸液。如果把狗的食管切开，从颈部移到身体外部，这样，食物可以咀、可以咽，但不会进入胃里，而是流了出去。巴甫洛夫发现，狗的胃液分泌几乎同食物进入胃里时一样多。于是他认为：引起反射性分泌的刺激，不仅可以是胃里的食物（即适当的刺激），而且可以是嘴里的食物（即信号刺激）。引起狗胃液分泌活动的，可以是原先盛过食物的盘子，甚至是以前喂过食物的人。这种情况不同于生理反射的那种分泌活动。

因此，巴甫洛夫认为，反射有两种：第一种是生理反射（physiological reflex），是一种内在的、任何动物都具有的反射，它是神经系统固有组织的一部分；第二种是心理反射（psychic reflex），或称为条件反射（conditioned reflex），这种反射是特定的动物因特定的经验而产生的。

巴甫洛夫经典的条件作用实验：所有狗在胃里有食物时都会分泌胃液，但只有那些具有某种经验的狗才会在听到铃声时发生胃液分泌的活动。例如，把狗用一副套具固定住，唾液用连接在狗颚外侧的管道收集，管道连接到一个既可以测量唾液总量，也可以记录分泌滴数的装置上，如图5-33所示。

当狗嘴里有食物时，会发生分泌唾液的反应。这种反应是固有的，巴甫洛夫

图 5-33 巴甫洛夫关于条件作用研究的实验装置

把这种食物称为无条件刺激（UCS），把反射性唾液分泌称为无条件反射（UCR）。为了使狗对某一种刺激（如铃声）条件作用，把这种原来只会引起探索性反射的中性刺激（即铃声）与无条件刺激（即肉食）配对，巴甫洛夫经过一系列的配对尝试。最终发现，在某种情况下，单是发出铃声，不提供肉食，也能引起狗产生唾液分泌。在这种情况下，铃声就成了条件刺激（CS）。铃声引起的唾液分泌就是条件反射（CR）（图 5-34）。由此可见，条件反射仅仅是由于条

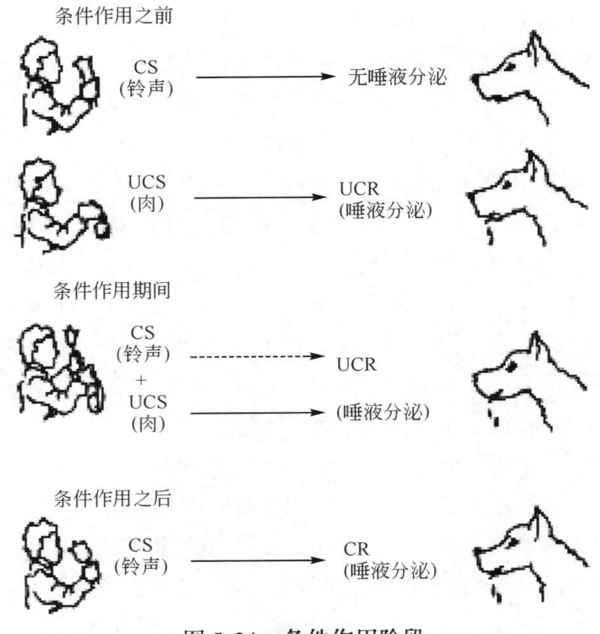

图 5-34 条件作用阶段

件刺激与无条件刺激配对而呈现的结果。①

巴甫洛夫把精确而客观的方法引入对动物的研究，把心理与生理结合起来，对高级心理活动进行了卓有成效的研究，从而对心理学的发展产生了巨大影响。由于他在神经生理学方面提出了著名的条件反射和信号学说理论，于 1904 年获得诺贝尔生理学或医学奖。

三、富兰克林、威尔金斯、克里克、沃森发现双螺旋结构

1962 年 10 月，瑞典卡罗林斯卡医学院诺贝尔生理学或医学奖评选委员会宣布，当年的诺贝尔生理学或医学奖授予英国的莫里斯·威尔金斯、弗朗西斯·克里克和美国的杰姆斯·沃森。理由是他们发现并证明了细胞核 DNA 的双螺旋结构。这对于研究和认识生命现象和本质具有重要的意义。

DNA 作为遗传物质的重要性，到 20 世纪 50 年代时越来越得到认可，但直到 1953 年，随着其结构的揭开，它的黄金分子的地位才得以完全确立。揭开 DNA 结构这一奥秘的是两位在当时还默默无闻的小人物：克里克与沃森。两人在 1953 年 4 月 25 日的《自然》杂志上发表了一篇不到 1000 字的论文，阐明了 DNA 的双螺旋结构。这引起了生物学研究的变革，它使 DNA 的复制问题变得显而易见。

追溯源头，最早的对 DNA 结构的探讨要上溯到在富兰克林和威尔金斯之前的阿斯特伯里那里。他在 20 世纪 40 年代通过观察 X 射线结晶衍射图认为，DNA 分子是多聚核苷酸分子的长链排列。然而阿斯特伯里所发现的 DNA 图片极不清楚，不能真实反映 DNA 清晰的图像。20 世纪 40 年代末，英国的威尔金斯研究小组测定了 DNA 在较高温度下的 X 射线衍射，纠正了阿斯特伯里发现中的错误，并初步认识到 DNA 具有一个螺旋形的结构。但是随着研究的继续，威尔金斯似乎再也无法进入到更深层面来了解 DNA 的真实结构。这时富兰克林这位具有非凡才能的物理化学家加盟到威尔金斯研究小组。她凭着独特的思维，设计了更能从多方面了解物质不同现象的实验方法，如获取在不同温度下 DNA 的 X 射线衍射图，并把这些局部的结构形状汇总。这样，DNA 的衍射图片就越来越清晰、越来越全面。富兰克林设计的研究方案使人类拍摄到第一张双螺旋结构图，如图 5-35 所示。

DNA 具体具有一个什么样的螺旋结构？当时，有学者提出双链、三链，还有四链的观点。在不得要领的情况下，克里克与沃森认为 DNA 的螺旋结构应该是三螺旋，并由此展开了“搭积木”游戏式的研究。这种研究方式也许是从鲍

---

① 徐飞．科学大师启蒙文库．上海：上海交通大学出版社，2007

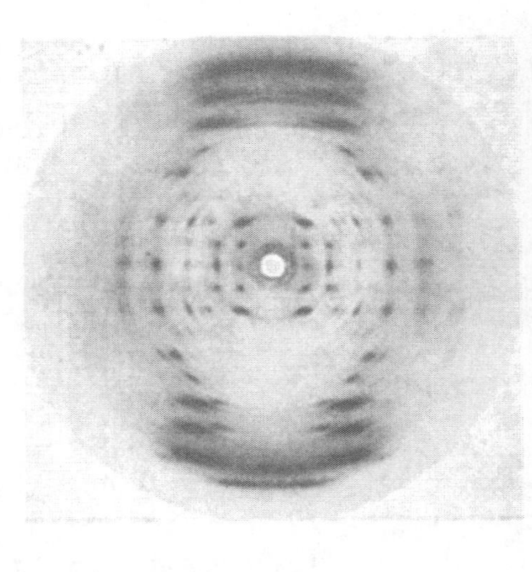

(a)

(b)

图 5-35 双螺旋结构图与富兰克林

（a）双螺旋结构图；（b）富兰克林

林那里获得启示，因为鲍林发现血红蛋白的 α 螺旋链就是靠“搭积木”摆弄出来的。这也不足为奇，化学分子的许多结构模型都是这样被人们认识的。最初，克里克与沃森千辛万苦地按照他们的理解把糖和磷酸置于中间，4 个碱基置于外侧，搭出了 DNA 三螺旋的结构。他们认为，这个模型与威尔金斯和富兰克林提供的 X 衍射图比较吻合。克里克与沃森理所当然地在学术交流上向威尔金斯和富兰克林透露了他们的最新重大成果。但是，在见到他们的所谓成果时，富兰克林当头对这两位的成果泼了一盆凉水。富兰克林一针见血地指出了这一成果的错误：这个模型过分模仿水分子，也就是说，DNA 的螺旋结构并不是三螺旋。尽管富兰克林当时并不知道 DNA 的精确结构应该是什么样的，但是通过她自己的研究，她至少知道 DNA 结构不应该是这样的。正是她这种毫不留情的批判，把克里克与沃森一步一步地引到了正确的方向。正在克里克与沃森沮丧着对碱基的互补原理进一步理解时，另一个竞争对手鲍林宣布发现了 DNA 螺旋结构。鲍林从 1951 年起就在用同样的 X 射线晶体衍射方法研究蛋白质的氨基酸和多肽链，发现了血红蛋白多肽链为 α 螺旋链，并因此获得了 1954 年的诺贝尔化学奖，成为全球 X 射线晶体衍射方面的权威。对科研极其敏感的鲍林随即就将注意力转到了 DNA 上来，并获得了一些 DNA 的 X 射线晶体衍射图片。也许是由于实验的问题，也许是由于指导思想的问题，鲍林一直认为 DNA 是三螺旋结构。这让他进入了一个误区，难以走出这个死胡同。否则，他会第三次获得诺贝尔奖。（第二次是因反对核武器所做出的贡献，获 1962 年的诺贝尔和平奖。）

1951 年，美国的沃森代表导师卢里亚前往意大利参加生物大分子结构会议。就在这个时候，威尔金斯和富兰克林关于 DNA 的 X 射线晶体衍射图分析报告吸引了沃森。可以说这是对沃森研究 DNA 结构的启蒙。博士毕业后，沃森被导师推荐到欧洲。在英国的卡文迪许实验室，他与克里克相遇并共同研究 DNA 的结构。另一方面，同样受到威尔金斯和富兰克林的报告的启发的鲍林犯了相同的错误，他也把 DNA 结构搞成了三螺旋。克里克与沃森既喜又惊，喜的是鲍林也搞错了，惊的是时不我待。如果再不抓紧时间、找准方向，DNA 的重大发现必然会落入他人之手。于是，他们又找威尔金斯和富兰克林讨论，究竟 DNA 螺旋应该具有一个什么样的具体结构。结果讨论都是不欢而散，因为威尔金斯和富兰克林都否定了克里克与沃森的设想。然而，正是在 1953 年 2 月 14 日与威尔金斯的讨论中，威尔金斯出示了一幅富兰克林于 1951 年 11 月研究时获得的非常清晰的 DNA 晶体衍射照片。威尔金斯出示照片是为了证明克里克与沃森思路的错误，然而，这张照片像一簇电石火花突然点燃了沃森头脑中蓄势已久的思维干柴，思维之火蓬勃燃烧。他们是站在了巨人的肩上。这巨人就是威尔金斯和富兰克林，尤其是后者。

失败是成功的先导，当沃森接受了威尔金斯和富兰克林指出的错误时，沃森不禁叫出来：上帝！DNA 链只能是双链的才会显示出这样漂亮而清晰的图！果然，在把核酸和糖放在外侧，把碱基置于中间后，1953 年 2 月 28 日克里克与沃森摆弄出了正确的 DNA 双螺旋结构。1953 年 4 月 25 日《自然》杂志发表了克里克与沃森的 DNA 双螺旋结构假说的论文，并配有威尔金斯和富兰克林的两篇文章，以支持克里克与沃森的假说。后来，鲍林和其他科学家的研究也从不同方面证明了 DNA 双螺旋结构（图 5-36）。

对于 DNA，我们现在知道了它是一种长得令人难以想象的线状分子。细菌中的 DNA 比它所在的细胞要长 1000 倍左右。来自我们身体的一个细胞的 DNA 的长度大约与我们的身高相当。如果把一个人的所有细胞的 DNA 首尾相接地连起来，其长度相当于从地球到太阳来回几百次的路程。

克里克与沃森发现 DNA 是由两条螺旋形的、相互缠绕的带子构成，因此人们通俗地称之为双螺旋结构（图 5-37）。它的每一条链都由叫核苷酸的亚单位组成。每一个核苷酸由三部分组成：磷酸与脱氧核糖两部分形成的骨架位于外侧，构成带子的连绵不断的主干。第三部分是由一些原子构成的扁平的环，称为碱基，它们位于螺旋的内侧，就像螺旋形楼梯的台阶一样。同一条 DNA 链上的碱基排列没有任何分子结构上的限制，事实上，遗传信息就存储在碱基排列顺序中。两条链通过碱基之间的氢键结合在一起，腺嘌呤（A）总是与另一条链的胸腺嘧啶（T）配对，鸟嘌呤（G）总是与胞嘧啶（C）配对。根据这一原则，知道了一条链的碱基序列，就可以推导出另一条链的序列。

图 5-36 沃森（左）与克里克（右）搭建的 DNA 双螺旋模型

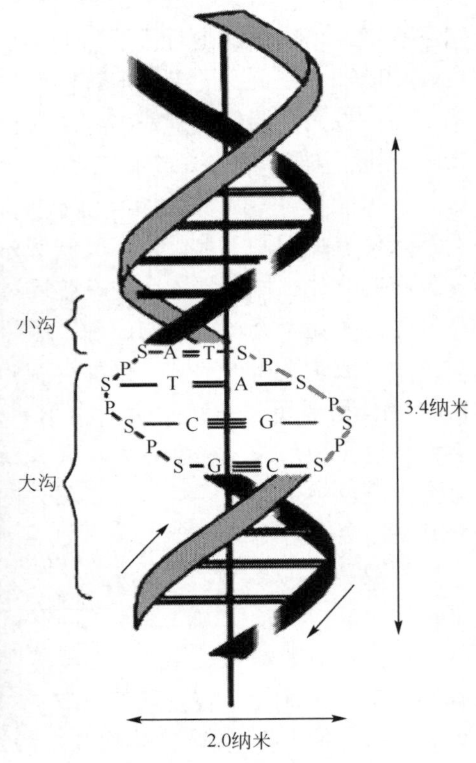

图 5-37 DNA 双螺旋结构模型

碱基配对是遗传物质复制的基础。如果一条链的碱基序列已经确定下来，那么另外一条链的碱基序列随之也就被确定下来了。因此，从 DNA 双螺旋模型出发，人们可以很容易地搞清楚遗传中所发生的精确自我复制机制。在克里克与沃森发表的论文中，只是对复制机制做出了暗示。他们写道："没有逃脱我们注意的是我们前面已经假设的特殊配对，它迅速提示了一种可能的遗传物质的复制机制。"在复制 DNA 分子时，双螺旋的两条链先是在一种酶的作用下像解开拉链一样解开，然后沿着每一条单链合成一个新的与它互补的链。这个过程应该是在细胞分裂的时候进行的，这样就可以保证两个新生成的细胞具有相同的遗传物质。在复制过程中，两条旧链分成两条单独的链，以分开后的每一条旧链作为模板都可合成一条新链。于是在新合成的两个双螺旋分子中，一条链是旧的而另外一条是新的，因此这种复制方式被称为半保留复制。于是，DNA 的复制机制有了极好的解释：两条带子分开，然后它们各自成为形成新带子的模板。而互补碱基配对使信息能被精确地拷贝。①

克里克与沃森的发现被认为是20世纪生物学最伟大的成就之一，通过这一结构模型，科学家明白了DNA是“怎样在每一个细胞世代中自我复制，怎样在个体发育和机体功能上起作用，怎样经历那种作为有机进化基础的突变过程”。

自关于DNA双螺旋结构模型一文发表50多年来，生命科学的发展使我们充分感受到了一项伟大科学发现的力量。DNA双螺旋模型造就了分子生物学，造就了基因工程，而基因工程已在改造我们的生活、医药健康、环境、能源等。

科学在不断发展，中心法则也不断地得到新发现的补充和支持，例如RNA的反转录、mRNA的剪切加工、DNA甲基化的后遗传调控，以及近来极受重视的小分子RNA（miRNA）和RNA干扰（mRNAi）等，这一切都使我们对DNA分子的生物信息如何运作认识得更清楚了一些。功能基因组的研究进展将生命科学发展推上一个新的快车道，特别是一系列高通量技术的进入，例如生物芯片、自动质谱、全蛋白质表达库、全cRNA库、全抗体库的建立。

四、巴斯德的鹅颈瓶实验

19世纪60年代，生物学领域发生了一场激烈的争论，争论的主题是：生物能否在很短的时间内从无生命物质中自然地发生。争论的一方以法国生物学家普谢（F. A. Pouchet，1800～1872）为代表，他们提出：生物能够在短时间内从有机物质中产生。这就是关于生物起源的“自生说”。法国生物学家巴斯德（Louis Pasteur，1822～1895）（图5-38）是个坚定的基督徒，他不相信无生命的物质当中能产生生命。他坚决反对“自生说”。对于普谢等人的实验，巴斯德认为那是空气中的微生物进入有机物（肉汤）中进行大量繁殖结果。为了证明这一想法，巴斯德做了两个著名的实验。

图5-38　巴斯德

1864年，巴斯德把煮沸的肉汤装进60个瓶子里，并封闭瓶口，把瓶子带到阿尔卑斯山下。在山脚下，他打开20个瓶口，让空气进入瓶子，再封上。到了半山腰，他又打开了20个瓶口，让空气进入瓶子，再封上。到了山顶，他又打开最后的20个瓶口，让空气进入瓶子，再封上。返回巴黎后，

---

① Watson J D. 双螺旋：发现DNA结构的个人经历. 田洺译. 北京：三联书店，2001

巴斯德向生物界的同行们公开了自己的实验结果：在山底下打开瓶口的20个瓶子中，肉汤全腐烂了；在半山腰打开瓶口的20个瓶子中，只有5瓶发生了腐烂；在山顶上打开瓶口的20个瓶子中，只有一瓶发生了轻微的腐烂。这是因为山底下的空气中含有的微生物多，而高处的空气比较干净，微生物较少，所以三组在不同高度打开瓶口的瓶子中的肉汤腐烂的程度不一样。这说明普谢等人的实验没有考虑到空气中微生物的存在。

为了进一步证实自己的观点，巴斯德又在众人面前做了一个最令人信服但十分简单的实验——“鹅颈瓶实验”，如图5-39所示。他将营养液（如肉汤）装入带有弯曲细管的瓶中，弯管是开口的，空气可无阻地进入瓶中，而空气中的微生物则被阻而沉积于弯管底部，不能进入瓶中。巴斯德将瓶中液体煮沸，把液体中的微生物全被杀死，然后放冷静置，结果瓶中不出现微生物。此时如将曲颈管打断，使外界空气不经“沉淀处理”而直接进入营养液中，不久，营养液中就出现了微生物。可见微生物不是从营养液中自然产生的，而是来自于空气中。

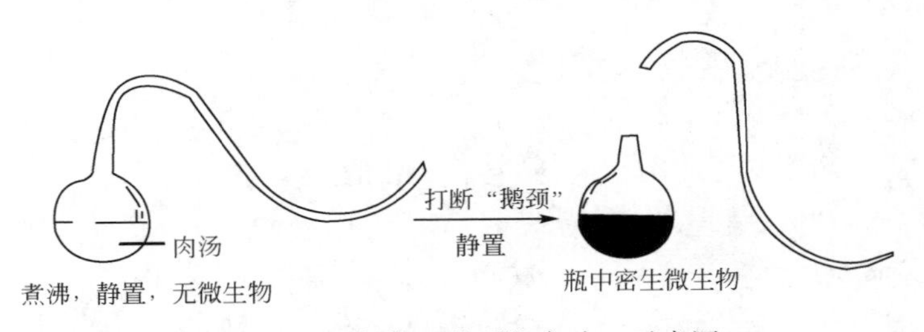

图5-39 巴斯德“鹅颈瓶实验”示意图

1864年巴斯德在法国国家科学院报告了他的工作。原定和他辩论的自然发生论者F. A. Pouchet撤销了辩论。“生命来自生命”，即生源论（Biogenesis）取得了胜利。

法国里尔是一个酿造业发达的城市，巴斯德在这里掀起了一场关于微生物的轩然大波。一天，当地的造酒商找到巴斯德，说几个月来，他们造的酒一下子都发酸了，不得不一桶一桶地倒掉，眼看厂子就要倒闭了，请巴斯德务必帮帮他们。巴斯德从酒厂取回好酒浆和坏酒浆各一桶，先从好酒桶里取出一滴放在显微镜下观察，里面有许多细小的酵母球，就是它们使甜菜浆变成了酒。他又从坏酒桶里取出一滴放在显微镜下观察，酵母球没有了，有的只是一些细杆棒，它们很小很小，只有大约二万五千分之一英寸。他又从酒厂里搬来许多桶一一化验，结果都发现了这种细杆棒。巴斯德明白了，一定是这些细杆棒消灭了酵母球，于是香甜的酒就变成了苦酸的黏液。为了证明这一点，他又配了一瓶酵母汤，然后向里面滴入一点细杆菌液。它会不会存活，会不会繁殖呢？

第二天一早，巴斯德发现昨天配好的酵母汤起了气泡，他轻轻摇了一下，瓶底升起缕缕灰雾，取一滴放在显微镜下一看，巴斯德兴奋地叫道："它们活了，它们繁殖了!"巴斯德成功了，确实是那些细杆菌消灭了酵母球而使酒发酸。巴斯德帮人们解决了酒变酸的难题。办法其实很简单，只要把酒加热到55℃，就可以把细杆菌杀死，这就是后来被普遍采用的"巴氏消毒法"。

于是，巴斯德推出：人身上的传染病同样是由这些看不见的"杀人犯"传播的。这是一个大胆的设想，它给整个医学界带来的影响就如一个被捅了的马蜂窝。当时有一种狂犬病——疯狗咬了其他动物或人以后，动物或人必死无疑。巴斯德认为这一定又是微生物在作怪。为了解决这个问题，他与助手设计了一个方案：从疯狗的唾液里取出病菌，然后注射到好狗身上，或许可以获得免疫。经过他们大胆的尝试，在动物身上的实验成功了，但还需要在人的身上进行实验。巴斯德决定给自己注射，妻子和助手坚决不同意。这时有一个老夫人的儿子恰好被疯狗咬伤，得了这种病，老夫人哭着请求在她的儿子身上试一试，最终这个孩子得救了。人类终于征服了这种可怕的"不治之症"。[①]

此后，巴斯德又在微生物学上取得许多重大发现，成为奠定工业微生物学和医学微生物基础的伟大的微生物学家。一百多年后的今天，牛奶和啤酒生产行业还在使用这种古老的巴氏消毒法，区别只是将温度加热至85℃并保持15～16秒。

五、琴纳攻克天花

在人类历史上，记录过天花给人类带来的悲惨遭遇。公元846年，在入侵法国的诺曼人中间，突然爆发了天花。天花的流行使其首领下令，将所有的病人和看护病人的人统统杀掉。1555年，墨西哥也爆发天花，全国1500万人，就有200多万人丧生。16～18世纪，欧洲每年死于天花的人约为50万，亚洲则高达80多万。据不完全统计，18世纪有1.5亿人死于天花。

英国医生爱德华·琴纳（Edward Jenner，1749～1823），是一位攻克天花的医学家。天花是一种瘟疫，不仅给人类造成了泛滥的灾难，而且激发了古代医学家的智慧和创造力。在攻克天花的过程中，中国人发明了人痘接种术。在人痘接种术传入英国70多年后，爱德华·琴纳发明了一种安全而有效的方法：人类可以用牛痘来预防恐怖的疾病——天花。

于是，一个流芳百世的攻克天花的故事就从这里开始了。琴纳医生家邻近的潘金斯先生染上了天花，脓疱溃烂，生命垂危，然而潘金斯太太未得过天花，因此无法照顾患病的丈夫。琴纳让她请人帮忙，于是潘金斯太太请到一位年轻的挤

---

① 刘正坤，吴萍．巴斯德·法布尔．北京：新时代出版社，2003

奶女工。她是一位皮肤洁白、眉清目秀的姑娘，显然也未受到天花的侵扰。为防万一，琴纳表示不能让她来护理病人。但这位姑娘得意地说："请尽管放心，我得过牛痘，是不会染上天花的。以前我曾照顾过好几个天花患者，从来没被传染过。"尽管如此，琴纳仍不敢大意，他日夜守候在病人床前，为患者和挤奶女工捏了一把汗。最终，潘金斯先生摆脱了死神的威胁，日夜护理他的姑娘也安然无恙。

这件事给琴纳留下了深刻的印象。后来，琴纳做了一些实验，试着给5位得过牛痘的牧工做天花脓液的接种，他们均没有感染上天花。于是，琴纳向医学界宣布：牛痘对天花的确具有某种特殊的免疫力！但是，保守的医学会无视琴纳的发现，甚至要开除其会籍。琴纳这位有着执著追求的年轻人，没有屈服于同行的排挤和嘲笑，而是全身心地投入到攻克天花的研究中去。对于牛痘接种的前景，琴纳自信地说："虽然我没有十足的信心，但请容许我祝贺国家和普通大众，一种解除天花的方法，将能使一个夺走人生命的疾病、一个被视为人类最严重灾祸的疾病，从地球上永远销声匿迹。"① 为了成千上万的人免受瘟疫的侵扰，琴纳决定在自己儿子的身上进行接种牛痘的实验（图5-40）。经过这样一个艰难曲折、具有挑战性的选择，实验最终成功了。

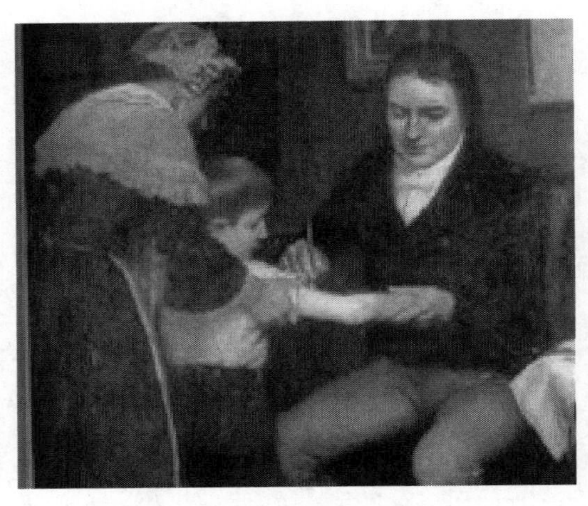

图5-40　琴纳给他儿子接种牛痘

1798年，琴纳完成《牛痘的起因与结果》一文，向全世界的医务工作者公布了他的发现与发明。稚年的心愿、少时的追求、20多年的努力与心血终于结出了硕果。琴纳被誉为伟大的科学发明家及人类生命的拯救者。

① 高兴华，吴伟强，徐德明．改变历史的科学名著．成都：四川大学出版社，2000

第六章 科学发现

第一节 什么是科学发现

科学是一项伟大的事业、更是一个不断探索的历程。我们在回顾科学对人类的贡献时，由衷地赞叹科学所体现的理性力量。英国学者 C. P. 斯诺在《两种文化》中提出，任何人都应该明白，科学是人类智力的最高表现形式，对科学的无知就是对现代社会的无知。[①] 科学之所以能够得到持续的发展，是因为人类能够不断地发现问题、解决问题。而发现问题与解决问题的过程，同时也是科学发现的过程。于是，探索科学发现，寻求其规律和机制成为人们关注的内容。

一、科学发现的缘由

纵观世界科学史我们不难发现，西欧是科学发现的摇篮，而欧洲文艺复兴运动则开启了科学发现的闸门。从此，各种科学发现便雨后春笋般地涌现，成为15 世纪以后欧洲最亮丽的风景。

中世纪（5～15 世纪）是西欧科学最黑暗的时期。当时西欧的封建政权为了维护统治地位，不惜借助基督教会的神权实行惠民政策和强权统治，当时规定："除圣经特别许可外，不得学习各种科学和文艺。"这就迫使一切学术思想屈从于宗教教义，从而扼杀了科学的生机，致使千年之中几乎没有出现有价值的科学成果。直到中世纪后期，随着资本主义工商业的发展，竞争要求人们改进生产工艺、提高产品质量，出现了许多需要用科学方法才能解决的工程技术问题。这时，基督教会对科学的敌视态度才有所缓和。特别在公元 999 年，当法国数学家热尔贝（Gerber，约公元 945～1003）担任罗马教皇（史称西尔维斯特二世）之后，教会的态度才趋好转。热尔贝在任期间，大力提倡数学教育，扩建教会学校，为教会学者学术研究提供方便。自此之后，欧洲人开始从阿拉伯人那里接触

---

① Hellman H. 真实地带：十大科学争论. 赵东静译. 上海：上海科学技术出版社，2005

到早已失传的古希腊的学术著作，并了解到他们的祖先曾经有过辉煌的历史与灿烂的文明，于是“思古之幽情”油然而生，终于爆发了欧洲历史上著名的文艺复兴运动。

文艺复兴运动主张恢复古希腊的思想和文化，即“让死去的东西复活”。这个运动始于15世纪初，发源地是意大利，后来扩展到德国、法国，直至整个欧洲，前后共持续了200多年，对欧洲中世纪的文化根基——基督教教义与经院哲学形成了强烈的冲击，并使遭受基督教会长期压制的“毕达哥拉斯－柏拉图”主义得以复活。“毕达哥拉斯－柏拉图”主义是以毕达哥拉斯的“万物皆数论”与柏拉图的“数学设计论”为代表的一种数学哲学观点，它将数和数量关系看成是现实世界的精华，认为自然界是按照数学规律设计的，数学是打开宇宙奥秘的钥匙。这种观念很快得到了当时希腊学术界的认同，并极大地促进了希腊科学的发展，而数学更是取得了辉煌的成就。公元前3世纪前后，希腊数学发展到巅峰，出现了欧几里得、阿基米德与阿波罗尼斯三大几何学家。他们的成就不仅是空前的，而且在他们以后的1000多年内也无人可及。柏拉图的学生，后来被教会尊为权威唯心主义哲学家的亚里士多德（Aristotle，公元前384～前322年）却反对柏拉图的“数学设计论”，认为数量关系和几何形状只是实物的属性，因而数学应处于比物理低的地位。亚里士多德的这一观点后来成为基督教会打击数学学科的理由，极大地阻碍了数学的发展，并以此祸及科学与文化，使当时的学术研究停滞不前。

文艺复兴运动使毕达哥拉斯、柏拉图的著作得到了广泛的传播，并使他们的数学哲学观点得到了广泛的认同，压抑千年之久的“毕达哥拉斯－柏拉图”主义在新的时代背景下复活了。于是欧洲的人文主义者举起了“毕达哥拉斯－柏拉图”主义的大旗，以对抗亚里士多德的权威及哲学，使其成为批判旧权威，创立新思想的强大武器。欧洲人从此相信，自然界是和谐的，是按照数学方式设计的。于是学术界普遍将数和数量关系看成是现实世界的精华，而数学则成了唯一的真理体系。当时的科学家无一例外地认为，科学的最终工作目标是确立定量的数学化定律，正是这种科学理念武装了广大的科学工作者，使他们勇敢地向宗教神学与经院哲学发起进攻，其代表人物有意大利的艺术大师达·芬奇（Leonardo da Vinci，1452～1519）、波兰的天文学家哥白尼（N. CopeRnius，1473～1543）、意大利的物理学家伽利略（Galileo，1564～1642）、英国的哲学家培根（Francis Bacon，1561～1626）等。达·芬奇曾公开宣称：真理在科学中，不在宗教中。他反对经院哲学的繁琐方法，主张科学家以经验为依据，采取实验的方法研究自然。他在研究中重视寻找数量关系，并肯定数学的重要作用，他说只有紧紧依靠数学，才能穿透那不可捉摸的思想迷雾。哥白尼则以“日心说”对抗基督教会的“地心说”，从而动摇了宗教神学的权威。他还坚持采用科学的研究方法，强调理性思维的重要性。他认为，在理性思维的过程中，数学计算和推理有着特别重要的意义，数学方法是从观测结果得到一般定律的必要手段。伽利略利用望远镜进行天文观测，支持哥白尼的“日心说”，反对“亚里士多德－托勒密”的“地心说”。他还通过实验批判亚里士多德的其他一些错误观点，极大地动摇了基督教会的思想基础。培根作为新兴资产阶级的代言人，非常重视科学技术的作用，提出了“知识就是力量”的著名口号。培根还是近代科学实验方法的倡导者和科学归纳法的奠基人。他提出，实验是认识的基础，感觉是一切知识的源泉。而经院哲学家的那些毫无实际效果的空洞争辩，是由于误用了亚里士多德的三段论而引起的。演绎法不能给人以新知识，只有实验归纳法才是科学发现的有效方法。这一切都极大地推动了当时科学的发展，并为后来的科学研究指明了方向。文艺复兴时期出版的达·芬奇的《绘画专论》、哥白尼的《论天地的旋转》、比利时解剖学家维萨里（A. Vesalius，1514～1564）的《人体构造》、英国医生哈维（W. Harvey，1578～1657）的《心血运动论》等，相继揭开了科学领域的革命序幕，将科学从神学的束缚下解放出来，不仅推动了近代科学的发展，而且为现代科学的发展奠定了良好基础。①

二、科学发现的概念

在自然科学的探索过程中，科学发现是最具挑战性的创新。人们主张创新，然而一切科学的创新都导源于科学发现，因为科学发现是科学创新的基础。搞清楚什么是科学发现，对于促进科学的发展具有非常积极的意义。

什么是科学发现呢？联合国国际公约《科学发现国际登记日内瓦公约》中对科学发现这样描述：“对物质宇宙中迄今尚未认识的现象、性质和规律的能够证明的认识。”也就是说：科学研究要找到“前人尚未知”的一些问题（某种存在、某种现象、某种方法、某种规律或者某种错误等）。有些问题是科学家一生或者几代科学家才能完成的，有些问题提出至今尚还无人问津。在这个科学创新领域里，去把握它必然包含的核心，就是某种“发现”。

有学者认为，所谓科学发现，是指用科学方法揭示客观世界未知事务（包括实际事物、思想事物及其内在联系等）的一种认知活动，它包括两个认识阶段，即感性认识与理性认识阶段。其中感性认识阶段主要通过观察、实验、比较等手段进行直观感知，理性认识阶段则主要通过分析、猜想、检验与论证等手段进行

① Garin E. 文艺复兴时期的人. 李玉成译. 北京：三联书店，2003

理性探索。显然，直观感知仅能得到初步印象，因此只能属于初步发现，而理性探索才能发现事物的本质，从而做出深层次的科学发现。[①]所以笔者认为，科学发现是指在科学活动中对未知事物或规律的揭示，也是观测现象、证明性质、解析规律、总结错误的一项难能可贵的事业。科学发现也是一种创造性的劳动成果。[①]

三、科学发现的规律

自然界从微观到宏观到宇观，物质世界从无机界到有机界，世界从社会领域到思维领域无不存在结构。如宇宙结构、天体结构、地球结构、原子结构、细胞结构、晶体结构、DNA 结构、建筑结构、社会结构、思维结构等。我们在认识客观事物发展的过程时，不仅要认识事物的质和量的变化，而且要认识事物的内部结构，深入到事物的内在联系之中，由此进一步揭示事物的运动形式及其规律。

（一）科学发现的过程

认识科学发现规律，我们有必要了解科学发现的过程。科学发现的过程可分为观测过程和实验过程。

观测过程。“瞄准现象”和“研究现象”在“科学发现”过程中紧密相连。首先是要瞄准一种“宇宙中尚未认识的现象”，虽然这种现象本身存在的特征、规律未被人们所认识，但是它已经进入到人们的视线了，这就是“瞄准现象”的过程；其次，是对前一阶段发现的“现象”继续进行深入、广泛的观测、记录、分析、研究，找出它们固有的变化规律，并得出经得起重复实验检验的认知（成果），这是“研究现象”的过程。

实验过程。我们从定性发现与定量发现来分析实验过程。所谓定性发现过程，是指研究对象在“质”的方面的发现，如物理性质、化学性质、生物特性等；所谓定量发现过程，是指研究对象在“量”的方面的发现。一般来说，任何科学研究都是从定性发现开始的，在此基础上的研究叫做定性研究，当这种研究达到一定深度时，便需要做出相应的定量发现，并在此基础上进行定量研究。定量研究一般都是通过数学抽象建立数学模型，再根据数学模型求得定量研究的结果。显而易见，定性发现过程是定量发现过程的前提，而定量发现过程则是定性发现过程的深化。

---

① 王梓坤．科学发现纵横谈：新编．北京：北京师范大学出版社，1993

（二）定量化的数学表现形式

定量化是科学发展的必然趋势，也是数学化的表现形式。所以，科学发现就与数学发现有着密切的关系。正因为如此，人们为了寻求科学发现的规律与机制，总是从寻求数学发现的规律与机制入手。较早这样做的科学家当推法国哲学家、数学家笛卡尔。17 世纪 30 年代前后，他先后两次出版了关于科学方法论的研究论著。第一次是在 1628 年，出版了《指导思维的法则》一书；第二次是在 1637 年，出版了《更好地指导推理和寻求科学真理的方法论》一书。在书中，他向人们介绍了他的科学方法论，其要点可以归结为四个“思维法则”和一个“万能方法”。即四个思维法则是：能明显被看出是真的的东西，才能当做是真的；为了更好地解决研究中的每一个问题，需要把问题分成几个小的难点；研究通常应该从最简单和最容易认识的事物开始，依次进行，直到认识最复杂的事物为止；对事实、发现、假设、方法需要做出足够详尽的记载，并审查推理的步骤，使之确信无所遗漏。而一个“万能方法”则是将非数学问题化为数学问题，将数学问题化为代数问题，将代数问题化为方程式的求解。对于“万能方法”，笛卡儿也曾怀疑其可行性，但他始终坚信，数学方法是可以用来解决科学问题的，而代数方法又比几何方法优越。他还相信几何问题可以用代数方法解决，这也正是他创立解析几何的思想基础。

（三）什么是数学发现的规律？

为了回答这个问题，要从笛卡尔的思维法则谈起。所谓思维法则，是指用于指导思维活动的思维原则。笛卡尔从制定思维法则入手来揭示发现规律是很有见地的，因为数学发现首先是一种思维活动，它必然遵循着一定的思维规律。如果笛卡尔所制定的思维法则能够反映这种思维规律，那么他就抓住了数学发现的根本。鉴于数学思维的出发点与归宿是提出问题与解决问题，由此要揭示数学思维的辩证规律就要从数学问题入手，即从数学问题的内部矛盾、有机联系及其相互转化入手。由于数学问题来自于现实世界，是现实世界中物质运动形态在数量关系与空间形式上的反映，而现实世界是矛盾的世界，物质运动是矛盾的运动，因此矛盾性就是数学问题的根本属性。这种矛盾常常表现为题设（条件）与题设、题设与题断（结论）之间的各种差异，如“已知”与“未知”的差异、“一般”与“特殊”的差异、“整体”与“局部”的差异、“数”与“形”的差异、“动”与“静”的差异、“曲”与“直”的差异、“高”与“低”的差异、“多”与“少”的差异等。另一方面，由于矛盾的双方既对立又统一，既有斗争性又有同一性。其中斗争性表现为存在差异，而同一性则表现为存在的联系。所以，数学问题中不仅存在着差异，而且还存在着差异间的联系。因此数学问题就是差异与联系的统一体。

继笛卡尔之后，莱布尼茨也曾致力于科学发现的方法探索，他说："没有什么比看到发现的源泉更重要的了，据我看来，它比发现本身更有趣。"法国数学家庞加莱致力于直觉与发现的研究，并出版了专著《科学的价值》。美国数学家G. 波利亚（Polya George，1887～1985）致力于数学方法论的研究，先后写出了《怎样解题》、《数学的发现》、《数学与猜想》等世界学术名著。

与笛卡尔的研究思路不同，庞加莱与波利亚没有着眼于思维法则，而是从研究直觉发现与猜想发现入手。庞加莱是研究直觉主义的先驱，对直觉有着深刻的见解。他认为，"直觉不是直观，也不是想像，而是对于数学对象内在的和谐关系的直接洞察。直觉有一种精神的威力，使人一眼就能觉察到逻辑的大厦，没有意识的帮助也能勇往直前。他还正确地认识到直觉的不足，认为直觉不能给人以严格性与可靠性，因此需要与逻辑互补。逻辑与直觉各有其必要的作用，两者缺一不可。唯有逻辑能给我们以可靠性，它是证明的工具，而直觉只是发现的工具。"①

在此基础上，庞加莱从心理学的角度对数学发现（创造）的过程中进行了分析，将其划分为四个阶段——准备、酝酿、顿悟、检验。

（四）创造就是选择

庞加莱还提出"创造就是选择"的著名论断。这个论断说明了数学创造的本质即在已知的数学事实造成的新组合之中做出正确的选择。因为从已有的概念、图像、变换、结构等出发可以构造出不计其数的新组合，其中的大多数是无用的，而人们不可能实际地去构造每一个可能的组合，并逐一检查它们是否有价值。所以，数学发现的本质就在于做出正确的选择。

怎样才能做出正确的选择呢？庞加莱认为，我们目前有无数多条可供选择的道路，逻辑可以告诉我们走这条路或那条路保证不遇到障碍，但是它不能告诉我们哪一条道路能引导我们到达目的地。为此，我们必须从远处瞭望目标，而教给我们瞭望本领的是直觉。没有直觉，数学家便会像这样一个作家——他只是按语法写诗，却毫无思想。为了使直觉能够发挥选择作用，尚需发挥审美情感的功能。对此，庞加莱强调："没有一个高度发展的美的直觉，就不可能成为伟大的数学发明家"。

综上所述，科学发现的规律蕴涵在发现未知现象与问题的哲学思考与思维创

① Bell E T. 数学大师——从芝诺到庞加莱. 徐源译. 上海：上海科技教育出版社，2004

新之中。正如美国科学史家萨顿所言，所有奇迹中最伟大的奇迹，便是人类发现了这些奇迹。星际空间的无限性和原子结构的无限性都是令人敬畏的，但更令人敬畏的是人类对这些无限性的深入思想。在我们的经验中，最有价值的部分不是我们的科学知识，而是我们为得到它而付出的持续不断的努力。

第二节　科学发现优先权

一、科学发现优先权的提出

美国著名社会学家罗伯特·K. 默顿（Robert King Merton，1910～2003）被学界尊为科学社会学的创始人。他撰著的《科学社会学》是他一生对科学社会学研究的集大成之作。默顿在书中对“知识社会学”、“科学知识社会学”、“科学的规范结构”、“科学的奖励体系”和“科学的评价过程”五部分进行了科学社会学发展脉络的梳理，形成整个科学社会学的理论体系。其中最为突出的是他在科学奖励系统的理论架构中提到的科学发现优先权（scientific priority）。1957年，默顿发表《科学发现的优先权》，这是他后期研究的代表之作。他列举了大量事实，说明从近代科学兴起开始，就出现了关于科学发现优先权的争论，并强调这种争论是由科学体制的内在规范造成的。他提出了：“关于未来的历史学家对今天的社会学者状况会说些什么，外面只能猜测。但外面似乎又把握地预测它们的某一个见解。当2050年的特里·威廉（Treve Lyan）们撰写我们这一段的历史时（他们多半会写，因为英国的这一历史学的家族作保证，要把历史永远写下去），毫无疑问，他们会发现很奇怪，发现20世纪竟然有如此之少的社会学家和历史学家在他们的研究工作中把科学作为他们时代的一个重要的社会制度加以研究。他们会注意到，在科学社会学成为一门单独的研究领域以后很久，在科学已经使人类面临十分严峻的生存或毁灭的选择的这个世界上，这一学科仍然处于几乎未开发的状态。他们甚至认为，在社会科学家考虑世界现在是什么样、过去曾经是什么样的过程中，不知在什么地方，价值观念已经混乱不堪了。因此，在这个被忽略的广阔的领域里还有文章可做，虽然不可能全面、但也可以根据科学的几个主要组成部分，把科学作为一种社会制度加以考察。”①

今天，当人们重温科学发现、科学发现优先权与默顿《科学社会学》书中关于科学家的“精神气质”、科学的奖励和评价、科学评价与“马太效应”等一系列问题时，还能领略到默顿科学社会学研究的集大成之作的价值内涵。

---

① Merton R K. 科学社会学：理论与经验研究. 鲁旭东，林聚任译. 北京：商务印书馆，2003

二、科学发现优先权之争的原因

在三个多世纪的现代科学发展中，无数的科学家都参与过关于科学发展优先权的论战。发生论战的学科几乎涵盖了所有自然科学门类，从数学、物理学、化学到天文学、地学、生物学等。甚至在社会学诞生时，圣西门和孔德之间也围绕谁是“社会学之父”这样一个微妙的问题争论不休。国家之间也屡屡发生对科学发现优先权的争夺。任何国家都有民族优越感，新发现不仅增加了发现者的个人荣誉和民族的荣耀，而且对国家利益有着科学引领性的重要作用，是国家坚持科学的一种民族特性表现。

默顿认为，关于优先权之争的深层原因应当到科学体制的规范性要求中去寻找。规范在不同程度上调控人们行为的指示或指示系统，它的存在和实行需要一定的精神力量或物质力量来支持。优先权之争的过程中，独创性是科学家的天职。获得同行对独创性的承认是科学体制对每一位科学家的规范性要求。当然，是否有独创性必须由同行公认，也就是说，正是这种获得独创性承认的压力和要求使得科学家义无反顾地为维护自己科学发现的优先权而斗争。另外还有一个重要的因素，正如默顿认为：扩展被证实了的知识，既是科学体制的目标，也是科学家的目标。虽然义愤填膺的旁观者并不会受到他们认为的错误行为的伤害，但他们会做出敌意的反应，会要求别人保证那些行为符合比赛规则。正是这种维护规范的反应使默顿得出结论：“我认为把这些论战说成大体上是科学本身体制方面的规范的产物更加接近真实。”对于科学家来说，扩展被证实了的知识意味着扩展新的和客观的知识，这就要求科学家必须具有独创性。所以，科学发现优先权之争的根本原因既不完全是人类共有的自私本性，也不完全是某些人的个人品质的缺陷，而应该是“科学体制方面强调独创性在心理方面动机的配对物”。

科学发现优先权之争实质上是科学家为获得科学共同体对其首创性的承认的维权行为，而且，在优先权之争中科学家又表现得那么勇往直前、破釜沉舟，这说明在科学家的心目中科学共同体对其首创性的承认是至高无上的，也意味着科学共同体对科学家首创性的承认与科学奖励制度存在着密切的关联。人们看到，随着科学的发展，一套相对完善的多层次的科学奖励制度已经逐步形成。这一制度主要由命名法与奖金、奖章、荣誉职位、荣誉称号的授予、科学史家的记载等两种奖励形式组成。

第一，命名法。即把科学家的科学发现用科学家的名字予以命名。其中，最高的一种形式是以做出过划时代贡献的科学家的名字命名他所处的时代。如牛顿时代、达尔文时代和弗洛伊德时代等。另一种形式是把那些对某一学科领域或某一专业分支具有筚路蓝缕之功的科学家尊奉为某学科领域或某分支专业之父。如居·维叶——古生物学之父；法拉第——电磁学之父；丹尼尔·伯努利——数学物理之父；列文胡克——微生物学之父；奥本海默——美国原子弹之父；钱学森——中国航天之父等。还有一种较为普遍的命名法，是以发现者的名字命名定律、理论、原理、假说、仪器、常数、物理单位、物种、星体等各种类型的发现和发明。如牛顿力学、布朗运动、虎克定律、塞曼效应、里德伯常数、安培等。还有一种命名法，就是以某一学科内曾提出过主导性理论的科学家的名字命名该学科。如亚里士多德逻辑学、欧几里得几何学、布尔代数和凯恩斯经济学等。其中包括一种极其稀少的情况：既因为其取得的成就，也因为其没有取得的成就，同一个人取得双重的荣誉，如欧几里得几何和非欧几里得几何等。

第二，奖金、奖章、荣誉职位、荣誉称号的授予和科学史的记载等。相对于命名法，这一种奖励形式要普及得多，能够凝聚更多的科学家。各种各样的奖金、奖章或荣誉职位、荣誉称号有着不同的层次或等级。如奖金中，诺贝尔奖奖金、菲尔兹奖奖金、邵逸夫奖奖金等级较高，也就是奖金的金额较大。名誉职位和称号中，英国皇家学会会员、各国科学院院士，以及某些国家的贵族爵位等较有影响。科学史家将发现者的名字载入史册，则具有永恒的纪念意义。科学奖励的形式尽管名目繁多、种类不一，但无一例外地都以同行对独创性的承认作为核心和基础。同行对独创性的承认决定了科学奖励的有无和等级。尽管科学奖励往往也伴随着金钱和各种物质待遇的馈赠，但是衡量科学奖励分量轻重大小的最重要的尺度还是同行对其独创性的承认和评价。

由此可见，科学上的一连串类似或同一的发现只是关于优先权争论的一个诱因，而不是它们的起因或它们的理由。毕竟，科学家们也知道，很多发现常常是独立完成的。因此，优先权之争是获得同行承认的过程，也是科学奖励中的正常现象和重要组成部分。同时，科学奖励的实质仍然是同行对独创性的承认。实际上，同行对科学家的科学成就给予恰如其分的评价，就是对科学家的科学成就的水平给予实事求是的认证。所以，同行承认也就意味着科学奖励主要是按照科学家所做出的科学成果的水平授予的。为了验证这一观点，默顿学派的许多人进行了深入的研究。例如，乔纳森·R. 科尔和斯蒂芬·科尔两兄弟以美国大学里的120位物理学家为样本，考察了科学家所获得的奖励与其研究成果的质量和数量之间的关系。结果发现："科学产出的质量和数量都对荣誉性奖励的数量有强的影响，但研究质量（以引证来度量）远比论文数量的影响强。科学产出的数量同科学家任职务的声望等级没有太大的影响，而研究质量则影响较大。科学产出的质量对科学家的知名度影响甚大，诸如年龄、获得博士学位的系的声望对上述承认变量影响甚微以至几乎没有。总而言之，大学物理学家获得的承认基本上取决于他研究产出的质量。"① 当然，默顿学派所进行的经验研究，主要是针对某些发达国家以及一些较为成熟的自然科学学科领域进行的，至于其他发达国家以及欠发达国家的自然科学学科乃至人文社会科学学科在科学奖励制度中是否真正体现了同行承认精神，还是一个有待深入研究的问题。

三、科学发现优先权的内涵

默顿赋予"科学发现优先权"的内涵以独特的社会学解释，鉴于科学建制的目标是增长知识，科学发现的独创性的地位凸显，但科学的规范却要求科学家必须公开其发现，并接受科学界同行的审议、审查、鉴别、鉴定。而在实际社会行为中，做出独创性发现的科学家把知识贡献给整个科学界，自己并不占有其研究成果。那么，作为对其公开的报偿，科学共同体（Scientific Community）给予发现"优先权"（Priority）。在很大程度上，优先权的冲突是科学制度规范的结果，科学制度的规范给科学家施加了压力，要他们去维护自己的权利，同时要求他们做出独创性的成果。对于为公共知识的积累做出真正开创性贡献的人，社会将给予承认和荣誉，对独创性的承认成了得到社会确认的证明。达尔文说"我对自然科学的热爱……因有心要得到我的自然科学家同行们的尊敬而大大加强了。"从心理学的角度来看，对获得承认的兴趣仅是一种动机，并不一定每个科学家在开始时就有成名的欲望。科学只要坚持并经常从功能方面强调独创性，并且把大部分奖励授予有独创性的成果，就足以使对优先权的承认变得至高无上。这样，承认和荣誉就成了一个人工作出色的象征和奖励。

默顿赋予"科学发现优先权"的内涵，提出了科学规范具有平等性、公有性、无私利性和有组织的怀疑。②

（一）平等性

平等性又称普遍性，是指一切自然人，无论其国籍、性别、年龄、种族、民族、职业、宗教信仰、个人品质、受教育的程度等，都有平等地参与科学研究，获得科学发现的自由与权利。

平等性是保证参与科学研究机会公平、对科学发现的评价结果公正的重要前提。平等性主要表现为两个方面：一是资格的平等。以研究人类的生存和发展为己任，进行科学研究的每个人所享有的权利是平等一致的。二是评价的平等。既然进行科学研究的所有人是平等的、权利是一致的，那么研究完成的结果是否正

① 马来平．科学发现优先权与科学奖励制度．齐鲁学刊，2003，(6)：63-67

② Merton R K. 科学社会学：理论与经验研究．鲁旭东，林聚任译．北京：商务印书馆，2003

确，有何价值，也应得到公平正义的评价，从而保证科学研究成果评价的公正、正确，进而保证科学研究沿着正确的方向前进。

（二）公有性

科学发现是人类的共同财富，而不能归发现者或某个机构私有，公有性是科学发现的属性所要求的。自然界的现象、性质、规律等都是不以人的意志为转移的客观存在，即使它未被人们认识到，它也是存在的，照样主宰着世间的万事万物。科学发现作为人类的新思想、新理论、新认识，是由少数科学家完成的，而这些发现又成为许多技术、产品等发明的理论基础，不宜为发现人所垄断或私有。只有将这样的成果迅速地传播到全人类，才符合人类共同的根本利益。做出独立性发现的科学家把知识贡献给科学，他自己并不占有这一研究成果，他所有的唯一“科学财富”是获得同行的承认。科学研究成果的公有性，要求科学家公开其发现，其他人运用该发现时要适当地鸣谢其有用性，正常情况下标明出处，不寻常的情况下加以特殊的鸣谢。

（三）无私利性

无私利性要求科学家为“科学探索的目的”从事科学研究，不把从事科学研究看成是自己独有的荣誉、地位、声望和金钱的敲门砖。这是科学研究得以健康发展的重要保证。获得科学发现的劳动是长期、艰苦的探索创造性工作。在这一过程中，需要研究者持之以恒地专注投入，还要有足够的承受失败的心理准备。追求真理的过程往往是一个贯穿失败、探索、失败、再探索，直至成功的过程。在这样一个十分辛苦、困难的过程中，首先需要的是科学家无私的奉献精神，没有这样的心理准备，是注定坚持不下去的。从事科学研究又获得成功的科学家，有的是信仰方面的考虑，如牛顿时代的英国科学家都过着清教徒式的生活，他们从事科学的唯一目的是荣耀造物主，颂扬造物主的伟大；有的是对科学的挚爱，如著名的统计热力学创始人波耳兹曼曾说：“支配我全部思想和行动的是发展理论”，“为此我可以牺牲一切，因为理论是我整个生命的内容。”；也有的是对自己民族、国家、人民的奉献，无私利性的规范。

（四）有组织的疑性

要求对知识必须借助经验和逻辑进行仔细的考察。任何一个科学家都必须清楚地意识到，科学成果是必须经过其他专业人士的有组织的考察、怀疑的。人们对客观世界认识的任何结论都是可以证伪的，如牛顿经典力学的三大定律，经过无数次的证实；但爱因斯坦的“相对论”的一次证伪，就证明它是有局限的，这样的例子比比皆是。从事科学研究的人必须具备这样的素质，不论是任何人发表了什么样的科学成果，发表的人自然确信自己的研究成果，也会尽全力去捍卫自己研究成果，但却不能不允许专业人士有组织的怀疑；其他专业人士也不能简单地相信这一结论。只有这样，科学才会不断地进步。

以上科学规范的这四个属性是不可分割的。平等性是基础，也是前提；公有性、无私利性和有组织的怀疑是其必然的结果。默顿的科学规范，反映了科学研究的特点，符合科学研究这一特殊社会活动的规律，使科学活动得以持续进行，是取得更大成就的保证。

第三节　科学发现优先权的当代启示

科学界把科学发现看成为最高荣誉，科学规范要求科学家具有创新精神，而科学家在努力做出贡献之后，则要求科学共同体以及社会承认其工作的创新价值。科学发现对国家、对集体、对个人的荣誉存在的事实，促使科学体制规范，这种要求对科学家施加了一定的压力，从而使科学家为维护自己的科学发现优先权而斗争。

一、国家对享有科学优先权的态度

在一个由众多国家组成的世界上，每一个国家都有它自己的民族优越感，科学发现的成果，不仅能够增加发现人的荣誉，而且还能增加一个民族的荣誉。从17世纪起，英国人、法国人、德国人、荷兰人，以及意大利人都极力为他们的国家争夺优先权；后来，美国人、俄国人、日本人也加入了他们的行列，以便证明他们所具有的首创权。

17世纪的英国科学家沃利斯写道："我非常愿意看到，胡克先生和牛顿先生能认真促进望远镜工作，这样，其他人可能就不会仅仅因为我们忽视了发表我国的发明而从我们这里窃走那些发明。"哈雷在谈到他关于彗星的发现时也曾这样说过："如果按照我们的预测它在1758年左右会返回的话，即使不公正的后代也不会拒绝承认，这是由一个英国人首先发现的。"或者，我们把目光迅速转向现在，来看看俄国人，现在他们已经在世界舞台上占据了一个强有力的位置，他们也开始坚持科学的民族特性，并坚持认为，澄清发现的第一人是谁具有重要的意义。

俄国一份杂志曾经这样有魄力地公开表明对优先权的态度：马克思列宁主义粉碎了关于超阶级的、非国家所有的、"全人类的"科学之世界主义的臆想，它明确地证明，像现代社会的文化一样，科学也具有民族形式和阶级内容……对科学上的优先权问题，哪怕是稍微有一点点不重视或稍微有一点点忽视，都必须受到谴责，因为这样就中了敌人的诡计，他们假设科学的优先权问题亦即那些民族对世界文化的总积累做出了什么贡献的问题并不存在，并用这种世界主义的空谈来掩盖他们的意识形态侵略……俄国人民具有丰富的历史，在这个历史进程中，这个国家创造了最丰富的文化，这个世界的所有其他国家以往都依赖它，而且时至今日还在依赖它。以这种断言为背景，人们可以更好地评价赫鲁晓夫曾经的讲话和《纽约时报》的评论，赫鲁晓夫曾说："我们俄国人在你们之前就有氢弹了。"《纽约时报》的评论则说："氢弹爆炸的优先权问题是……一个语义学问题。"只有在我们知道了所谈论的是"原型氢弹"还是"发展成熟的氢弹"时，这个问题才能解决。

例如，2005 年世界物理年，光的传输由德国开始，这是德国人的自豪。1905 年，爱因斯坦先后发表了 5 篇具有划时代意义的论文，为相对论的建立奠定了基础，为量子理论的发展做出了重要贡献。为纪念这个奇迹年 100 周年，全球物理学界一致呼吁 2005 年为"世界物理年"。该倡议首先由欧洲物理学会（EPS）在 2000 年"第三届世界物理学会大会"上提出；2002 年，得到国际纯粹与应用物理联合会（IUPAP）第 24 次全体大会的一致通过；在 2003 年召开的联合国教科文组织（UNESCO）全体会议第 32 次会议上，表决通过了支持 2005 年为世界物理年的决议；2004 年 6 月 10 日，联合国大会召开第 58 次会议，会议鼓掌通过了 2005 年为"国际物理年"的决议。决议全文如下。

联合国大会：

承认物理学为了解自然界提供了重要基础；

注意到物理学及其应用是当今众多技术进步的基石；

确信物理教育提供了建设人类发展所必需的科学基础设施的工具；

意识到 2005 年是爱因斯坦关键性科学发现 100 周年，这些发现为现代物理学奠定了基础；

欢迎联合国教科文组织宣布 2005 年为国际物理年；

邀请联合国教科文组织与世界各国，包括发展中国家的物理学会和团体一道，组织活动庆祝 2005 年国际物理年；

宣告 2005 年为国际物理年。

该决议在 2004 年 6 月 10 日的联合国大会上鼓掌通过。

联合国于 1978 年 3 月 3 日在日内瓦通过科学发现国际登记日内瓦条约，条约规定：各缔约国，考虑到建立世界知识产权组织公约第二条第（Ⅷ）项关于科学发现的规定，希望建立一种制度，把发现人的姓名与其科学发现一起予以公布，不加歧视地对发现人给予鼓励，以促进科学的发展；希望建立一种制度，使科学界和全世界可以参考新科学发现的内容，以促进上述科学发现的情报交流，使科学界以及全世界受益。考虑到科学发现国际登记制度在促进科学情报的交流方面符合各国特别是发展中国家的利益，决定缔结一项条约，在世界知识产权组织的机构内，建立科学发现国际登记制度。

西方发达国家知识产权走过了几百年，正如美国前总统林肯称赞专利制度是“为天才之火添加利益之油”，它极大地激发了人们发明创造的热情，有力地推动着技术创新、经济发展和社会进步。专利制度为世界各国所普遍接受和实施，这也是人类社会进步的一个显著标志。1999 年，由中国和阿尔及利亚在世界知识产权组织第三十四届成员国大会上共同提出，经 2000 年结束的第三十五届成员国大会通过，世界知识产权组织确定每年 4 月 26 日为“世界知识产权日”，并决定在 2001 年的这一天在世界各国首次举行有关庆祝活动。4 月 26 日是《建立世界知识产权组织公约》的纪念日，1971 年的这一天，该公约开始生效。

确定“世界知识产权日”和开展有关活动将有助于突出知识产权在所有国家的经济、文化和社会发展中的作用和贡献，并提高公众对人类在这一领域努力的认识和理解。总而言之，随着现代科学技术的发展，世界各国对科学发现优先权的态度日益明朗。

二、学术界对享有科学优先权的态度

科学是人类文化的支柱之一，具有超越功利主义的功能，即具有构成人世和人性本原的精神价值和跨越意义。科学不外乎两大社会功能——科学的物质功能和精神功能。科学的物质功能，是通过科学的衍生物或副产品技术为中介而实现的。正如马克思和恩格斯所说：“科学是一种在历史上起推动作用的、革命的力量。”

英国哲学家、思想家培根认为，科学也主宰社会和个人的精神生活，使之达到理想的境界。他把科学看做是区别文明人和野蛮人的标志，提出科学能够破除迷信和愚昧，是信仰和道德的基础，有助于塑造和完善人性。这种观念一直延续到现代。例如，中国化学家和教育学家任鸿隽始终坚持：“今日所谓物质文明者，皆科学之枝叶，而非科学之本根。使科学之枝叶而有应用之效验，则科学之本根，愈有其应用之效验可知。”“科学发明所生的社会影响，属于理论的要比属于应用的为大且远。”当代科学史学科的重要奠基者之一，新人文主义的倡导者萨顿认为：“科学不仅是改变物质世界最强大的力量，而且是改变精神世界最强大的力量，事实上它是如此强大而有力，以致成为革命性的力量。随着对世界和我们自己认识的不断深化，我们的世界观也在改变。我们达到的高度越高，我们的眼界也就越宽广。它无疑是人类经验中所出现的一种最重大的改变，文明史应该以此为焦点。”

公众对科学的理解，不仅产生对科学发现优先权的热衷而且对整个社会科学文化的影响极其深远。近100多年的诺贝尔科学奖的评选，从一个侧面充分体现了获奖者科学发现优先权的精深，经久不衰地受到世界各国科学界的追捧；同时也大力地在公众中扩展，通过灵活多样的科学普及载体和传播方式，向公众传播科学知识、科学思想、科学方法和科学精神；使用通俗易懂的语言和社会公众能够理解的方式来表达，而较少使用数学符号和深奥的科学专业术语，进一步加深了公众分享科学优先权成果的力度，同时，也深刻引导着公众对享有科学优先权态度的极大转变。

三、个人对享有科学优先权的态度

我们一直强调，科学研究是一种创造性的活动。科学家把自己研究的首创性作为最终目标，并尽量去维护它。然而，科学发现优先权激发了科学研究中的创新精神，也可视为“奥林匹克精神”，这就是科学竞争。

我们在前面介绍了科学制度主要由命名法和奖金、奖章、荣誉职位、荣誉称号的授予、科学史家的记载这两种类型的奖励形式组成。这也是诱发科学家个人对享有科学优先权态度的缘由之一。谁能率先获得独创性的科学发现，谁就能首先得到科学荣誉，获得最大的社会承认，这无疑造成了一种要不断进取的竞争压力，极大地刺激着科学家的首创追求。当然，科学共同体应当针对科学研究活动的特殊性，制定出符合科学发现规范的相应制度，同时从事科学研究活动的人们，应当自由、自律地遵守其科学行为规范。这样才能保证科学研究活动健康、持续地发展，确保科学研究活动造福人类的宗旨。

由于公众科学意识的增强，对科学家的尊重逐渐形成了一种特殊的社会共识，这是一种科学家的“心理收入”。科学规范要求科学家没有任何功利地进行他的研究，当其研究取得成果的时候，无保留地贡献给社会，他获得的唯一“财产”是得到科学同行的承认，获得科学界乃至全社会对他的认可。因此，科学家个人对享有科学优先权的态度也得到提升。这就让人们不难理解科学发展史中记载的为什么优先权之争会如此激烈了。

第四篇

科　学　奖

科学奖的设立,不仅是为了奖励为科学事业做出贡献的人们,而且是为了激励更多的年轻人去勇敢地攀登科学的高峰。科学奖是科学家的最高荣誉,在不同的国家、不同的领域、不同的学科均设有不同形式的奖项。

第七章 世界科学奖

第一节 诺贝尔科学奖

诺贝尔这一名字在世界上几乎是家喻户晓，这不仅因为诺贝尔在化学化工发展史上做出了杰出的贡献，更重要的是他为了促进人类科学事业的发展而设置了世界瞩目的诺贝尔科学奖。自从1901年诺贝尔科学奖首次颁发以来，这项荣誉及其获得者已经引起了整个文明世界的兴趣。如今，世界各国无论社会科学界还是自然科学界的学者专家，无不称羡凤毛麟角的获奖者。诺贝尔科学奖的精神光芒四射，诺贝尔的名字流芳百世。

一、诺贝尔生平简介

阿尔弗雷德·伯纳德·诺贝尔（Alfred Bernhard Nobel，1833～1896），瑞典化学家、发明家、工程师，诺贝尔科学奖创立人（图7-1）。按照瑞典人的命名习惯，阿尔弗雷德是名，诺贝尔是姓。不过按照后来约定俗成的叫法，诺贝尔家族的姓通常也就用以指阿尔弗雷德本人。诺贝尔在讲述自己一生的科学技术成就时他只用了简短的几句话——“本文作者生于1833年10月21日，他的学问从家庭教师处得来，从没有进过高等学校。他一生致力于应用化学的研究，生平所发明的炸药有：猛炸药、无烟火药、‘巴立斯梯’（C89号）。1884年加入瑞典皇家科学会、伦敦的皇家学会和巴黎的土木工程师学会。1880年得瑞典国王创议颁发的科学勋章，又得到法国大勋章”。1866年秋的一天，雷酸汞的爆炸试验成功了，今天用途广泛的雷管得以发明。此后诺贝尔在炸药方面的一系列发明使他

图7-1　诺贝尔

成为“现代炸药之父”。

诺贝尔于1891年因法国政府的排斥被迫移居意大利的圣雷莫，这时他已经58岁了，到他1896年病逝于此的6年间，他致力于各种各样的新发明，涉及化工、电气、机械、医疗等领域。1896年12月10日凌晨2时，诺贝尔因脑出血与世长辞，终年63岁，他留下了遗嘱，建立了诺贝尔基金会。诺贝尔遗嘱与奖金有关的部分摘要如下：

> 我所留下的全部可变换为现金的财产，将以下列方式予以处理：资本——由我的执行人投资于安全可靠之证券——应成为一个基金，其赢利应以奖金形式每年分发给那些在过去一年中使人类受惠最大之人士。所说的赢利应均分为五份，分配如下：一份应授予在物理学领域里做出最重要发现或发明之人士；一份应授予做出最重要化学发现或改进之人士；一份应授予在生理学或医学领域里做出最重要发现之人士；一份应授予在文学领域里创作出具有理想倾向的最杰出作品之人士；一份应授予为各民族间的兄弟情义、为取消和削减常备军、为召开和促成和平会议做了最多或最佳工作之人士。物理学奖和化学奖应由瑞典科学院颁发，生理学或医学奖应由斯德哥尔摩的卡罗林斯卡学院颁发，文学奖应由斯德哥尔摩的瑞典文学院颁发，和平卫士奖应由挪威议会选出的一个五人委员会颁发。我的明确愿望是：在颁发这些奖金的时候，对于授奖候选人的国籍丝毫不予考虑，不管他是不是斯堪的纳维亚人，只要他值得，就应该授予奖金。①

二、诺贝尔科学奖简介

诺贝尔科学奖是根据诺贝尔的遗嘱所设立的奖项。诺贝尔对其发明用于战争感到痛悔，他想把逃出瓶子的魔鬼收回来，却已经不可能了。他曾以文学创作排遣他的愤懑，表明他良心上的痛苦和事后的忏悔之心，警策世人吸取他的教训。1895年11月27日，诺贝尔在法国巴黎的瑞典－挪威人俱乐部中立下遗嘱，用其遗产中的920万美元成立一个基金会，将基金每年所产生的利息奖给在前一年中对社会做出卓越贡献，或做出杰出研究、发明，以及实验的人士，予以表彰。

“诺贝尔经济学奖”是在诺贝尔去世70多年后设立的，在奖金来源和性质上与原来的五项诺贝尔奖均有区别。它的奖金由瑞典中央银行提供，而不是来源于

① 李斯特．诺贝尔奖金的创始人——诺贝尔传．北京：改革出版社，1996：349，350

诺贝尔的遗产收入，其性质实际上是一种诺贝尔纪念奖。1968 年，瑞典中央银行为纪念该行建立 300 周年，提议设立一项诺贝尔经济学奖。经诺贝尔基金会、瑞典皇家科学院和瑞典中央银行共同协商制定了颁奖条件和规则，主要有该奖项的正式名称为“纪念阿尔弗雷德·诺贝尔经济学奖”，每年由瑞典中央银行提供一笔与其他诺贝尔奖奖金相同的资金，交给基金会统一管理，获奖者的评选工作则由皇家科学院负责组织经济学家进行。1969 年 1 月，诺贝尔经济学奖得到瑞典政府批准，同年 12 月颁发了第一届诺贝尔经济学奖。

李斯特先生在编著《诺贝尔奖金的创始人——诺贝尔》时，详细地描述和介绍了其评奖机构与评奖制度，主要内容如下。诺贝尔经济学奖的评奖机构与评奖制度是根据诺贝尔遗嘱制定的。在整个评选过程中，获奖者不受任何国籍、民族、意识形态和宗教的影响，评选的唯一标准是成就的大小。诺贝尔在其遗嘱中所提及的颁奖机构是位于斯德哥尔摩的瑞典皇家科学院、卡罗林斯卡医学院和瑞典文学院，以及位于奥斯陆由挪威议会任命的诺贝尔奖评定委员会。瑞典皇家科学院还监督经济学的颁奖事宜。为实行遗嘱的条款而设立的诺贝尔基金会，是基金的合法所有人和实际的管理者，并为颁奖机构的联合管理机构，但不参与奖的审议或决定，其审议完全由上述机构负责。颁奖机构向每个奖项的获奖者颁发一块奖牌、一张奖状和一笔奖金；奖金数字视基金会的收入而定。经济学奖的授予方式与此相同。

与诺贝尔奖奖金有关的机构除了诺贝尔在遗嘱中指定的瑞典皇家科学院、卡罗林斯卡医学院、瑞典文学院、挪威议会 4 个颁奖机构外，还有根据章程而设立的 3 个组织负责具体实施工作。这三个组织是诺贝尔基金会、诺贝尔研究所和诺贝尔奖奖金委员会。

诺贝尔基金会负责安排颁发奖金的全部细节。基金会的执行委员会全权管理诺贝尔基金和产业，其成员共有 5 名，由董事会选举产生。执委会主席由皇室直接任命，是名义上的负责人。另有 1 位执委会主任负责制定主要投资政策，筹备每年 12 月 10 日的颁奖仪式。4 个负责颁奖的机构不得干预财政事务，基金会不得干涉评选工作。董事会是由 4 个颁奖权威机构选举出来的 15 名董事组成，负责审查基金会执委会的财务账目和收支报告。

4 个颁奖机构下属的诺贝尔研究所共有 4 个，它们最初是负责协助颁奖机构进行调查核实候选人资格工作，有时还要通过实验证实候选人发明成果的可靠性。但是后来这些研究所的工作内容有所增加，除了原来的任务外，现在都已发展成为重要的科研机构了。

诺贝尔奖奖金委员会共有 5 个，各设 1 名秘书。诺贝尔奖奖金的评选分别由这 5 个委员会承担，其中 3 项科学奖分别由诺贝尔物理学奖奖金委员会、诺贝尔化学奖奖金委员会、诺贝尔生理学或医学奖奖金委员会承担。每个委员会由5位有资格的科学家组成。他们都是由瑞典科学院和卡罗林斯卡医学院选举出来的资深的院士、教授和院长，任期3~5年。委员会的主要任务是征求提名、调查候选人和评选获奖者。委员会评选出来的候选人名单，在指定日期内提交瑞典科学院和卡罗琳医学院正式批准。

诺贝尔物理奖、诺贝尔化学奖和诺贝尔生理学或医学奖的推荐和评选工作，按如下的程序进行。首先由上述3项奖的委员会征求候选人名单，该名单是由各有关方面的推荐人提供的。有提名权者包括诺贝尔奖奖金委员会的成员、瑞典科学院院士、卡罗林斯卡医学院的教授、各学科以前的获奖者、斯堪的纳维亚各国的大学教授、各国科学研究机构的专家、世界知名学者。这六方面人士中的前四方面人士具有永久性的提名权，而后两个方面的人士只有一年一度的临时提名权。在每一次提名前，委员会将向这六方面人士发出邀请书。发出的邀请书数量并不确定，大约在数百份到上千份。随着科学的发展，科学家人数的增加，发出的邀请书的数量便逐年有所增加。由于发出的邀请书并非都能得到及时回答，所以每年大约只能收回数百份推荐书。如果被提名者到颁奖时都能健在，推荐书便有效；虽然已被提名，却在颁奖前去世者，推荐该人的推荐书便宣布失效。在被邀请的推荐人中，仅瑞典科学院就有140名左右瑞典科学家和大约100名外籍科学家，还有瑞典大学的教授、世界各地著名学府的教授及一些科研机构的负责人。

每年的9月份，各委员会要拟定出推荐人名单，接受推荐的截止时间为第二年的1月31日。在推荐截止日期到来之前，各委员会便投入紧张的工作，对名单进行初步审查，以避免明显的遗漏。委员会特别要注意有没有获同一发现的合作者或独立研究的科学家被遗漏。1月31日，召开委员会第一次会议。从这一天起，便进入紧张的审查评选阶段。委员会的委员及人数不定的专家们，在审查被提名者的资格的工作中，进行认真的审查，举行6~12次会议，还不包括非正式的磋商。所有的推荐书都要分发给每个委员会的委员，轮流仔细审查，掌握被提名者的创造性成就的高低。他们同时还要考察被提名者是否独立完成这项成果，在完成这一成果的过程中有哪些人起了辅助作用，他的奖金是否应和他人分享，等等。整个审查评选过程都是在极其保密的情况下进行的，对评选讨论的发言不作任何记录，只作最后的决定记录。经过反复的分析比较和多次筛选，产生获奖的候选人名单。然后委员会再对候选人的成就调查核实，从候选人中选出该年度每项奖金获得者1~3人，于9月下旬报给瑞典皇家科学院院士会议和卡罗林斯卡医学院教授会议。每个会议都有约90人参加，在这种最高层会议上，首先由有关委员会的主席宣读获奖者的简历和成就，然后由另一位科学家发表对该奖奖金获得者肯定性的演说，再后是全体讨论，最后便是投票表决了。投票的结果便是对获奖资格的批准，于 10 月份向世界公布，同时向获奖者发出电报通知。

诺贝尔物理学奖、化学奖、生理学或医学奖、文学奖、经济学奖的获奖者，要在每年的 12 月 10 日前赴瑞典首都斯德哥尔摩领取奖金。但也有个别例外，例如 1903 年，当把诺贝尔物理学奖的一半奖金授予居里夫妇时，他们却在病中不能前往，于是便委托法国驻瑞典公使代表他们领取了奖金。又如 1962 年获诺贝尔物理学奖的苏联物理学家朗道因遇车祸不能前往，后来便由诺贝尔奖奖金委员会派人到苏联的一个医院里，把奖金授予他。1938 年的诺贝尔化学奖授予了维生素 A 的合成人德国化学家库恩，1939 年的诺贝尔生理学或医学奖授予了磺胺药物的发明人德国化学家多马克，因为当时的纳粹政权禁止他们去领奖，直到第二次世界大战结束，纳粹政权垮台，这两位科学家才去斯德哥尔摩领奖。①

图 7-2　诺贝尔奖证书

每份诺贝尔奖奖牌与荣誉证书都有独特的设计。通常在证书上印有获奖者的姓名（图 7-2）。诺贝尔奖奖牌正面为诺贝尔的浮雕像和他的生卒年月日（用罗马数字标出）。诺贝尔物理学奖和诺贝尔化学奖奖牌的背面是一幅意味深长的浮雕画面：手持财富和科学智慧号角的圣母，轻启着伊西斯女神的面纱（图 7-3）。另外还刻有获奖者的名字、获奖年代，以及瑞典皇家科学院的缩写。再就是一段简短的赞词：“多么仁慈而伟大的人物，他的献身精神和发现，给人们带来智慧和幸福。”

(a)

(b)

图 7-3　诺贝尔奖奖牌

(a) 正面；(b) 背面

① 李斯特．诺贝尔奖金的创始人——诺贝尔传．北京：改革出版社，1996：349，350

总之，诺贝尔科学奖的评选机构设置和评选制度都是极其严密的；评选工作程序是公正的。所有这些，都实现了诺贝尔的遗愿。由于颁发这种奖金出自一个伟大的目的，并且也起到了推动世界科学发展的伟大作用，所以受到举世的尊崇。诺贝尔科学奖为推动人类的进步抒写下了光辉的历史，实为功不可没。

第二节 邵逸夫奖

一、邵逸夫生平简介

迢逸夫先生祖籍中国浙江，从20世纪20年代起先后在上海、香港投身电影制作业，20世纪70年代起出任香港最大的电视台“无线”的行政主席。他成立的邵逸夫慈善信托基金和邵氏基金有限公司，致力于资助发展教育科研、医疗福利事业及文化事业，仅捐助内地教科文卫事业的资金就超过25亿港元。

1907年，邵逸夫出生于宁波镇海庄市朱家桥老邵村的一个富商家庭。邵氏世代以经商为业。其父邵玉轩与当时很多的宁波人一样，前往日趋繁华的上海“淘金”，并于1901年设立了一家颇具规模的“锦泰昌”颜料号。邵玉轩不仅经营有方，而且支持孙中山的革命活动，在当时上海工商界颇为活跃。1920年，他于上海病逝，康有为、虞洽卿，以及曾任苏浙总督的卢永祥、民国元老谭延阁等晚清与民国的风云人物纷纷为其题词致哀。邵玉轩育有五男三女。邵逸夫排行第六，故后人称他为“六叔”、“六老板”。他早年就读于家乡庄市叶氏中兴学校，与包玉刚、包从兴、赵安中等人为前后届同学，后赴上海就学于美国人开办的英文学校“青年会中学”，在此练就了一口流利的英语。邵家众多的兄弟无人继承父业，几乎都进入了娱乐圈。五兄弟中，大哥邵醉翁于1924年创办天一影片公司，闯入当时尚属草创时期的中国电影业。“天一”成立之初，清一色是家族班底。老大邵醉翁是制片兼导演，老二邵邨人擅长编剧，老三邵仁枚精于发行，老六邵逸夫则擅长摄影。创业之初，他们分工合作，完成一切工作，公司犹如家庭式作坊。其摄制的第一部影片《立地成佛》放映后，深受上海市民欢迎，结果赚得盘溢钵满。旗开得胜，邵氏兄弟们为之欢欣鼓舞，随后新影片不断从“天一”推出。

1926年，刚从中学毕业的邵逸夫应三哥邵仁枚之邀，南下新加坡协助开拓南洋电影市场，从此注定了其一生与电影业的不解之缘。那段时间，邵氏兄弟带着一架破旧的无声放映机和“天一”影片，在举目无亲的南洋乡村巡回放映，并开设游艺场和电影院。他们历经磨难、备尝艰辛，在那穷乡僻壤留下了他们的身影。1930年，邵氏兄弟在新加坡成立“邵氏兄弟公司”。1931年，邵逸夫前往美国购买有声电影器材。途中轮船触礁沉没，幸亏其命大，落水的邵逸夫抱着一块木舢板，在茫茫大海上漂泊一夜后终于获救生还，并从美国买回所需的“讲话机器”。1932年，邵氏兄弟在香港摄制完成第一部有声影片《白金龙》，带领中国电影进入有声的新时代。经过他们的不懈努力，1937年抗战前夕，邵氏在新加坡、马来西亚、爪哇、越南、婆罗洲等东南亚各地已拥有110多家电影院和9家游乐场，并建立了完整的电影发行网，称雄东南亚影业市场。当时邵氏兄弟在东南亚，“天一”在上海，他们南北呼应，分工协作，共同打造邵氏家族的电影王国。

1937年后，日本帝国主义的野蛮入侵打乱了邵氏影业的发展进程。邵氏惨淡经营，艰难度日，后来便难以为继，被迫关门了事。1945年抗战胜利后，正当盛年的邵逸夫雄心不减，他摩拳擦掌，决心大干一场，重振邵氏家业。1957年，邵逸夫从新加坡来到经济起飞的香港，创立属于自己的电影事业。两年后，邵氏兄弟（香港）有限公司成立。这期间，邵逸夫倾力打造位于香港清水湾，占地近80万平方英尺的邵氏影城。这一工程历时七年始告完工。其规模宏大，气势恢宏，被称为“东方好莱坞”。从此，在这里拍摄的影片源源不断地流向邵氏电影发行网，每年高达40多部。历经数十年至今仍是香港最大的影视拍摄制作基地。进入20世纪60年代后，邵氏公司长期称雄香港市场，拍摄电影1000多部，获得过金马奖、金像奖等几十项大奖。据说最盛时，每天有100万观众光顾他的影院。邵逸夫最先在香港推行电影明星制，造就了一大批大明星、大导演和名编剧，如胡蝶、阮玲玉、李丽华、林黛、陵波、李翰祥、邹玉怀、张彻等，无不出自“邵氏”门下。其中，《江山美人》、《貂蝉》、《倾国倾城》、《独臂刀》、《大醉侠》、《梁山伯与祝英台》等影片都曾经享誉海外，在华人世界引起巨大反响，倾倒无数观众。据说，《梁山伯与祝英台》在台湾上映时观众完全疯狂，有位老太太竟然连看一百多场，由《梁山伯与祝英台》而在台湾掀起了黄梅调热潮；而《天下第一拳》更是掀起功夫片新狂潮，发行到全球各大洲近百个国家和地区。

邵逸夫在中国电影史上写下了诸多“之最”和“第一”。邵氏家族可以说是中国电影业名副其实的拓荒英雄。从无声到有声，从黑白到彩色，中国电影的每一步变迁都伴有邵逸夫及其家人献出的心血。从20世纪20年代从事电影业到现在，邵逸夫经历了电影业不同时代的演变，目睹了中国电影的成长与兴衰，堪称中国电影史的见证人。1980年，邵逸夫以最大私人股东的身份出任香港“无线”董事局主席。随后，他集中力量经营所属的明珠台和翡翠台，使这两台的收视率长期在港岛独占鳌头，影响波及中国内地、澳门、台湾，以及世界各地的华人社会。与此同时，邵逸夫还投资房产物业、股票市场等，开展多元化经营。1994年“邵氏”年报显示：物业出租收入达2.3亿元，而电影放映收入仅2924万元。

香港素为藏龙卧虎之地，富商豪贾云集，但以经营影视而步入香港富豪排行榜前列的唯有邵逸夫一人![1]

二、邵逸夫奖简介

邵逸夫奖（The Shaw Prize）是由邵逸夫先生于2002年11月创立的。早在1985年，邵逸夫先生就已有奖励杰出科学家之意，后在香港中文大学原校长马临教授的倡议下，设立了邵逸夫奖。

首届颁奖礼于2004年9月7日在香港举行。邵逸夫奖基金会每年选出世界上在数学、医学和天文学三方面有成就的科学家。邵逸夫奖是个国际性奖项，形式模仿诺贝尔奖的形式，由邵逸夫奖基金会有限公司管理。2002年11月15日，一条从香港发出的消息吸引了全世界的目光：由香港著名慈善家、实业家邵逸夫先生捐资创立的邵逸夫奖在香港宣告成立，用以表彰全世界造福人类的杰出科学家。邵逸夫奖奖牌如图7-4所示。

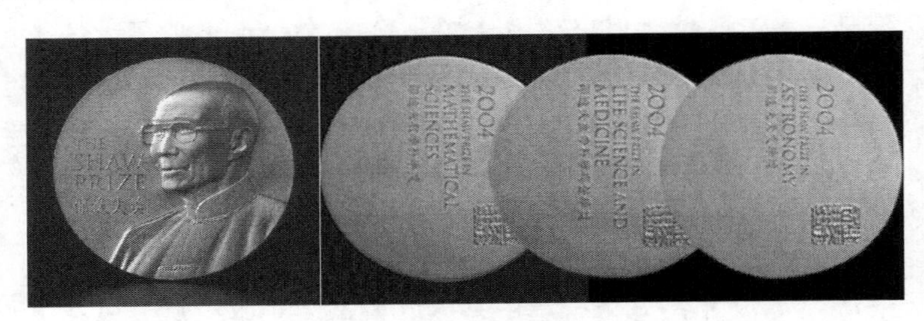

图7-4 邵逸夫奖奖牌

邵逸夫奖筹委会主席、香港中文大学杨汝万教授在成立仪式上明确宣布，该奖颁奖原则是：“不论得奖者的种族、国籍、宗教信仰，而以其在学术及科学研究或应用获得突破成果，且该成果对人类生活有意义深远的影响为旨要。”

根据章程规定：邵逸夫奖基金会（设在香港）由董事会、理事会、评审会和秘书处4个部分组成。评审会负责选出候选人。其下设3个奖项委员会，各设1位首席评审和4位评审，负责候选人的提名及评选工作。著名物理学家、诺贝尔奖得主杨振宁教授出任评审会主席，评审人员从世界各地有限期聘任。

1）奖项。邵逸夫奖设有数学奖、天文学奖、生命科学与医学奖3个奖项。评审工作从每年6月开始，9月提名及评审，结果在翌年夏季宣布，在秋季举行颁奖典礼。

---

① 詹幼鹏，蓝潮．邵逸夫传．香港：名流出版社，1997

2）奖金。2004年以来的邵逸夫奖获奖者每人得到100万美元奖金、一面奖牌，以及一张证书。邵逸夫奖100万美元的巨额奖金足以媲美被视为国际最高科学奖项的诺贝尔奖，因而被称为“东方的诺贝尔奖”。

诺贝尔科学奖首颁于1901年，影响了整个20世纪科学的发展，对世界基础科学研究的促进功不可没。21世纪以前，欧美比东方更重视科学技术，诺贝尔科学奖的获奖者也多为西方科学家。新世纪到来，东方人也在与时俱进，在科技上追赶世界先进。“科技是第一生产力”在中国深入人心。巨龙要腾飞，中华民族要为人类文明的进步再作贡献。正如邵逸夫先生所说：“我相信人类的伟大在于追求、研究、传授学问，造福人类。”

邵逸夫奖与诺贝尔科学奖是什么关系？邵逸夫奖目前设立数学奖、天文学奖、生命科学与医学奖3个奖项，与诺贝尔科学奖所设立的科学奖项并不重复。数学与天文学都是基础科学，诺贝尔科学奖没有设置这两项奖显然是有缺陷的。数学是一切自然科学和现代技术的基础语言，社会科学、经济活动，以及人们的日常生活都离不开它，21世纪数学的地位更为重要；天文学既是最古老的，又是极年轻的，21世纪将是探索宇宙的黄金时代；邵逸夫奖的生命科学与医学奖比诺贝尔生理学或医学奖的范畴更广阔，能够为21世纪的人类带来更健康的生活；邵逸夫奖弥补了诺贝尔科学奖在基础学科领域的空白，两者并驾齐驱、相得益彰。

第三节　菲尔兹奖

一、菲尔兹生平简介

J. C. 菲尔兹于1863年5月14日生于加拿大渥太华。他11岁丧父、18岁丧母，家境不算太好。菲尔兹17岁进入多伦多大学攻读数学，24岁在美国的约翰·霍普金斯大学获博士学位，26岁任美国阿勒格尼大学教授。他1892年到巴黎、柏林学习和工作，1902年回国后执教于多伦多大学，1907年被选为加拿大皇家学会、英国皇家学会、苏联科学院等许多科学团体的成员。

19世纪，世界数学的中心在欧洲。大部分北美的数学家要到欧洲学习、工作一段时间。1892年，菲尔兹远渡重洋。他游学巴黎、柏林整整十年。在欧洲，他与福雪斯、弗劳伯纽斯等著名数学家有密切的交往。这一段经历，大大地开阔了菲尔兹的眼界。菲尔兹在代数函数方面取得了一定建树。例如，他证明了黎曼－罗赫定理等。他的主要成就在于他对数学事业的远见卓识、组织才能和勤恳的工作。他促进了19世纪数学家之间的国际交流，从而名垂数学史册。

菲尔兹很早就意识到研究生教育的重要性，他是推进加拿大研究生教育的第一人。一个国家的研究生培养情况如何，是衡量这个国家科学水平的一个可靠指数。而在当时，能有这样的认识实属难能可贵。

菲尔兹对增进数学的国际交流起到了极其重要的作用，对促进北美洲数学的发展做出了卓越的贡献。为使北美洲在数学上迅速赶上欧洲，菲尔兹竭尽全力主持筹备了1924年的多伦多国际数学家大会（这是在欧洲之外召开的第一次大会）。正是这次大会使他过度劳累，健康状况再也没有好转。但这次会议对提高北美的数学水平产生了深远的影响。①

二、菲尔兹奖简介

菲尔兹奖（Fields Medal，全名为 The International Medals for Outstanding Discoveries in Mathematics）是一个在国际数学联盟的国际数学家大会上颁发的奖项。每4年颁一次奖，颁给有卓越贡献的年轻数学家，每次最多4人得奖，获奖者在该年元旦前应未满40岁。它是据加拿大数学家约翰·查尔斯·菲尔兹的要求设立的。菲尔兹奖被视为数学界的诺贝尔奖。菲尔兹认为数学发展应是国际性的。1924年的多伦多国际数学家大会结束后，菲尔兹得知这次大会的经费有结余，他就萌发了把它作为基金设立一个国际数学奖的念头。他为此积极奔走于欧美各国谋求广泛支持，并打算于1932年在苏黎世召开的第九次国际数学家大会上亲自提出建议。但不幸的是未等到大会开幕他就去世了。菲尔兹在去世前立下了遗嘱，他把自己留下的遗产加到上述剩余经费中，并令多伦多大学数学系将这笔经费转交给第九次国际数学家大会。大会得知后立即接受了这一建议。菲尔兹本来要求奖金不要以个人、国家或机构的名称来命名，而以“国际奖金”的名义来颁发，但是参加国际数学家大会的数学家们为了赞许和缅怀菲尔兹的远见卓识、组织才能和他为促进数学事业的国际交流所表现出的无私奉献的伟大精神，一致决定将该奖命名为菲尔兹奖。

菲尔兹奖包括一枚金质奖章和一笔150万美元的奖金。奖章正面有希腊数学家阿基米德的头像，并且用拉丁文镌刻上“超越人类极限，做宇宙主人”的格言；背面用拉丁文写着“全世界的数学家们：为知识做出新的贡献而自豪”。如图7-5所示。

为什么菲尔兹奖在人们的心目中的地位如此崇高呢？主要有三个原因：第一，它是由数学界的国际权威学术团体——国际数学联盟主持，从全世界第一流青年数学家中评定、进选出来的；第二，它是在每隔四年才召开一次的国际数学

① 李心灿．当代数学精英：菲尔兹奖得主及其建树与见解．上海：上海科技教育出版社，2002

图 7-5　菲尔兹奖奖牌

家大会上隆重颁发的，且每次获奖者仅 2 ~4 名（一般只有 2 名），获奖的机会比诺贝尔奖还要少；第三，也是最根本的一条，它能证明获奖者的出色才干，从而使获奖者赢得国际社会的声誉。正如本世纪著名数学 C. H. H. 外尔对 1954 年两位获奖者的评价：他们“所达到的高度是自己未曾想到的”，“自己从未见过这样的明星在数学天空中灿烂升起。”“数学界为你们二位所做的工作感到骄傲。”菲尔兹奖的一个最大特点是奖励年轻人，只授予 40 岁以下的数学家。

菲尔兹奖机构与制度介绍如下：

菲尔兹奖是由国际数学联盟（IMU）主持评定的，并且只在每四年召开一次的国际数学家大会（ICM）上颁发。菲尔兹奖的权威性部分即来自于此。所以，这里先简单介绍一下“联盟”与“大会”。

19 世纪以来，数学取得了巨大的进展。新思想、新概念、新方法、新结果层出不穷。面对琳琅满目的新文献，连第一流的数学家也深感有国际交流的必要。他们迫切希望直接沟通，以便尽快把握发展趋势。正是在这样的情况下，第一次国际数学家大会在苏黎世召开了。紧接着，1900 年又在巴黎召开了第二次会议。在两个世纪的交接点上，德国数学家希尔伯特提出了承前启后的 23 个数学问题，使得这次大会成为名副其实的迎接新世纪的会议。

自 1900 年以后，大会一般每四年召开一次。只是因为世界大战的影响，在 1916 年和 1940 ~ 1950 年间中断举行。第二次世界大战以后的第一次大会是于 1950 年在美国举行的。在这次会议前夕，国际数学联盟成立了。这个联盟联络了全世界几乎所有的重要数学家。它的主要任务是促进数学事业的发展和国际交流，组织进行四年一次的国际数学家大会及其他专业性国际会议，颁发菲尔兹奖。

联盟的日常事务由任期 4 年的执行委员会领导进行管理。近年来，这个委员会设主席 1 人，副主席 2 人，秘书长 1 人，一般委员 5 人，都是由在国际数坛上有影响的著名数学家担任。每次大会的议程，由执委会提名一个 9 人咨询委员会来编定。而菲尔兹奖的获奖者，则由执委会提名一个 8 人评定委员会来遴选。评委会的主席也就是执委会的主席，可见国际数学联盟对这个奖的重视。这个评委会首先根据每人提名，集中提出近 40 个值得认真考虑的候选人，然后进行充分地讨论并广泛听取各国数学家的意见，最后在评定委员会内部投票决定本届菲尔兹奖的获奖者。

菲尔兹奖的授奖仪式在每届国际数学家大会开幕式上隆重举行。先由执委会主席（即评委会主席）宣布获奖名单。接着由东道国的重要人物（当地市长、所在国科学院院长，甚至国王、总统），或评委会主席，或众望所归的著名数学家授予获奖者奖章和奖金。最后由一些权威数学家分别、逐一简要评价获奖者的主要数学成就。

作为一种表彰纯数学成就的奖励，菲尔兹奖当然不能体现现代数学的全部内容。就这个奖本身而言也有种种缺陷。但是，无论从哪一方面讲，菲尔兹奖的获奖者都可以作为当代数学家的代表。他们的工作所属的领域大体上覆盖了纯粹数学主流分支的前沿。这样，菲尔兹奖就成了一个窥视现代数学面貌的很好的窗口。

第四节 图 灵 奖

一、图灵生平简介

图灵（A. M. Turing，1912～1954），英国数学家、逻辑学家，生于伦敦市郊的帕丁顿（Paddington）。1931 年中学毕业后进入剑桥大学学习。1935 年，图灵对数理逻辑产生兴趣。1936 年他发表了著名的论文《论可计算数及其在判定问题中的应用》。在这篇论文中图灵第一次回答了“计算机”是怎样一种机器，应由哪些部分组成，如何进行计算和工作等一系列问题。图灵提出的计算模型被后人称为“图灵机”。

图灵机对电子计算机的产生有较大影响。直观上，图灵机可以看成一个附有两端无穷的带子的黑箱，带子由连成串的方格组成，黑箱和带子由一指针相连。1939 年，图灵把图灵机概念推广为带有外部信息源的图灵机。图灵的论文发表后，立刻引起计算机科学界的重视。美国普林斯顿大学立即向图灵发出邀请。于是，图灵首次远涉重洋来到美国，并于 1938 年在普林斯顿大学取得博士学位。在这里，图灵还研究了布尔逻辑代数，自己动手用继电器搭逻辑门电路组成了乘法器。在美国，图灵还与计算机科学家冯·诺依曼相识。

第二次世界大战爆发后，图灵因正值服兵役年龄而参军，受聘于英国外交部通信处。他因设计出能破译德军密码的机器而受勋。战后，图灵在英国国立物理实验室数学部工作，1945 年起对自动计算机（ACE）进行设计。后由于人员、资金等问题，图灵离开了英国国家物理实验室，去了曼彻斯特大学皇家学会计算机实验室工作。期间，图灵参与了计算机的研制工作。1950 年 10 月，图灵发表了名为《计算机与智能》的论文。在这篇经典论文中，图灵进一步阐明了计算机可以具有智能的思想，并提出了一个测试机器是否有智能的方法，即“图灵测试”。这为人工智能的建立做出了贡献。

为表彰图灵的一系列杰出贡献和创造，1951 年图灵被选为英国皇家科学院院士。1954 年 6 月 7 日，图灵因吃了带毒药的苹果而去世，终年 42 岁。一个划时代的科学奇才就这样在他年富力强的时候无声无息地离开了这个世界，令世人惋惜。

二、图灵奖简介

图灵奖（A. M. Turing Award）。在图灵去世 12 年后，美国计算机学会（Association for Computer Machinery，ACM）设立了以图灵名字命名的计算机领域的第一个奖项“图灵奖”，目的之一便是纪念这位科学家。图灵奖专门奖励那些在计算机科学研究中做出创造性贡献、推动计算机科学技术发展的杰出科学家。虽然没有明确规定，但从实际执行过程来看，图灵奖偏重于在计算机科学理论和软件方面做出贡献的科学家。20 世纪 60 年代，随着计算机技术的飞速发展，其已成为一个独立的有影响的学科，信息产业亦逐步形成。但在这一产业中却一直没有一项类似“诺贝尔奖”的奖项来促进该学科的进一步发展，图灵奖便应运而生。图灵奖对获奖者的要求极高，评奖程序也很严，一般每年只奖励一名计算机科学家，只有极少数年度有两名以上在同一方向上做出贡献的科学家获得此奖。因此，它是计算机界最负盛名、最崇高的一个奖项，有“计算机领域诺贝尔奖”之称。

在设立初期，设定的奖金为 2 万美元，1989 年增至 2.5 万美元。后来，图灵奖由英特尔（Intel）公司独家赞助，奖金为 10 万美元，2002 年开始已增加到 25 万美元。

每年，美国计算机协会将要求提名人推荐本年度的图灵奖候选人，并附加一份 200 ~ 500 字的文章，说明被提名者为什么应获此奖。任何人都可成为提名人。美国计算机协会将组成评选委员会对被提名者进行严格的评审，并最终确定当年的获奖者。

第五节　普利兹克奖

一、普利兹克奖的来由

普利兹克奖（Pritzker Architecture Prize）是每年一次颁给建筑师个人的奖项，有“建筑界的诺贝尔奖”之称。

普利兹克奖由美国凯悦基金会（Hyatt Foundation）于1979年设立，每年授予一位在世的建筑师，表彰其在建筑设计中所彰显出的才能和智慧等优秀品格，以及通过建筑艺术对建筑环境和人类做出长久而杰出的贡献。普利兹克奖以Pritzker家族的姓氏命名。Pritzker家族的国际业务总部设在美国芝加哥，一向以支持教育、宗教、社会福利、科学、医学和文化活动而闻名。

普利兹克奖由Jay A. Pritzker和他的妻子（已于1999年1月23日逝世）发起，他们的长子Thomas J. Pritzker现任美国凯悦基金会主席。他曾介绍说：

> 我们之所以对建筑感兴趣，是因为我们在世界上建了许多饭店，与规划、设计，以及建筑营造有密切的联系，而且我们认识到人们对于建筑艺术的关切实在太少了。作为一个土生土长的芝加哥人，生活在摩天大楼诞生的地方，一座由Louis Sullivan（沙里文），Frank Lloyd Wright（赖特），Mies van de Rohe（密斯）这样的建筑伟人设计的建筑的城市，我们对建筑的热爱不足为怪。1967年我们买下了一幢尚未竣工的大楼作为我们的亚特兰大凯悦大酒店。它那高挑的中庭成为我们全球酒店集团的一个标志。很明显，这个设计对我们的客人以及员工的情绪有着显著的影响。如果说芝加哥的建筑让我们懂得了建筑艺术，那么从事酒店设计和建设则让我们认识到建筑对人类行为的影响力。因此，在1978年我们想到来表彰一些当代的建筑师。爸爸妈妈相信，设立一个有意义的奖，不仅能够鼓励和刺激公众对建筑的关注，同时能够在建筑界激发更大的创造力。我为能代表母亲和家里其他人为此继续努力而自豪。①

二、普利兹克奖简介

每年，约有500多名从事建筑设计工作的建筑师被提名为普利兹克奖候选

① 《读书》杂志社．逼视的眼神．北京：三联书店，2007

人，由来自世界各地的知名建筑师及学者组成评审团评出 1 个个人或团队，以表彰其在建筑设计创作中所表现出的才能智慧、洞察力和献身精神，以及其通过建筑艺术为人类及人工环境方面所做出的杰出贡献。获奖者将得到 10 万美元奖金、一份证书和一个铜制奖章。

每年，颁奖会在享有盛名的建筑物如白宫、古根海姆美术馆等地方举办，由美国总统颁奖并致辞。1979 年以来，普利兹克奖已颁给 30 多位建筑大师。对于世界上的建筑师而言，获奖意味着至高无上的终身荣耀。同时，主办方还印制各类建筑普及刊物并举办巡回各国的得奖作品展。

普利兹克奖像一架选拔建筑大师的机器，目光犀利，下手精准，绝大多数获奖者的确名副其实。它似乎自成体系，从第一届得主菲利普·约翰逊（1979）开始，到凯文·罗奇（1982）、丹下健三（1987）、雷姆·库哈斯（2000），勾勒出一条影响深远的现代主义和后现代主义的建筑思潮脉络；它能打破地域偏见，几位日本人和拉丁美洲建筑师的入选，显示了评选范围的全球性特征；出生于巴格达的女建筑师扎哈·哈迪德（2004）的登场，弥补了这项奖在性别取向上的一些遗憾；而对弗兰克·盖里（1989）的关注，足以表明它的前瞻和远见：当时盖里只在美国西海岸做过一些美学冒险性建筑，一生中最伟大的作品——古根海姆博物馆尚未出现，但后来的事实证明，弗兰克·盖里确实能够为世界创造惊人的建筑大作

一个奖项的伟大，是因为获奖者足够伟大，而这首先要求评委们足够睿智，评选程序足够公正。在短短的 20 多年时间里，普利兹克建筑奖迅速崛起，得奖者如群星闪耀，风光无限。其声势压过了百年老店“英国皇家建筑师协会金奖”、奖金更丰厚的“日本国家艺术大赏”和丹麦“嘉士伯”奖、重视单个作品的美国建筑师协会（AIA）“国家荣誉奖”等权威大奖，成为建筑界公认的至高无上的奖项。

第八章 中国科学技术奖

第一节 中华人民共和国国家科学技术奖

一、设立及发展

1950～1966年，国家先后发布了《中华人民共和国发明奖励条例》等重要文件，初步创建了国家科技奖励制度。1999年对科技奖励制度进行重大改革，调整奖项设置，增设了国家最高科学技术奖。这是我国目前级别最高的科学技术奖励，每年授予人数不超过2名，由国家最高领导人亲自颁奖。

2003年12月20日国务院公布《中华人民共和国国家科学技术奖励条例》，将原来的关于奖励发明、发现的几个单行法规的内容合并在一起，集中规定了对科学发现、科学发明的奖励。依此规定，设国家最高科学技术奖，奖励在当代科学技术领域取得重大突破或者在科学技术发展中有卓越建树的，或者在科学技术创新、科学技术成果转化和高技术产业化中，创造巨大经济效益或者社会效益的科学工作者。设国家自然科学奖，奖励做出重大科学发现的公民，即在基础研究和应用基础研究中做出前人尚未发现或者尚未阐明，具有重大科学价值，得到国内外自然科学界公认的成果（阐明自然现象、特征和规律）的公民。设国家技术发明奖，奖励运用科学技术知识做出前人尚未发明或者尚未公开，具有先进性和创造性，实施后创造显著经济效益或者社会效益的产品、工艺、材料及其系统等重大技术发明的公民。设国家技术进步奖，奖励在应用、推广先进科学技术成果，完成重大科学技术工程、计划、项目等方面做出突出贡献的公民、组织。设中华人民共和国国际科学技术合作奖，奖励同中国的公民或者组织合作研究、开发，取得重大科学技术成果的外国人或者外国组织；向中国的公民或者组织传授先进科学技术、培养人才，成效特别显著的外国人、外国组织；为促进中国与外国的科学技术交流与合作，做出重要贡献的外国人、外国组织。国家科学技术奖，由国家颁发证书和奖金，奖金由中央财政列支。

二、奖励原则

为了奖励在科学技术进步活动中做出突出贡献的公民、组织，调动科学技术工作者的积极性和创造性，加速科学技术事业的发展，提高综合国力，贯彻尊重知识、尊重人才的方针，国务院设立了国家最高科学技术奖、国家自然科学奖、国家技术发明奖、国家科学技术进步奖、中华人民共和国国际科学技术合作奖共5项国家科学技术奖。各奖项的评审组织工作由国务院科学技术行政部门负责，并且奖项的评审、授予，不受任何组织或者个人的非法干涉。

国家最高科学技术奖、中华人民共和国国际科学技术合作奖不分等级。国家自然科学奖、国家技术发明奖、国家科学技术进步奖分为一等奖、二等奖两个等级；对做出特别重大科学发现或者技术发明的公民，对完成具有特别重大意义的科学技术工程、计划、项目等做出突出贡献的公民、组织，可以授予特等奖。国家自然科学奖、国家技术发明奖、国家科学技术进步奖每年奖励项目总数不超过400项。

国家科学技术奖每年评审一次。候选人由省、自治区、直辖市人民政府，国务院有关组成部门、直属机构，中国人民解放军各总部，国务院科学技术行政部门推荐。评审委员会做出认定科学技术成果的结论，并向国家科学技术奖励委员会提出获奖人选和奖励种类及等级的建议。国家科学技术奖励委员会根据评审委员会的建议，做出获奖人选和奖励种类及等级的决议，并上报国务院批准。国家最高科学技术奖由国家主席签署并颁发证书和奖金。国家自然科学奖、国家技术发明奖、国家科学技术进步奖由国务院颁发证书和奖金。中华人民共和国国际科学技术合作奖由国务院颁发证书和奖金。历届国家最高科学技术奖获奖者名单，如表8-1所示。

对于以不正当手段骗取国家科学技术奖的，将由国务院科学技术行政部门依法撤销奖励并对相关人员给予行政处分。

表8-1　历届国家最高科学技术奖获奖者名单

时间	获奖人	学科领域	科学贡献	重要著作
2000年	吴文俊	数学	在拓扑学、自动推理、机器证明、代数几何、中国数学史、对策论等研究领域做出了杰出的贡献，在国内外享有盛誉	《几何定理机器证明的基本原理》等
	袁隆平	农学	在杂交水稻的基础研究与应用推广方面，做出了重要贡献。被誉为“杂交水稻之父”、“当代神农”、“米神”等	《水稻的雄性不孕性》等

续表

时间	获奖人	学科领域	科学贡献	重要著作
2001年	王选	计算机	在研究开发汉字激光照排系统并形成产业等创新中，做出了创造性的贡献，被誉为“汉字激光照排系统之父”	《软件设计方法》等
	黄昆	物理学	中国固体物理学和半导体物理学的奠基人之一，建立了“黄散射”、“黄－佩卡尔理论”或“黄－里斯理论”、“黄方程”和“黄－朱模型”等理论	《晶格动力学理论》等
2002年	金怡濂	计算机	我国巨型计算机事业的开拓者之一。先后提出多种类型的大型、巨型计算机系统的设计思想和技术方案，取得了一系列创造性的成果，为我国高性能计算机技术的跨越式发展和赶超世界计算机先进水平做出了重要贡献	《软件设计方法》等
2003年	刘东生	地球环境科学	确立了黄土风成学说和全球环境变化多旋回理论	《黄河中游水土保持考察报告》等
	王永志	航天技术	我国载人航天工程的开创者之一。参与多种火箭的设计和研制，先后担任一种火箭的副总设计师、三种火箭的总设计师，以及火箭系列总设计师	《洲际导弹设计》论文等
2004年	空缺			
2005年	叶笃正	气象学	建立青藏高原气象学、大气环流的突变的发现、提出大气能量频散理论、倡导与可持续发展相联系的全球变化研究和人类有序活动对全球变化影响的适应等	《大气环流的若干基本问题》等
	吴孟超	肝胆外科	创立肝脏外科的关键理论和技术体系；开辟肝癌基础与临床研究的新领域；创建世界上规模最大的肝脏疾病研究和诊疗中心，培养了大批高层次专业人才。是我国肝胆外科的开拓者和主要创始人之一	《肝脏外科学》、《肝脏疾病手术治疗的临床研究》

续表

时间	获奖人	学科领域	科学贡献	重要著作
2006 年	李振声	遗传学	在小麦育种研究领域的突破性贡献，育成小偃麦 8 倍体、异附加系、异代换系和异位系等杂种新类型；将偃麦草的耐旱、耐干热风、抗多种小麦病害的优良基因转移到小麦中，育成了小偃麦新品种四、五、六号，……	《小麦远缘杂交》、《植物远缘杂交概说》等
2007 年	闵恩泽	石油化工催化剂	主要从事石油炼制催化剂制造技术领域研究，是我国炼油催化应用科学的奠基者，石油化工技术自主创新的先行者，绿色化学的开拓者，在国内外石油化工界享有崇高的声誉	《工业催化之路的求索》等
	吴征镒	植物学	中国植物学家发现和命名植物最多的一位专家，改变了中国植物主要由外国学者命名的历史。提出中国植物区系的热带亲缘，为资源保护和国土整治提供了科学依据；修改了世界陆地植物分区系统，为植物区系区划和生物多样性研究及保护做出了重要贡献	《中国植物志》、《云南植物志》、《中国植被》等
2008 年	王忠诚	神经外科学	提出了“脑干和脊髓具有可塑性”的观点，对打开医学界的“禁区”——脑干肿瘤手术，起到了决定性的作用	《脑血管造影术》等
	徐光宪	化学	在稀土分离理论及其应用、稀土理论和配位化学、核燃料化学等方面做出了重要的科学贡献	《量子化学》、《物质结构》等

第二节　光华工程科技奖

一、设立及发展

光华工程科技奖是由中国工程院管理、承办，其设立宗旨是对在工程科学技术及管理领域取得突出成绩和重要贡献的中国工程师、科学家给予奖励，激励其从事工程科技研究、发展、应用的积极性和创造性，促进其工作顺利开展，并取得成果。

光华工程科技奖是由台湾实业家尹衍樑、陈由豪、杜俊元和全国政协副主席朱光亚共同捐资，经国家奖励办公室批准设立的。光华工程科技奖于1996年首次颁奖。

光华工程科技奖面向工程科技界，充分发挥了社会力量设奖的作用，已经在社会各界特别是工程科技界引起广泛关注。

二、奖励原则

为了振兴中华，促进中国工程科学技术事业发展，根据《社会力量设立科学技术奖管理办法》的规定，由中国工程院作为承办机构，由境内外个人及机构捐助，设立光华工程科技奖，奖励在工程科学技术发展中做出贡献的人员，并由中国工程院组成理事会。理事会根据国家相关规定对捐赠资金进行管理，并进行合法运作，同时负责奖励的相关事宜。

光华工程科技奖每两年颁发一次，面向全国的工程师、科学家（含居住在台湾省和香港、澳门特别行政区，以及侨居他国者），不对单位和项目集体。凡在工程科学技术及管理领域做出重要贡献、取得杰出成就的中国籍工程师、科学家，可通过规定程序，经过提名、评审，获得奖励。光华工程科技奖下设成就奖、工程奖、青年奖三个奖项。奖励名额为：成就奖1名；工程奖不超过18名，中国工程院每个学部专业领域不超过2名；青年奖不超过9名，中国工程院每个学部专业领域不超过1名。奖励金额为：成就奖每人100万元人民币；工程奖每人15万元人民币；青年奖每人10万元人民币。

对在重大工程设计、研制、建造、生产、运行、管理等方面解决关键科学技术问题，有重要贡献者，或在工程科学技术及管理领域有重要发现、发明，并有显著应用成效，成绩杰出者，或应用本人研究成果、发明创造，发展高新技术及相关产业，成效特别显著者，可由中国工程院院士、中国科学院信息技术科学部院士、技术科学部院士、光华工程科技奖理事会理事、全国性工程科学技术学会提名成为候选人。

奖项的评审工作由评审委员会负责。在奖项的评审过程中，为保证公正和权威，评审委员会由不少于11位相关领域的院士专家组成，同时实行回避制度。并对不良行为进行严厉处理。由理事会在颁奖大会前通过广播、电视、报刊、网络等媒体公布获奖人名单。颁奖仪式在中国工程院院士大会期间举行，由理事会组织授奖。

第三节　中国青年科技奖

一、设立及发展

1986 年 6 月 27 日，中国科学技术协会第三次代表大会召开，钱学森当选为主席。针对“文革”后造成的科技人才断层、青黄不接和“出国潮”引起的科技人才流失及科技界存在较严重的论资排辈等问题，在中国科协三届六次常委会议上，钱学森主席提议设立一项面向全国青年科技工作者的奖项，以促进优秀青年科技人才脱颖而出，为报效祖国、投身社会主义现代化建设做出积极贡献。提议得到了中国科协朱光亚、王大珩、汪德昭、黄汲清等老一辈科学家的积极响应和大力支持。1987 年 9 月设立了中国科学技术协会青年科技奖，《中国科学技术协会青年科技奖条例》要求获奖者年龄不超过 35 岁。设奖宗旨是鼓励青年科技工作者奋发进取，促进青年科技人才健康成长。1988 年 9 月 23 日，首届中国科学技术协会青年科技奖颁奖典礼在中南海怀仁堂举行。为了更好地贯彻落实党中央提出的培养和造就一批进入世界科技前沿的跨世纪青年学术和技术带头人的指示精神，1994 年 11 月，中组部、人事部、中国科协研究决定，将“中国科学技术协会青年科技奖”更名为“中国青年科技奖”，并联合印发《关于设立“中国青年科技奖”的通知》，共同组织实施评选表彰的各项工作。获奖者年龄上限提高到 40 岁。该奖宗旨是激励我国青年科技工作者投身科教兴国伟大事业，造就进入世界科技前沿的青年学术和技术带头人，奖励为我国经济建设、社会发展和科技进步做出突出贡献的青年科技人才。第十届中国青年科技奖为表彰在“探月工程”第一阶段任务“绕月工程”中做出突出贡献的科技工作者，增设了第十届中国青年科技奖集体奖 1 个和特别奖 10 名，经评选共产生 109 名获奖者。20 年来（截止于 2008 年），中国青年科技奖已评选表彰了十届，获奖者分布在理、工、农、医等各个学科领域和科研、开发、生产各条战线，共有 998 名青年科技工作者获奖。

二、奖励原则

中国青年科技奖每两年颁发一次，每次获奖人数不超过 100 人，往届获奖者不重复受奖。评选条件是：在自然科学研究领域取得重要的、创新性的成就和做出突出贡献的，或在工程技术方面取得重大的、创造性的成果和做出贡献，并有显著应用成效的，或在科学技术普及、科技成果推广转化、科技管理工作中取得突出成绩，产生显著的社会效益或经济效益的，年龄不超过40周岁的青年科学家。满足条件的评选人可由各省、自治区、直辖市党委组织部、政府人事厅（局）、科协，中央和国家机关各部委、国务院各直属机构人事司（局）、国资委党委，解放军总政治部干部部，中国科学技术协会所属各全国学会、协会、研究会和相关部委推荐成为候选人。

中国青年科技奖由中国青年科技奖评审委员会及其聘请的约160位专家进行评审工作，按数理科学组、化学与化工组、地球科学组、生命科学组、医药卫生组、农林科学组、工程科学一组、工程科学二组、工程科学三组、工程科学四组、工程科学五组、军事科学组和综合组，十三个学科组；基础研究、技术实践和普及推广三个类型进行评审，评选出不超过100名获奖者，并由评审委员会组成评审监督组，以保证中国青年科技奖评奖过程中的客观公正。名单经公示、修正后提交中国青年科技奖领导工作委员会审批。

第四节　梁思成建筑奖

一、设立及发展

梁思成建筑奖是授予我国建筑师的最高荣誉奖。2000年，为激励我国建筑师的创新精神，经国务院批准，建设部利用国际建筑师协会第20届大会经费结余建立永久性奖励基金。这一基金以我国近代著名建筑家和教育家梁思成先生名字命名，同时设立“梁思成建筑奖”，以表彰在建筑设计创作中做出重大贡献和成绩的杰出建筑师，激发我国建筑师的责任感和荣誉感，激励我国建筑师努力繁荣建筑创作，为提高我国建筑设计水平做出更大的贡献。

自2001年起，该奖每两年评选一次，每次设梁思成建筑奖2名，梁思成建筑提名奖2~4名。每位梁思成建筑奖获奖者，将从梁思成奖励基金中获得10万元人民币的奖励，以及获奖证书和奖牌；每位梁思成建筑提名奖获奖者，仅获得获奖证书和奖牌。①

二、奖励原则

梁思成建筑奖的被提名者必须是中华人民共和国一级注册建筑师和中国建筑

① 建设部工程质量安全监督与行业发展司，中国建筑学会．第一、第二届梁思成建筑奖获奖者作品集．北京：机械工业出版社，2003

学会会员，在中国大陆从事建筑创作满 20 周年。同时被提名者必须在建筑理论上有所建树，并有广泛的影响，有较高的专业造诣和高尚的道德修养；其建筑设计代表作品能得到普遍认可并具有较好的社会、经济和环境效益，对同一时期的建筑设计发展起到一定的引导和推动作用，并且其作品一般应在国内或国际上获过重要奖项。

梁思成建筑奖专家提名委员会由中国建筑学会依据建筑领域的动态专家库抽取的 13 名专家组成，委员应具有正教授级职称和一级注册建筑师资格。同时专家提名委员会的委员原则上不应成为被提名者。评选工作完成后报建设部审定委员会审定，相关的颁发、表彰工作安排在当年 12 月 31 日前的建设部重大活动或中国建筑学会组织的学术年会中进行。①

第五节　高士其科普奖

一、设立及发展

高士其科普奖于 1999 年由中国科学技术发展基金会和高士其基金管理委员会创办，是中国科普界的最高荣誉奖之一。高士其科普奖包括表彰和奖励青少年的一系列科学奖项，以传播、弘扬科学思想、科学方法、科学精神为宗旨，激励与鼓舞广大青少年努力学习科学文化知识，实事求是，勇于创新，从而进一步提高我国公众的科学文化素质，并配合我国的素质教育，检验青少年的科学创新成果。

中国当代的细菌学家和著名科普作家高士其（图 8-1）是我国科普事业的先驱和奠基人，也是一位伟大的科学知识传播者。他毕生以把科学交给人民为己任，并为青少年撰写了数百万字的科普作品，自 20 世纪 30 年代以来，引导了千百万人走上科学的道路。

图 8-1　中国当代的细菌学家和著名科普作家高士其

高士其（1905 ~ 1988）1918 年考入北京清华留美预备学校，1925 年毕业后赴美留学。1928 年在芝加哥大学医学研究院攻读医学博士学位期间，因实验时受甲型脑炎病毒感染，留下后遗症，1939 年全身瘫痪。他于 1931 年开始从事科普事业。他的科普作品

① 建设部工程质量安全监督与行业发展司，中国建筑学会．第一、第二届梁思成建筑奖获奖者作品集．北京：机械工业出版社，2003

题材广泛，趣味浓郁，知识丰富，通俗易懂。他擅长用形象的比喻说明抽象的科学原理。作品有《揭穿小人国的秘密?》、《我们的土壤妈妈》、《细菌世界探险记》、《生命的起源》、《太阳的工作》、《时间伯伯》、《高士其科学小品甲集》、《土壤世界》、《科学诗》、《你们知道我是谁》、《高士其科普创作选集》、《高士其谈科普创作》等。

半个世纪以来，他在全身瘫痪的情况下，为繁荣我国的科普创作，倡导科普理论研究，建设和发展科普事业，广泛深入地开展科普活动，特别是青少年科技爱好者活动，为恢复和振兴中国科协做出了重要的贡献。高士其逝世后，中共中央组织部确认他为“中华民族英雄”。

二、奖励原则

高士其科普奖评审工作是由全国青少年科技活动领导小组聘请的科学家、科技工作者、教育工作者和辅导员所组成的评审委员会来进行的。评委会依据科学性、创造性、实用性，对全国各地参赛学生的作品逐项评定。

第五篇

科学技术普及

科普是科学技术普及的缩略语。科学技术普及的发展历程,是一部伴随科学和技术发展而演进的历史。科普学是在当代科学和技术发展过程中诞生的一门新兴学科,其中大学科普研究更是崭新而年轻,并具有探索创新的重要意义。同时,借鉴中外科普的成功经验并加以实践是提高公众科学素养的有效途径。

第九章

科普学理论

第一节　科普学的产生

一、由来与发展

科普学是一门正在形成的新兴学科。钱学森在谈到科普学研究的时候，曾经提出："现在我们来研究这门学问首先从历史开始，我们先要搜集历史的资料，这是很重要的。"研究科普的历史，就是研究和总结科普的实践经验，进而探索其规律。

科学普及的概念大约出现于1836年，意思是以通俗的形式讲解科学技术问题。在此之前，1797年，"普及"一词首次被使用，其基本含义是"使……通俗"。这个"使……通俗"又有两种解释，一种是"使……被喜欢或被羡慕"，另一种是"用普遍可理解的或者有趣的形式描述出来"。"由于科学史研究者和科学家们想当然地认为，科学知识的生产基本上与非科学家以及公众是毫不相干的事，所以，科普史的研究至今仍然没有得到应有的重视，现在人们关于科普史的描述只能是粗略的"。①

按照朱效民先生提出的观点，科普的发展历程可分为三个阶段。②

第一阶段，前科普阶段（从近代科学革命起到19世纪中叶）。近代科学刚刚从宗教及神学中独立出来，科学研究以及科学建制还没有成为一种独立的事业，科学家也没有职业化。16世纪哥白尼的"日心说"引领着近代科学革命，但科学还是未得到社会普遍的认可。因此，科普也就附属于当时的知识传播（dissemination of knowledge）之中。

第二阶段，传统科普阶段（从19世纪中叶到20世纪中叶）。即通常所说的科普（science popularization）阶段。因经典力学体系日渐完善和成熟，细胞学说、能量守恒定律和达尔文进化论的相继问世，人类取得了关于宏观世界物质运

① 袁清林．科普学概论．北京：中国科学技术出版社，2002

② 朱效民．什么是公众理解科学．科学学与科学技术管理，1999，（4）：9-51

动规律的系统知识，科学革命得到了决定性的胜利。科学技术作为一种特殊的生产力，已在历史发展中起着重要的推动作用。对此，马克思和恩格斯在《共产党宣言》中曾经这样高度概括："资产阶级在它不到一百年的阶级统治中所创造的生产力，比过去一切世代创造的全部生产力还要多，还要大。自然力的推进，机器的采用，化学在工业和农业中的应用，轮船的行驶，铁路的通行，电报的使用，整个大陆的开垦，仿佛用法术从地下呼唤出来的大量力量——过去哪一个世纪能够料想到有这样的生产力潜伏在社会劳动里呢?"①

英国学者马丁·鲍尔对1820~1990年间英、美两个国家的各种期刊和日报进行了统计。统计结果表明，在上述170年间，科普活动有4个上升点，其中3个出现在19世纪中叶至20世纪初，分别是：第一次，19世纪50年代；第二次，1910~1920；第三次，20世纪40年代。据瓦特·马赛（Walter E. Masse）的研究，1829~1860年，美国的科普活动明显活跃起来。他在《美国的科学教育》一文中描述道："职业演说家们在全国周游，讲演'科学方面的'论题，并常常演示其精心制作的、令人惊叹的科学景象。"这一时期，一大批热衷于科学知识普及的科学家和工程师，通过撰写通俗科学文章、发表科普演说等各种形式向公众普及科学知识。但是，在这一时期，从科普的内容和形式上看，基本上还是一个由科学家到公众的单向传播过程，公众对科学事物的参与相对较少，积极性也不太高。

第三阶段，现代科普阶段，也被称为公众理解科学（Public understanding of science）阶段（20世纪中叶至今）。根据马丁·鲍尔的统计，20世纪70年代中期，世界范围的科普活动第四个上升点再次出现，公众理解科学的话题被提升到了许多国家的政府重视和社会需要的议事日程上，科普事业的背景发生了巨大的变化。

首先，以"公众理解科学"为主旨的科普活动得到了各国政府和社会各界的更多的理解和支持，政府参与的程度明显加强。美国、英国、日本等许多发达国家和国际科技社团相继开展公众科学素质的系统调查，美、日两国还把公众科学素质的统计指标纳入国家科学技术指标体系之中，作为科技决策的依据和参考。英国内阁首席科学家斯提万教授明确地说："英国科技发展战略是：一手抓培养诺贝尔奖获奖者，一手抓科学技术普及。"英国的公众理解科学专家、国家科学和工业展览馆副馆长杜兰特教授对此进行了深刻的分析："为什么任何人都应当关心公众理解科学这项事业？第一，科学被有争议地认为是我们文化中最显赫的成就，公众应当对其有所了解；第二，科学对每个人的生活均产生影响，公

---

① 马克思，恩格斯．共产党宣言．中共中央编译局译．北京：中央编译出版社，2005

众需要对其了解；第三，许多公共政策的决议都含有科学背景，只有当这些决议经过具备科学素质的公众的讨论出台才能称得上是民主决策；第四，科学是公众支持的事业，这种支持是（或者至少应当是）建立在公众最基本的科学知识基础之上的。”

其次，重视科普的科学家越来越多。1986年美国西格马·希科学研究会在其百年会庆时提出，让公众理解科学是今后100年间科技界最应首先考虑的问题。在公众理解科学的旗帜下，科学家和公众的关系有了新的变化。科普由一个单向传播活动变成双向交流活动。正如美国数学学会会长阿瑟尔·吉弗所说："在科学研究者与全体公众的对话中，有许多相互作用的因素。这些因素包括：全体居民科学知识的一般水平，科学家为使公众理解自己的工作所做出的努力，以及科学研究所转化的技术'成果'对公众日常生活的影响。”既然是交流，那么，科学家也要理解公众。为此，科学家需要倾听公众的心声，更多地了解他们的期望，使科普针对需求，有的放矢。

再次，大众传媒积极介入科普事业。随着大众传播技术的现代化，传媒对科普活动的作用越来越大。在20世纪30年代，相对专业化的科学记者是除科学家之外最早的一批科普人。广播电视的出现，建立了科学家、科学团体和大众之间沟通的桥梁，大大缩短了传播者和受众的距离，有力地推动了科普活动的迅速发展。

最后，科普的内容更加全面。许多科普不再仅仅是普及科学技术知识本身，还要使公众崇尚科学精神，理解科学思想，掌握科学方法。促使公众理解科学，就要促使公众理解科学的创新、求实精神，了解科学的探索过程、思维方式和一般的研究方法，这样做的意义比了解若干科学技术知识本身的意义有过之而无不及。日本讲谈社在20世纪60年代出版《蓝背书》这套著名的科普丛书时就声明，出版该丛书的最大目的，在于培养读者按照科学思考问题的习惯，按照科学看待事物的眼光。美国科普作家卡尔·萨根也说："对于科学普及的人来说，巨大的挑战是，如何向人们说清楚科学发现的真实而又曲折坎坷的历史和人们对科学的误解，以及科学的实践者偶尔表现出来的决不改变航向的执著的顽强精神。”"如果我们不向每个公众说明科学严格的研究方法，人们又怎么能够分辨出什么是科学什么是伪科学呢?”在重视宣传创新、求实的科学精神的科普工作中，公众对于科学对社会的影响、科学的威力和局限、科学为人类带来的福祉和负面影响会有比较全面的了解。

二、学科背景

科普学的产生和发展不是孤立的，它是随着科学技术的发展相伴相随而产生，相辅相成而发展起来的。科普学作为一门新兴学科，它不仅有自己的研究对象和研究内容，而且还有较为系统的理论基础和研究方法。钱学森先生说："科普就其主要方面来说，是人类科学活动的一部分。"[①] 就学科划分来说，科普学是一个独立的学科，具有相对的独立性。但是，科普学又与其他学科有着密切的联系，特别是科普学的五个主要学科基础来源：科学史学、科技哲学、科学学、教育学和传播学。

（一）科学史与科普学

"科学史"（history of science）这个词跟"历史"（history）一样有两个层次的意思。第一层次指的是对过去实际发生的事情的述说，第二层次则是指对这种述说背后起支配作用的观念进行反思和解释，后者有时也称"史学"或"编史学"（historiography）、"科学史学"或"科学编史学"（historiography of science）。

科学史是科学产生、形成和发展及其演变的规律的反映，是人类认识自然和改造自然的历史，是人类思想宝库中一笔十分丰富的精神财富，也是科普学的重要资源。科普学把科学史记载的科学人物的思想观念、科学研究的典型事例、科学发现的演变过程融入科普之中，这已成为当代科普发展的一大特点。从形式和内容的关系上看，将科学史融入科学普及主要有四种方式：一是以生动感人的故事形式引入科学史，激发公众对科学的兴趣；二是以探究型课程形式引入科学史，展示科学探究的方法；三是以专栏或科学史专题形式引入科学史，增进公众理解科学新知识；四是开展科学对话的多元化互动模式，正确引导公众提高科学素养。

（二）科技哲学与科普学

科学技术哲学属于哲学的重要分支学科，主要研究自然界的一般规律，科学技术活动的基本方法，科学技术及其发展中的哲学问题，科学技术与社会的相互作用等内容。科学技术哲学正是以辩证唯物主义为指导，研究自然界的辩证本性，研究科学技术思维的辩证法，研究科学技术与社会的辩证关系等内容。由于科学技术活动已成为独立的社会活动，所以，将科学技术作为一个单独对象考察和研究，无论对科技发展还是对社会发展都具有重要的作用。科技哲学研究实际上涉及马克思主义哲学、科学技术发展史、自然哲学、科学哲学、技术哲学、思维科学、科技社会学、科技方法学、科技伦理学、技术经济学等多个学科，具有明显的交叉和前沿学科的性质。中国古代和古希腊时代的思想家就开始研究自然

---

① 钱学森．谈科普工作及科普史研究．评论与研究，1985，(7)：1-4

哲学方面的问题，随着科学技术的发展，科学技术方法论的研究开始出现，科学技术对科学影响日益明显的现代，科学技术与社会关系成为科学技术哲学研究的重点，科技哲学研究也日益受到重视。

20 世纪中叶以来，科技哲学的研究纲领出现了转向，即从关注科学方法论转向关注科学与社会，关注科学技术引发的普遍社会问题、伦理问题、环境问题等科学双刃剑问题。特别是长期以来缺乏对提高公众科学素养的关注和研究，成为制约国家经济发展和社会进步的瓶颈之一，以提高公众科学素养为目的的科普理应得到更多的关注和研究。“长期以来，科技哲学遗忘或忽略科普是件令人遗憾的事情。”①

哲学作为人们对世界的根本看法，它决定性地影响着人们对周围各种具体事物、现象及其关系的认识。科普的发展过程，不可避免地受到哲学的影响，在每个发展阶段都有其凸显的哲学背景。当科普从传统科普阶段转向公众理解科学阶段时，正显现出唯科学主义向反唯科学主义转变的哲学背景。科普成效低下与社会历史大环境及文化思潮密不可分。我国社会文化缺乏科学传统和科学精神，对科学内涵的认识还有待进一步提高。把科学与技术混为一谈，并赋予科学强烈的工具色彩和急功近利枷锁的现象还十分普遍。在科普实践中，科学家角色的担当问题、科学精神与人文精神的分裂问题、科普资源的分散与集中的整合问题，也是影响科普的重要原因。由此表明，如何将科技哲学理论与科普学实践结合，值得深入研究。

（三）科学学与科普学

科学学是在把门类繁多的自然科学和社会科学进行综合考察的基础上发展起来的一门学科。它把人类的科学活动放在广阔的社会背景下，研究科学技术总体发展的规律性；研究它与其他社会因素之间的内在联系；研究它们之间相互制约和促进的机制与规律。它是研究科学技术本身的一门学科，是科学的一种自我认识，是从科学内部因素和外部因素辩证统一的观点出发探索科学的发展规律及其社会作用的一门综合性学科。

科学，以前专指自然科学，包括数学、物理、化学、天文学、地学、生物学等基础学科，是自然规律在人们头脑中的反映和总结，是人类关于自然规律的知识体系。但是随着科学的发展，现代科学已成为一个复杂的、具有层次结构的庞大知识体系。钱学森先生曾经把现代科学结构分为三个层次，即自然科学、技术科学和生产科学（即工程技术）。生产科学属于生产领域，介于生产与自然科学

---

① 马来平．科学技术哲学视野中的科普．山东大学学报（哲学社会科学版），2001，（4）：68-76

之间的是技术科学。自然科学和技术科学对生产来说都是它的理论基础，是为生产服务的。因此，一般常把它们结合在一起，统称科学技术，或简称为科学。科学—技术—生产三个层次，体现了科学理论向生产力方向的转化和过渡。

从另一个角度看，科学本身有表里结构。科学的内涵是自然科学技术，它的外延可以包括社会科学，但它的大本营是自然科学。在外延层次上，科学不仅是科学知识，而且包括科学精神、科学思想和科学方法。这一点，对于科普来说是非常重要的。科学学是把科学看成一个整体来研究的。概括地说，它研究两方面的问题：一是研究科学在外部社会条件诸因素的影响和作用下，是如何产生和发展的；二是研究科学采取什么方式，通过什么途径，作用和影响于外部环境，提高社会物质生产和科学文化水平。这两方面研究构成一个完整的循环。其中心问题是社会的物质生产，科学活动是围绕着人类物质生产的发展而不断向前运转的。恩格斯说："科学的产生和发展一开始就是由生产决定的。""如果说，在中世纪的黑夜之后，科学以意想不到的力量一下子重新兴起，并且以神奇的速度发展起来，那么我们要再次把这个奇迹归功于生产。"① 这就是说，科学的起源和发展都有赖于生产的发展。社会生产水平和它所创造的条件，怎样促进科学的产生和发展，科学又怎样按生产的需要确定它的研究方向，建立它的结构体系和组织系统，这都是科学学需要研究的问题。

从生产到科学的过程，是一种科学活动，叫做科学研究。这里所说的科学研究，是大科学，包括科学的发现、发明、技术的开发和改进。从科学研究到生产的过程，也是一种科学活动。这里的科普，是大科普，包括科技推广、成果转化、公众理解科学进而提高公众的科学素质的科学活动。科普的基本职能之一就是要把科学转化为生产力。可以说，大科学和大科普是科学活动的两翼。科学从理论研究到实践应用，必然要经过一个知识转移过程。科学知识的转移有两种方式，横向转移和纵向转移。横向转移是科学共同体的同行之间的交流；纵向转移是理论研究经过技术研究从而转移到大众和生产领域，就是科学知识的传播和技术的推广。前者是学术交流，后者是科学普及，或者说是大科普。前者对科学发展的作用是直接的，对科学大众化、科学社会化的作用则是间接的或潜在的；后者对科学发展的作用是间接的或潜在的，对科学大众化、科学社会化的作用则是直接的。

综上所述，科普产生于科学活动向社会延伸的阶段，产生于科学的理论和成果向社会生产力和文化潜力转化的过程之中。科普活动是科学在发展过程中，在社会化的过程中必然要发生的社会现象。因此，科普是整个科学活动的组成部分。既然科学学是研究科学和社会的关系，研究科学的产生、发展、应用的规律

---

① 马克思，恩格斯．马克思恩格斯选集．第三卷．中共中央马克思恩格斯列宁斯大林著作编译局译．北京：人民出版社，1972

和机制的学问，它必然也应该研究作为科学活动组成部分的科普的发生、发展及其活动过程、活动规律和活动机制。所以，科学学与科普学有着密切的联系。

（四）教育学与科普学

教育学是研究教育现象及规律的一门科学。其研究内容包括教育本质、教育目的、教育制度、教育内容、教育方法、教育管理等。教育，是按照一定的目的要求，对受教育者的德育、智育、科学、体育、美育、劳动素质等方面施以一定影响的一种有计划的活动。

科普，也作为一种社会活动，同样有明确的目的。它除了传播科学技术知识，也传播科学精神、科学思想和科学方法，包括人们经常说的科学的世界观、科学的作风、科学的态度、科学的审美观点等等，对被传播者的道德品质、思想修养产生一定的影响。这些都是和学校科学教育相类似的。

科普应该属于大教育的范畴，也可以说是一种社会科学教育。但是，科普和学校科学教育有着明显的差别。内容选择上的差别：学校科学教育的对象是明确的、一定的，师生关系明确，具有稳定性；科普的接受对象要广泛得多，也不一定固定，具有群众性和社会性。场所选择的差别：学校知识教育必须在有固定校舍和设施的校园内教室中进行，具有封闭性；科普教育则不一定有固定的场所，是在广阔的社会范围内进行的，往往不受校园围墙的局限，具有开放性。形式选择的差别：知识教育一般来说是教师和学生面对面的传授，具有单向性、规范性；科普教育则非常灵活，具有双向性、互动性。功能选择的差别：科普教育具有一般教育所没有的传播科学技术信息的宣传功能和为普及对象的实践提供帮助的服务功能，具有宣传性和服务性。

就科学教育而言，科普应该与学校教育相互配合、相互补充、共同发展。做到校内教育与校外科普教育相结合，专门化教育和社会化科普相结合，青少年教育与终身科普教育相结合。在这些方面教育学和科普学有相互交叉和渗透的功能，也可以说是教育学的某些内容在科普学中体现。

（五）传播学与科普学

传播的原意为通信、传达、交流、交通等。近几十年来，由于报刊、广播、电影、电视、网络等行业的极大推进，特别是由于网络的出现，大众传播如虎添翼，对社会生活的影响和作用与日俱增，出现了专门研究信息由点到面传播中问题的传播学。传播学研究人与人之间的关系，以及人们与其所属的集团、组织和社会的关系；研究人与人之间分享信息的关系，如谋求信息、劝说、指导、娱乐；研究人与人之间怎样影响和被影响；研究告知他人和被他人告知，使他人娱乐和享受娱乐等等。因此，传播学就是研究大众传播的产生、发展、社会功能及其传播方式、内容、过程和效果等有关问题的学问。

一般认为，传播学的奠基人是美国学者威尔伯·施拉姆，1949 年出版的《大众传播学》可以说是他的开山之作，还著有《大众传播的过程和效果》、《男人、女人、信息和媒介——人类传播概论》等多种有关传播学的著作。传播学认为，大众传播活动具有五种社会功能：一是监视和观察社会环境，提高社会透明度，具有社会雷达的功能；二是沟通社会信息交流，促进社会联系，加强社会管理的功能；三是对社会公众进行道德规范教育，指导人们行动，调整相互关系的功能；四是促进社会科学文化知识的普及，继承和延续文化遗产的功能；五是提供娱乐的功能。

从传播学的五种社会功能来看，尤其是社会思想道德的教育功能和科学文化知识的普及功能，与科普学有着密切的联系。我们从科普活动的性质、功能和过程来看，科普活动中有相当一部分也属于大众传播活动。由于科普活动和大众传播活动的天然联系，因此传播学对科普学有很大的借鉴作用。科普学的产生和发展应该而且必须吸收传播学的研究成果，并为之所用。

三、科普的概念

“科普”是科学技术普及的简称，在国外则被称之为“科技传播（The communication of science and technology）”或“公众理解科学（Public understanding of science）”。新中国成立后，1949 年的《中国人民政治协商会议共同纲领》提出在文化部建立“科学普及局”，1950 年 8 月中华全国科学技术普及协会成立，新中国历史上第一次出现“科学技术普及”这一概念。中国政府在 2002 年颁布的《中华人民共和国科学技术普及法》中，把科普界定为：科普是国家和社会采取公众易于理解、接受、参与的方式，普及科学技术知识，倡导科学方法，传播科学思想，弘扬科学精神的活动。

（一）科普的内容

科普的主要内容包括科学知识、科学方法、科学思想、科学精神、科学道德等。

1. 科学知识

科学知识是正确反映客观世界的认识，也是科普的基础。科学知识是人类在认识世界和改造世界的实践中所获得的正确反映自然、社会、思维的本质和规律的知识体系的总和。科学知识主要有三种形式：自然科学知识、社会科学知识和思维科学知识。

2. 科学方法

科学方法是探寻事物客观规律性的途径、手段，是科普的钥匙。科学方法是指科学研究的一般方法，是人们为达到一定的目的所选取的手段、途径或活动方式。科学方法的任务是使科学研究过程规范化。它能有效地帮助人们分析问题、解决问题，更好地理解信息和了解社会，推进创新，实现目标。

3. 科学思想

科学思想是科学家的意识反映，也是科普的动力。科学思想一般可分为两个层次。第一个层次是人们在各种科学理论的基础上，进一步提炼出来的关于自然界和人类社会存在与发展最一般规律的合理观念等；第二个层次是人们在科学研究、技术发明和产业创新活动中体现出来的科学意识。科学意识体现了人们对科学技术历史作用和社会价值的认识与重视程度。科学思想与现代文化思想有着密切的关系，科学文化代表着先进的文化发展方向。

4. 科学精神

科学精神是尊重客观事实、崇尚人类理性的态度，是科普的灵魂。科学精神体现在科学家的良知中，内化在科学方法中，凝集在科学思想中，渗透在科学实践中，它给予科学和社会发展以基础性和根本性的重要影响。科学精神还体现为继承与怀疑批判的态度。科学尊重已有知识，同时崇尚理性质疑，要求随时准备否定那些看似天经地义实则囿于认识局限的断言，接受那些看似离经叛道实则蕴含科学内涵的观点，不承认任何亘古不变的教条，认为科学有永无止境的前沿。

5. 科学道德

科学道德是指科学的行为意识，是科普的准则。科学道德约束着科学家之间、科学共同体内部，以及科学共同体与公众和社会之间的相互关系。科学的行为主体不应被简单地理解为科学家或由科学家组成的科学共同体，而应包括以不同于科学家的方式介入或干预了科学活动或事务的人、团体及政府中相关的职能部门。因此，科学道德可分为以下两个层面：科学家的职业道德与介入了科学的其他社会人士的科学道德意识。

（二）科普的特征

根据目前科普发展的现状，我们认为科普具有以下五个方面的特征。

1. 严格的科学性

科普的生命力在于它的科学性。科普的科学性主要是指传播的内容能经受住科学理论的检验与现实的考验。因此，它应该建立在科学实验与社会实践的基础上，它的传播要以科学为准，要对社会负责。

2. 交流的可辨性

科普知识主要通过有关学术团体或科学技术组织进行传播，这是高层次的（提高）传播；还有一种是面向大众的（普及）传播。在科普工作中，经常会出现传播内容良莠难分的现象，也就是所谓的伪科学传播现象，即存在科技信息的可辨性问题。

科技史的研究也证明：由于科学的理论性、知识性、实践性特别强，所以对一项科学（包括理论与产品）的肯定往往要有一定的过程。例如心血循环这一人体内的重要现象的发现，就经历了一千多年的探讨、论证和反复的实验。所以，科技信息的交流的可辨性，成为了科普的一个重要特点。

3. 强烈的激励性

科普在面向公众的过程中，是以科学传播为主要内容，它传播的科学知识等内容是指向自然科学的。自然科学对于人的思维具有强烈的激发性；对于人的好奇心具有强烈的激励性，它会激励人们为探索自然奥秘而涌现出坚韧而顽强的毅力。科学史上记载了无数的科学家，他们为追求科学真理，在理智的激励鼓舞下，将毕生献给科学事业，谱写下流芳百世、感人肺腑的故事。

4. 知识的教育性

科普的教育性特点反映在传播科学知识的过程中。科普不仅要传播科学知识，而且要培养科学家以及科技工作者的科学思想、科学精神和科学道德，并通过对科学知识的传播，使人类在生活的不同阶段掌握各种生存技能，增强认识自然、与自然协调共存的能力。科普的特点还有共享性与实践性等。

5. 形式的多样性

随着科学技术的迅猛发展，公众对科普的需求越来越强烈。科学从实验、理论、计算，到技术研发、市场接受、服务公众，再到获得向公众认可，不同阶段可以通过不同形式给予科普带来创新的机遇与挑战。特别是在内容与形式的结合中，可以根据不同学科领域、不同场合、不同年龄、不同需求开展生动活泼、喜闻乐见、通俗易懂、形式多样的科普活动，对科学传播起到潜移默化的功效。

第二节　科普学三大定律

周孟璞先生与松鹰先生，坚持科普学研究多年，具有丰富的理论与实践经验。他们广泛吸收了国内外科普研究的成果，对《中华人民共和国科学技术普及法》颁布后的一些新的观念和内容进行了总结，并在科普理论的诸多方面有所突破。他们在2008年由四川出版集团·四川科学技术出版社出版的《科普学》专著中，创造性地提出了科普学三大定律，揭示了科普理论的基本规律①。

一、科普学第一定律

在传统的科普观上，人们常常把科普理解为单纯地普及科学知识。而今，在现代科普中，科普不仅要普及科学知识，而且要普及科学方法、科学思想、科学精神、科学道德。这是一个相辅相成、互相联系、互相作用的统一整体。科学知识是基础，科学方法是钥匙，科学思想是动力，科学精神是灵魂，科学道德是规范和准则。然而，科学方法、科学思想、科学精神、科学道德贯穿在科学知识之中，贯穿在学习之中，贯穿在实践之中。科普的基本任务是普及科学技术知识、培养科学思想、倡导科学方法、传播科学精神、弘扬科学道德。这“五科”内容丰富，学科繁多，是其他学科不能替代的。由此，科普学第一定律可假设为

$$P = K + M + T + S + E \tag{9-1}$$

式中，P 为科普（popular-science）；K 为科学技术知识（scientific and technology knowledge）；M 为科学方法（scientific method）；T 为科学思想（scientific thought）；S 为科学精神（scientific spirit）；E 为科学道德（scientific ethics）。

二、科普学第二定律

在传统科普中，人们常常认为科普是科学家单向普及科学知识的活动，而在现代科普中，却是科普队伍与受众开展的平等、互动、可直接对话交流的双向活动，使受众能理解、接受并共同参与科学讨论。由此科普学第二定律可假设为

$$\frac{W}{N_1} = \frac{A}{N_2} \tag{9-2}$$

① 周孟璞，松鹰．科普学．成都：四川科学技术出版社，2008

式中，W 为科普工作者（popular science worker）；A 为受众（audience）；N_1 为参与系数；N_2 为投入系数。

此式表明：科普工作者（W）和受众（A）的关系是双向、平等、相辅相成的。受众参与的多少与科普工作者投入的大小成正比。这一定律明确了科普工作者与受众的关系，阐释了科普学发展的基本要求和规律。

科普工作者是科普工作的主力军，有一个庞大的队伍。它包括了科普作家、科学家、技术专家和其他从事科普工作的相关人员。其中有专职科普工作者、兼职科普工作者、业余科普工作者，也有科普志愿者。随着科学技术事业的发展，这个队伍正在不断地扩大。但是，目前我国专职科普工作者数量很少，大部分科普工作主要依靠广大的业余科普工作者来完成。为了适应科普发展的要求，培养专职科普工作者，扩大专业科普队伍是必要的。建设专业科普队伍是一项紧迫的任务，不可忽视。

科普面对的受众很广泛。当前以农民和农民干部、青少年、领导干部和公务员为重点。

三、科普学第三定律

《中华人民共和国科学技术普及法》第四条明确规定："科普是公益事业，是社会主义物质文明和精神文明的重要内容。发展科普是国家的长期任务。"国家的投入和政府强有力指导（C）与鼓励社会力量兴办科普事业，是科普事业发展不可缺少的两个重要条件。《中华人民共和国科学技术普及法》第六条提出："国家支持社会力量办科普事业。社会力量兴办科普事业可以按照市场机制运行。"国家的投入和强有力指导（C）与社会力量兴办科普事业按市场体制（M）运行，两者缺一不可。如果单纯依靠国家投入，而不发挥科普事业本身的运行活力，即假设 $M=0$，则科普 $P=C(W+S)/2$，只能获得一半的收益；如果既保证了国家的强有力指导（C），又能够充分发挥科普事业本身的运作活力（M 足够大），那科普（P）的成效将大大提高。现代科普的发展趋势是：政府引导、科普工作者与公众积极参与的一项社会活动。

$$P=C\left(\frac{1+M}{2}\right)(W+S) \qquad (9\text{-}3)$$

式中，P 为科普（popular science）；C 为国家引导（country Guide 或 guide of country）；M 为市场机制（market mechanism）；W 为科普工作者（popular scientific worker）；S 为公众（public）。

这一定律还可用另一简化的公式表示为：$P=WS(C+M)$。它表示科普事业的成效决定于两个结合：科普工作者（W）参与和社会各界（S）支持的结合；

国家引导（C）和市场机制（M——社会力量兴办）相结合。

第三节　科普市场化研究

中国百年的科普实践告诉我们，科普蕴涵着巨大的社会和经济效益。中国科普研究所首任所长章道义先生曾经在“科技普及与科教兴国研讨会”的发言中提出：科普就是把人类已经掌握的科学技术和知识，科学思想、观念、方法及精神等运用多种方式、通过各种渠道，广泛地传播到人民当中，促进社会物质文明和精神文明的发展。

一、科普的社会效益分析

（一）从系统论的角度分析科普的社会效益

社会是一个大的母系统，科普是社会系统的子系统，科学又是科普的子系统。只有母系统的协调运转才能保障和促成社会的整体进步和发展。同样，母系统的协调运转又离不开子系统、子子系统的协调运转。社会科学家帕森斯说：“科学是与社会结构和文化传统结合在一起的。它们彼此相互支持——只有在某些类型的社会中科学才能兴旺发达。反之，没有科学的持续发展与应用，这样一个社会也不能正常运作。”① 科学系统—科普系统—社会系统，这样一个三级链条式关联，形象的说明了科普对于社会系统的协调运转有显著的作用。

（二）科普时代意义彰显的社会效益

21 世纪将是人类全面依靠知识创新理论和知识创新应用的可持续发展的世纪。教育产业、科技产业和文化产业均与科学普及有着密不可分的联系，这是社会发展的时代性体现。在社会全面知识化的过程中，创造性劳动、科学普及、知识传播、技术推广等将成为社会劳动的领衔力量，这是未来时代必然的趋势；科学知识作为最重要的生产要素，科普作为传播科学文化、传承科学知识重要的平台，成为国家和地区、经济和社会发展的保障机制。在这个时代，科普和社会的联系比任何一种类型的社会联系更加紧密，这是时代的统一性。处于这个时代的公众应具备适应时代的大量的各类知识，单靠学校里专业知识的学习是不够的，需要进行广泛的社会学习。提供更全面的知识传播途径，这是科普的功能。科普

---

① Rule J B. 社会科学理论及其发展进步．郝名玮，章士嵘译．沈阳：辽宁教育出版社，2004

的社会效益集中体现在上述三个主要的产业结构上。

二、科普的经济效益分析

学术界在充分理解科学的社会属性时，把科学这个子系统放回到母系统中考察。科普的社会属性决定了它的社会性效益。然而，科普作为一项传统的社会公益事业，也蕴涵着巨大的经济效益。

（一）科普的直接经济效益

科普除了作为科学技术普及的平台和载体外，也是一种生产性平台和流程。投入一定的成本是可以产生直接的经济效益的。科普的直接经济效益体现在：科普的市场化运作过程、科普附加产品的商业开发和科普带来的直接效应。科普和市场经济的融合导致科普的经济效益直接突显。

第一，科普在市场化过程中的收益。例如，中国科学技术馆从 1998 年建成使用到 2000 年 4 月底，累计接待参观者 400 多万人次。二期工程完工后，从 2000 年 5 月初到 12 月底 8 个月接待参观者 160 多万人次，目前发展趋势更为喜人。在北京的国际科技活动周上，一个面向公众的“科学家新世纪论坛”科普报告会 150 元的门票很快被抢购一空。这些数据表明科普给运作主体带来巨大的经济收益是可能的。

第二，科普附带产品的商业开发。在国外，科普图书和期刊出版没有政府的支持，完全依赖市场化的运作。英、美等发达国家科普图书有良好的市场，非常畅销。例如，卡尔·萨根的《宇宙》、史蒂文·温伯格的《最初三分钟》。在中国也有成功的商业开发案例。例如，霍金著的《时间简史》一书的少年版版权就曾引起全国上百家出版社的激烈争夺，更是引发中国公众“霍金热”。这些巨大的市场需求就是预期的经济收益。

第三，科普的效应给参与主体带来的经济效益。例如，青岛海尔集团投资 1 亿元建成海尔科普馆。海尔集团的一份统计报告显示：科普馆的落成对于树立海尔形象，传播海尔文化，展现海尔科学创新，让社会认识海尔的未来等起到的作用是花几千万广告费都达不到的。海尔集团的案例生动地阐明了企业投资于科普带来的效应与投资于广告带来的效应之差，就是实实在在地减少成本和增加社会效益。这种效益尚未受到广泛的重视。对农民而言，科普的效益就是通过科普得到农业技术和信息来增产增收。科普（技术的推广）-生产-贸易-效益，体现为收入的增加。科普巨大的直接经济效益通过这些例子得到生动的证实。

（二）科普的间接经济效益

科普的间接经济效益是非直观的不可具体量化的经济效益。它不通过科普运作直接体现，而是通过其他载体，以其他形式体现。科普的间接经济效益体现在三个主要方面。

第一，科普通过促进生产力的进步带来经济效益。1999 年召开的第二届全国科普工作会议界定科普属于创造性工作。科普是科学和技术的伴生物和有机延伸。在西方发达国家，主要的经济效益是靠科学和技术的发展进步带来的。科普带来了提高劳动者的素质，使人们掌握技能，熟练运用高科技生产等效果。

第二，科普活动作用于社会经济和产业结构的优化调整所带来的经济效益。科普主要涉及第三产业，科普的开展与盛行使第三产业有了新的经济增长点，尤其是通过科普这一平台把教育、科研、通讯、娱乐等各行业整合在科普过程中，形成一套密切联系的利益优化组合链条。这样，既优化了第三产业的业内结构，又对整个社会经济产业结构的优化有重要作用。在发达国家，第三产业对 GDP 的贡献率最为突出，其中科普的作用非常明显。我国第三产业对新增 GDP 的贡献也逐渐增加，这更加说明科普对我国而言其间接的经济效益是巨大的。

第三，科普作用于社会主流文化意识对经济的潜在影响。章道义先生认为："科普在于开启民智。"① 科普不但要普及具体的知识与技术，还要有意识、有步骤地普及科学精神、科学思想和科学方法，营建一种科学文化氛围。科学的普及、教育、示范作用，有利于促进全社会的崇尚科学、学习科学、发扬科学精神、鼓励创新的社会主流文化意识的形成。这种意识的长期积淀形成了对未来经济发展、社会进步的机会成本最小化的经济效益，这是任何一个行业不可比拟的。

三、科普成本效益分析

从经济学角度来看，科普属于公共物品范畴，即不论每个人是否愿意购买它们，它们带来的好处不可分开地散布到整个社会中去，具有正的外部效应。公共物品有效率地供给通常需要政府行动，而私人物品则可以通过市场有效率地加以分配。

假设企业或私人投资者提供科普产品（包含投资建立科普馆等）的私人边际成本为 MC，其能够得到的私人边际收益为 MR_1，MR_2 为公共边际收益（即正

① 章道义．中国科普名家名作．济南：山东教育出版社，2002

的外部效益部分)，二者的加合 MR_3（$MR_1+MR_2=MR_3$）即为总社会边际收益。显然，如果没有任何激励机制，让私人投资者自己选择，按照 $MR=MC$ 定律，其愿意提供的科普产品数量（或者是投资额）为 Q_1（由 $MR_1=MC$ 决定），这时社会也能够得到外在收益，但不是最大的外在收益，即未达到帕累托最优。如果政府从社会福利最大化的角度出发，给企业或私人投资者一定的激励机制（比如减税、给予贷款优惠政策支持等），私人投资者所提供的科普产品数量为 Q_3，这时，$MR_3=MC$，总社会收益最大，达到帕累托最优。

从上面的论述中，我们可以看到公共物品的私人自愿供给会导致社会供给不足。也就是说，如果没有政府的引导和支持，科普产品数量（或投资额）的供给会产生不足。

科普要摆脱窘境，应该尝试走市场化的路子，把科普作为产业来培育、经营。发展科普这样一项公益事业，应该是政府和全社会的责任，但这并不意味着它只能“清高”地等着政府和社会来供养。以前在人们的观念里，科研也是社会公益事业，研究所都是靠国家拨款来运作，科学家都等着国家投资来搞科研。现在，通过科研与市场的结合，科学技术实现产业化，大批科研院所的成果已经走向企业产业化。因此，科普与市场结合，最终能够形成一个新兴的文化产业群。

四、科普的投入产出分析

科普的正的社会外部效益决定了科普投入的私人成本较高。当将科普市场化运作以后，私人投资者（在这里相对于政府投资而言）有机会实现科普产品的创新，积极地满足来自于市场的潜在和现实的需求，提高其市场化的经济效益，从而弥补较高的私人成本投入。

投入产出技术分析的方法有以下三种：静态分析法、动态分析法、方案比较法。在这里我们选择了动态分析法中常用的净现值法。

$$NPV=\sum_{t=0}^{n}\frac{(CI-CO)_t}{(1+i_0)^t} \tag{9-4}$$

式中，NPV 为项目的净现值；n 为项目计算期；i_0 为折现率；$(CI-CO)_t$ 为第 t 年净现金流量。

科普项目的建设（如科普馆）的计算期一般比较长，具有初期投入成本高、产出效益的回收期较长的特点。运用净现值法动态分析项目的现金流量比较适合。除此之外，科普的市场化发展存在很大的可能性——科普的市场需求巨大。随着生活水平的提高，人们对科学生活的需求、对科普的需求将越来越大。也许人们尚不了解科普教育蕴含的市场潜力。中国科普研究所的一项调查表明，我国公众达到基本科学素养水平的比例仅为0.2%。也就是说，中国有99.8%的人还需要接受科普教育，这是何等巨大的一个市场。

综上所述，科普的经济效益和潜在的市场需求共同决定了科普市场化发展的必要性和可能性。

第四节　当代大学科普研究

从国际经验看，一个国家的综合实力和国际竞争力，最终很大程度地要体现在国民科学素质的高低上。一个国家国民的良好科学素质是取之不竭的创造资源，也是国家强盛和民族兴旺的源泉。1985年，美国国家科学促进会制定了面向未来70年，致力于提高全体美国人科学素质的长远计划，即“2061计划”。该计划提出了到2061年美国公民人人具有科学素质的目标。2003年，欧盟实施了“欧洲研究区”和“科学与社会”两大战略计划。其中，“科学与社会”是一项促进科技进步、提高公民素质、推动科学与社会融洽的长远战略。2002年，中国颁布《中华人民共和国科学技术普及法》；2006年，制定了历史上第一个提高全民科学素质的纲领性文件《全民科学素质行动计划纲要》（以下简称《科学素质纲要》）。提高全民科学素质，就是要让社会公众理解科学技术的全部意义，并使科学技术成为推动社会进步的现实力量。因此，提高国民科学素质几乎成为世界各国提升综合国力的战略共识，而科普是提升国民科学素质重要的基本途径。

英国学者贝尔纳（J. D. Berbal）提出：“科学之所以能够在它的现代规模上存在下来，一定是因为它对它的资助者有其积极的价值。”① 当前，科普的观念、手段和方式都亟待创新。笔者认为“科学必然要科普，科普必然应科学”。这两句话可以这样来理解：不进行科学的普及，科学就会失去现实的意义；不进行科学的科普，科学的力量就有可能偏离正确的方向。科普就是要塑造有正确科学方向的普及，大学则承担着科普教育的历史重任。

一、研究大学科普的意义

大学是探究学术的殿堂，是科技创新的基地，是云集大师的场所，是培养人才的摇篮。同时，大学也应该是科普的重要阵地。大学科普是一个非常普通的科

---

① Bernal J D. 科学的社会功能. 陈体芳译. 北京：商务印书馆，1982

普概念，但却有着深入研究的战略意义。

（一）大科学时代凸显了大学科普的重要性

20世纪后半叶以来，人类进入大科学时代。大科学时代的重要特征有两个：一是科学研究的规模扩大；二是科学研究的合作性增强。科学史告诉我们，诸如曼哈顿计划、阿波罗登月计划、人类基因组计划、强子对撞机、国际空间站、全球气候变暖问题等科学研究不仅规模扩大，而且国际合作增强。这是现代科学革命中具有重要历史意义的结果，它给人类科学和技术带来了预想不到的飞速发展，由此改变了人们的日常生活，推动了社会经济的发展，也影响了人类社会与自然界的关系。在这样一个大科学时代的背景下，世界各国大学的性质和功能也发生了重要的变化。大学不但要成为科学技术研究的中心，而且要成为高新科学技术成果的辐射中心；不但要从事科学技术创造，而且要从事科学技术向现实社会生产力的转化工作；不但要承担科学研究的重任，而且要承担基础科学教育、专业科学教育和跨学科科学教育的重任。这是当代大学的基本特征，也是当代大学发展的内在要求。在大科学时代，大学的科研和教学应该更加紧密地与社会生活实际联系起来，这既是由科学技术的本质和社会功能决定的，又是由建设创新型国家的历史主题所决定的。毋庸置疑，科普教育也应该成为大学科学教育的重要内容之一。

（二）大科普格局中大学科普不可或缺

近年来，在深入学习和实践科学发展观的过程中，我国开始建构立足创新、具有大科普意识、能够全面推进科普事业发展的大科普格局。为提高全民科学素质，中国科学技术协会提出了“政府推动，全民参与，提升素质，促进和谐”的指导方针。“政府推动”就是要将公民科学素质建设作为政府履行公共服务职责的一项重要工作，各级政府在实施《科学素质纲要》中应当担负起领导和推动责任。“全民参与”就是使公民成为科学素质建设的参与者和受益者，就是要充分调动全体公民参与实施《科学素质纲要》的积极性和主动性。“提升素质”就是强调要把提高公民科学素质作为实施《科学素质纲要》的出发点和落脚点。“促进和谐”就是要从构建社会主义和谐社会的要求出发，实现科学技术教育、传播与普及等公共服务的公平普惠。

毫无疑问，大学应该积极带头履行《科学素质纲要》所赋予的职责，发挥大学综合优势，整合大学科学资源，突出大学科普特色，进一步传播先进的科学成就、创作优秀的科普作品、培养优秀的大学生科普志愿者，弥补当前科普队伍缺失的现状，开创政府、社会、大学等共同参与大科普工作的新格局。不可否认的是，目前从美国“Discovery”探索频道、史蒂芬·霍金的《时间简史》到阿西莫夫的《基地》等优秀的科普作品中，依然难觅“中国原创”、“大学原创”的踪影。这已经向我国大学科研和教学提出了新的挑战，科学的科普教育意义更加凸显，科普事业呼唤着大学的科普创新。

（三）老一辈科学家倡导大学科普

老一辈科学家尤其重视科普，大学科普早已引起我国科学家的广泛关注。20世纪80年代，著名科学家钱学森先生就高瞻远瞩地倡导：大学生毕业时除了完成一篇毕业论文外，还应完成一篇科普文章。研究生应该完成两个版本的硕士或博士毕业论文，一个是专业版本，另一个是科普版本。点燃大学生的科学激情，激发大学生的科学想象力，培养大学生的创造能力，提高大学生的科学素养，增强大学生的科学社会责任感，已成为我国大学文化素质教育中的重要工作。

目前，学术界对“科学的社会功能”认同度比较高的观点是：科学具有科学研究的创新意义；科学具有科学知识的教育意义；科学具有科学面向公众的普及意义。这三重意义成为提出大学科普的重要依据，是科普事业适应现代大学发展目标，服务科研、服务教学、服务社会的创新特色。由此，一个新兴的大学科普研究创新领域的机遇与挑战更加凸显。

二、理解大学科普的概念

（一）大学科普的概念

大学教育应该分为两部分：一是专业教育，二是普及教育。因此，大学科普应该是大学教育的重要组成部分。严格地说，大学科普就是在大学里开展以普及科学知识、倡导科学方法、传播科学思想、弘扬科学精神、增强大学生对科学的社会责任感为宗旨的教育。它的基本任务在于，不仅要培养大学生对未知领域的好奇心和探索激情，而且要提升大学生的综合科学素质，并使大学生肩负起提高全民科学素养的历史使命。如果说专业教育是要把大学生培养为“专家”，那么大学科普则是要把大学生培养为“通才”。大学教育的这两部分内容，共同形成大学的“T”形知识结构模式，使大学教育更适应大科学时代社会发展的需要，并使大学阶段成为提高大学生科学素质的重要阶段。

目前在大学里，科普呈现两种发展趋势：一是科学家科普；二是大学生科普。因此，大学科普的性质具有学习科学发现和技术发明的科学性；感悟科学家科学思想和科学精神的艺术性；提高自身科学素质和向公众传播科学成就的普及性。更好地使大学科普在大学得到重视和认同，更好地把科学的社会功能注入科普创新的事业之中，并非“一日之寒”，还得“十年磨一剑”。

（二）大学科普的基本模式

目前，我国大学组织大学生参与的科普教育活动形式很多，其中跨学科、跨专业、跨学院的创新引导活动主要有以下三个。

1. “挑战杯”竞赛活动

“挑战杯”即全国大学生课外学术科技作品竞赛，是由共青团中央、中国科协、教育部、全国学联和承办高校所在地人民政府联合主办，国内著名高校和新闻媒体单位联合发起的一项具有导向性、示范性和群众性的全国竞赛活动，被誉为“中国大学生学术科技的奥林匹克盛会”。自 1989 年 4 月发起以来，“挑战杯”竞赛规模发展到包括全国所有重点高校在内的 1000 多所内地高校，我国香港、澳门、台湾高校，新加坡等国外高校也有参与，先后有 300 万大学生直接或间接参加了此项赛事。清华大学、浙江大学、上海交通大学、武汉大学、南京理工大学、重庆大学、西安交通大学、华南理工大学、复旦大学、南开大学先后成功举办了前十届赛事，2009 年第十一届“挑战杯”竞赛在北京航空航天大学举行。此项竞赛的前身是由清华大学、重庆大学、浙江大学等六所大学的学生科技社团组织发起，在各地组织开展的“大学生科技活动月”、“大学生科技节”等活动。“挑战杯”竞赛的宗旨是：崇尚科学、追求真知、勤奋学习、锐意创新、迎接挑战。虽然该项活动没有瑞典 1900 年设立“诺贝尔奖”的时间长，但是它将一如既往地激励着大学生的创新精神。

2. 国家大学生创新性实验计划

这是高等学校本科教学质量与教学改革工程的重要组成部分。从 2007 年到 2010 年，国家将安排 1. 5 亿元专项资金用于资助 15000 个创新性实验项目，资助在校大学生开展研究性学习和创新性实验。每个项目可以获得 1 万元的经费资助。这是教育部第一次在国家层面上实施的、直接面向大学生自主创新能力和展示主办高校所在地区社会经济与高等教育发展水平的重要平台。[①]

3. 大学科学文化素质教育

高等学校全面推行素质教育，从根本上转变教育思想观念，把科学－人文教

---

① 陈启元．大学生创新性实验计划综述．中国教育报，2008-11-14（3）

育贯穿于整个教育过程。高等学校不仅要培养和提高学生的文化素质，更要树立人文精神、科学素养和创新能力相统一的教育观，坚持教育中知识、能力和素质培养的协调一致，以及教育学生做学问、做事与做人的协调一致。素质教育的重点是培养人的创新性，通过实现科学文化与人文文化融合的教育，培养具有全面科学素质的大学生。

以上三种渠道即“挑战杯”竞赛、创新实验、素质教育的系统培养模式，值得深入探索。如何开辟一条大学生创新创业有效机制，还需要在大学内部如教务处、学生部、科研处、科协、团委、学院等各个部门反复验证，重在可持续性协调机理的探究。

（三）大学科普课程的实践

近年来，在中国科普研究所和重庆市科学技术协会的指导下，重庆大学科学技术协会依托大学的科普资源优势，开展了艰难而漫长的“大学科普”研究工作，收获了大学科普的理论研究与实践经验体会。2006 年，重庆大学在国内高等学校率先开设了大学科普公共选修课。该课程面向不同专业的本科学生传授大学科普的基本思想、理论框架及研究方法，引导大学生拓展知识面，储备交叉学科知识，建立刻苦学习和崇尚科学的良好起点，激发大学生热爱科学的热情、培养科学创造的能力，以便更好地激励大学生学习好基础专业知识，加入大学生科普志愿者队伍，肩负起提高全民科学素质的历史责任，成为具有科学文化素质的新型大学生。到目前大学科普公共选修课已开课 6 个学期，培养学生 1000 余人。其中，大学生科技社团干部培训 300 余人。

大学生的知识结构是否合理，在很大程度上取决于学校课程结构的设置是否合理。如基础课程、专业基础课程和专业课程，以及其他人文科学课程等，这些课程既不能互相代替，又不是完全孤立的，而是彼此联系、相互作用、具有特定结构与功能的整体。其中，大学科普课程，可以成为联结自然科学课程与社会科学课程的桥梁和纽带。大学科普课的实践部分包括聆听大师报告、走进院士实验室、参与“全国科技活动周”活动和“全国科普日”活动、开展“科普秀”、观察天文地理、发现身边的科学、应急科普实验、鼓励大学生参加国内外科技竞赛活动、指导大学生创建大学生科技社团、创办《大学科普》杂志等。这门特殊的大学科普课程教育的主要特点是：培养学生用最简单的科普方法，去说明一个深奥的科学原理。这对文理工科大学生的学习会起到科学教育与人文教育渗透的重要作用。

1. 提高科学文化素质

大学科普的内容极为广泛丰富，包括天文地理、古今中外。从科普的视角，几乎涉及人类与自然界接触的每一个领域，包括从微观到宏观、从无机到有机、从科学到技术、从理论到实践等各个方面。通过大学科普的学习，使大学生能比较系统地了解科学和技术发展的历史，了解人类在认识自然、改造自然过程中取得的成功经验和失败教训，无疑可以扩大学生的知识面，开阔学生的科技视野。

2. 提高哲学素质

恩格斯说："一个民族要想站在科学的最高峰，就一刻也不能没有理论思维。"① 理论思维、哲学素质是大学生必备的素养，无论在发现问题、提出问题，还是在解决问题的过程中都必然要受到哲学思想的影响。人类科技史上每一个成果的取得无一不是辩证唯物主义的延续，反过来又为辩证唯物论提供有力证据。维萨留斯、哈维的"血液循环学说"和哥白尼的"日心说"给予宗教神学以沉重的打击，使"创世论"的谎言不攻自破。向学生讲解这些事例，也就是对学生进行唯物论、辩证法的生动教育。实践证明，对大学生的哲学素质的培养教育渗透在大学科普的教学中，学生更容易接受。

3. 培养科学精神

科学精神的内涵十分丰富，主要包含探索求真的理性精神、实事求是的严谨精神、批判进取的创新精神、互助共进的协作精神。著名科学史家萨顿认为：科学精神比科学给人类带来的物质利益更加宝贵，它是科学的生命，也是科学永不枯竭的源泉。

4. 弘扬人文精神

大学科普对于理工科学生的人文精神教育和坚持科学发展观提高大学生的思想道德素质有着极其重要的作用。人类数千年科学技术发展的进程中，凝聚着无数科学家为真理而斗争、为科学事业而拼搏献身的光辉事迹。许多卓有成就的科学家在给后人留下宝贵的知识财富的同时，也在人们的心目中树起了高尚人格的丰碑。通过讲述塞尔维特为了宣传"血液循环学说"被新教的教主活活烧死，布鲁诺为传播哥白尼的"日心说"而被宗教法庭烧死在罗马火刑场等事例，可以对大学生进行理想信念教育，深入进行正确的世界观、人生观、价值观教育。

5. 激发刻苦学习专业知识的兴趣

大学科普还可以加深学生对本专业知识的掌握，弥补课程中前后脱节、不连

---

① 马克思，恩格斯．马克思恩格斯全集．第二十卷．中共中央马克思恩格斯列宁斯大林著作编译局译．北京：人民出版社，1995：384

贯的缺陷，提供整个科学技术或整个课程的全貌，使其形成一个有机整体，从而帮助学生把握科学技术发展的脉络。大学科普有助于调动学生学习的积极性，有助于对基础知识和本专业科技知识的掌握和提高。

古人云：引而不发，跃如也。这是教育的本质，大学科普的教学，在于引导同学们大胆走进交叉学科前沿，感悟科学与艺术的魅力，尝试寻找前沿科学探索的兴趣。创新能力与开拓精神更多地来源于自然科学和社会人文科学的碰撞与交流，教育是科学研究的基础，也是两种科学交流与融合的关键。大学科普课程为有着相同的兴趣与热情的同学提供了一个相互交流的平台，让大家走到了一起。由此，诞生了诸如重庆大学大学生波粒学会、重庆大学大学生宇航学会、重庆大学大学生数学学会、重庆大学大学生生物学会等一系列学生科技团体。正如英国诺丁汉大学校长杨福家教授在重庆大学与大学生们交流时谈到："耶鲁大学有250个学生社团，就意味着明天将产生250个领袖。"这些学生科技社团的出现，也为培养出像牛顿、爱因斯坦这样的科学领袖带来了一些希望。学生科技社团的活动，无疑增强了大家学习科学知识的热情、启发大学生科学智慧，同时也丰富了校园科学文化和人文文化，创造出良好的校园科普文化氛围。

三、发展大学科普的思考

大学应该成为科普创新的源头。充分发挥大学科普的潜在能力，进一步推动社区科普、领导干部科普、青少年科普、军队科普、企业科普、农民科普，特别是农民工科普等科普事业的发展，是发挥对科普事业发展起到战略性重要作用的关键。如果大学构建了大学科普的创新体系，那么也就弥补了目前我国科普资源缺失的不足。

（一）大学科普潜在的聚变能力

爱因斯坦说："想象力远比知识更重要，因为知识是有限的，而想象力概括着世界上的一切并推动着进步。"[①] 发现和培养大学生中的科学奇才是大学科普的重要任务。大学生群体是一个特殊的社会群体，也是一个最具有可塑性的群体。所以，对大学生的引导性教育具有潜在的聚变能力。

1. 菲尔兹奖给我们带来的启示

菲尔兹数学奖对青年数学家来说，是世界上最高的国际数学奖。菲尔兹数学

① 爱因斯坦．爱因斯坦全集．第四卷，瑞士时期（1912～1914）．刘辽译．长沙：湖南科学技术出版社，2002

奖的一个最大特点是奖励年轻人，只授予40岁以下的数学家，即授予那些能对未来数学发展起到重大作用的人。

2. 科学技术发展史给我们带来的启示

科学技术史上记载，许多重要发现或发明，是科学家们在青年时期做出的。以物理学中的“量子群英”们为例，从他们发表成名论文的年龄来看，爱因斯坦26岁提出狭义相对论，玻尔27岁完成了原子结构理论，海森伯24岁建立量子矩阵力学，泡利25岁完成不相容原理，薛定谔则年近40岁完成了薛定谔的猫理论，确实难能可贵。又如科学家牛顿22岁、莱布尼茨28岁分别发明微积分；图灵24岁提出图灵机概念；李政道30岁、杨振宁34岁提出弱相互作用下宇称不守恒定律；哥德尔25岁提出并证明了哥德尔不完备定理；狄拉克23岁为量子力学找到普适的数学工具，26岁建立了相对论性量子理论；哥白尼38岁提出日心说；居里夫人31岁发现镭、钍、钋三种放射性元素；沃森25岁、克里克37岁完成了关于DNA双螺旋结构模型。曾为世界首富的比尔·盖茨也是进入哈佛大学后，19岁时又离开大学开始创业从商。由此发现，大学生所处的年轻时期，是创造性思维形成的重要阶段。

3. “当代毕昇”激光照排之父王选给我们带来的启示

王选先生在北大演讲时说道：“当我26岁在最前沿，处于第一个创造高峰的时候，没有人承认。……我现在到了这个年龄，61岁，创造高峰已经过去，55岁以上就没什么创造了，反而从1992年开始连续三年每年增加一个院士头衔。”

4. 鼓励科普是非常重要的事情

“今天在任何一个名牌大学里没有任何一个聪明的研究生，能够再有这样的感受——只要他五六门课都念得很好，就对整个学科前沿了然于胸，这已经是完全不可能的了。因为在过去半个世纪，科学的前沿是向着专、尖、深方向发展，而且各个不同的学科相互渗透，物理学和化学、生物学、经济学、统计学之间的交叉学科层出不穷，在这种情形之下，没有任何一个学校能够靠开出少数几门课，就使得一个研究生自己觉得他对于前沿有了全面的掌握。了解这个特征非常重要，尤其行政当局了解后，对于怎么处理大学的教育、怎么处理科技发展与社会的关系，能够有一个正确的认识。如今，在很多大学里已经设立了科普专科，这就反映了现在社会的发展与科普有极密切的关系。我非常高兴地看见中国大陆目前对科普工作的重视，在提高国民的科学素质方面所做的努力有目共睹，这是推动中华复兴的明智之策。"①

聚变能力就是要让大学生在大学科普教育熏陶下，储备博大精深的科学知识和科学方法，练就淳朴敦厚的科学品格和科学智慧，培养未来的科学大师或寻找"中国的爱因斯坦"。

（二）大学科普潜在的辐射能力

创新型国家的建设，需要科普事业的发展，需要提高全民科学素质，这是判断科普教育效果的重要依据。笔者不否认青少年科普教育的重要性，但从现状及长远发展目标来看，大学生的科普教育比青少年更重要，因为其潜在辐射能力非常之大。

从我国的具体国情来说，大学科普教育显得尤为迫切。第一，从当今世界发展的局势看，我国面临着工业化、城市化、信息化的严峻挑战。因此，提高我国公众的科普素质显得尤为重要。第二，从科普教育的目的来看，主要是提高全社会公众的科学素质，发展生产力，促进社会的物质文明和精神文明的发展。我们欣喜地看到，神舟计划、嫦娥计划的实现，基因工程突破发展，GDP 稳步上升。这些有目共睹的成果显然不是一般青少年科普教育所能达到的。我们固然要重视未来，重视青少年的科学教育，但是更不能忽视对我国大学生的科学教育和科普教育。

大学生的科普教育对青少年的成长非常重要。青少年的成长离不开家庭、学校和社会的影响。如果父母缺少科普教育观念，或者教师科普素质较低，同时社会公众和各种媒体的宣传太过功利化，很难想象受其影响的青少年会有怎样的发展。在我国，成人的思想对青少年的成长起着主导作用。面对我国的国情，国民科学素质与发达国家国民科学素质相比还有较大差距。大学生即将走向社会，扮演各种重要角色，大学生科普教育的作用之大和责任之重可想而知。大学生具有基本的科学文化知识和一定的思想政治素质，在大学开展科学普及，起点高、效果快。大学科普的重要性，不仅仅是因为它有迫切的现实需要，还因为它有深刻的时代意义。21 世纪是终身学习的世纪，一个民族要跻身世界先进民族之林，离不开这个民族公众的终身学习。无论从学习内容还是学习形式上说，大学科普都有益于终身学习。

① 杨振宁. 鼓励科普是非常重要的事情. 科普研究，2007，(1)：1-5

四、结论

爱因斯坦说：“大多数人说，是才智造就了伟大的科学家。他们错了，是人格。”[①] 大学科普已成为当代科普事业发展中的一个新兴的研究领域，还有很多工作有待热心大学科普的人们去完成。笔者认为目前大学科普发展面临着三大挑战：第一，大学科普发现和培养大师级创造性人才的任务是十分艰巨的；第二，社会的进步对大学科普的要求提高，提升公众科学素质的任务同样也更加艰巨；第三，在大学构建科普创新机制，任重而道远。

---

① 美国医学科学院，美国科学三院国家科研委员会．科研道德倡导负责行为．苗德岁译．北京：北京大学出版社，2007

第十章 中外科普发展

第一节　中国科普发展

中国科普事业，在党和政府的支持下，不仅吸纳了西方发达国家公众理解科学的理论与实践，而且沿着中国特色的科学技术发展轨迹逐步成熟，形成了中国百年科普发展史。中国科普研究所首任所长章道义先生对这一个世纪以来的中国科普发展有这样一段感人肺腑的概括：

> 中国科普，是一个世纪以来，我国一代又一代的热爱祖国的知识分子，特别是其中的科教文工作者，从我国不同时期的政治、经济和社会发展的实际需求出发，一步一步地倡导、呼唤、实践、推动而发展起来的一项面向大众的社会教育和社会文化事业；是一个世纪以来，我国一代又一代的投身革命的知识分子，为了民族的复兴，国家的富强，人民的觉醒，从我国不同时期的革命工作和社会变革的实际需求出发，去宣传群众，动员群众，武装群众，努力为人民服务并引导人民以远大的眼光，求是的精神，科学的态度，持久的热情和不断壮大的革命与建设力量来推翻旧社会，建设新中国，进而不断地提高中国社会的物质文明、精神文明和政治文明的一项愚公移山的革命事业；是一个世纪以来，我国一代又一代的求真务实的科技工作者，为发展我国的科技事业，提高我国的科技水平，推广应用我国适用的先进科技成果，以提高我国的社会生产力，在探索研究我国尚未认识、尚未掌握的某些基础性的、实用性的和尖端性的科学技术问题的同时，为赢得社会的理解与支持，为培养壮大自己的后备队伍，为提高我国的综合国力，而开展的面向大众的科普宣传、健康教育、技术培训、技术服务和多种多样的群众性科技活动的总称，是与提高相对而言的整个科技事业的不可或缺的一翼。①

笔者认为中国科普大致可分为两个发展时期。以新中国建立为分界点，第一个发展时期是新中国建立以前的发展时期；第二个发展时期是新中国建立以后的

---

① 章道义. 中国科普的创新之路及其战略重点. http：//www.cssm.gov.cn/view.php? id = 4788 [2009-8-4]

发展时期。

一、前科普时期

第一个发展时期为前科普时期，即从原始社会技术的萌芽期到19世纪中叶的历史发展时期。这个时期的科普仅是一些有目的、有组织的活动而已，尚未形成有意识的独立社会行为，只是一种“潜在”的科普早期形态。建国以前的科普发展，经历了两个阶段。一是新知阶段，科学作为一种好奇新颖的事物，开始在一定的阶层传播；二是科学实用救国阶段，一些有识之士意识到科学技术在国家发展中的重要作用，开始兴实业、办学校。但受当时社会环境所制约，科学对一般受众的影响不是很大。

近代的传统科普阶段，大致是从19世纪中叶到20世纪中期。在这个阶段，科学技术在许多领域内建立了成熟的体系，科学技术成果不断涌现，科学技术的魅力无往不胜，科学的社会功能得到了充分的展现和公众的普遍认可，形成了传统科普主流的科学技术知识单向传播模式。

按照章道义先生的观点，科普的第三个发展阶段是第二次世界大战以后形成的，即现代科普阶段。在现代科普阶段，一方面科学技术继续迅猛发展，成为引领社会前进的主要力量；另一方面科学技术的负面效应也日渐突出，科学技术的发展和应用，日益受到公众的关注。此时的科普在传播科学知识的同时，还要进行科学思想、科学方法、科学精神、科学道德的普及教育。

二、现科普时期

第二个发展时期为现科普时期。中华人民共和国成立以后，科普在中国有了突飞猛进的发展。新中国的科普事业发展时期大致可以划分为以下三个阶段。

（一）起步阶段（1949～1977）

1949年，中国人民政治协商会议第一届全体会议通过了《中国人民政治协商会议共同纲领》（以下简称《共同纲领》），《共同纲领》第四十三条规定：“努力发展自然科学，以服务工业、农业和国防建设。奖励科学的发现和发明，普及科学知识。”1949年国家又设立了科学普及局，科学普及局的成立给群众性科普工作打开了一个生机勃勃的新局面。1950年，中华全国自然科学工作者代表会议在北京召开。同时，成立了中华全国科学技术普及协会。该协会以普及自然科学知识，提高人民科学技术水平为宗旨。从此，中国的科普工作在全国广泛地开展起来了。1953 年，党中央发出了《关于对科学技术普及工作领导的指示》，文件指出："科学知识的宣传，不但对于人民群众唯物主义世界观的形成和迷信保守思想的破除，有其重要作用，而且在今后国家大规模建设时期中，劳动人民学习科学技术的要求将日益增长，群众性的科普及工作必将有更大的发展。因此，科普工作是有意义的，应当引起党的重视，党应当建立对于各地科普协会的领导。"此时的科普工作，已经不仅是停留在建立和宣传的层次上，而是开始与党和政府的中心工作紧密结合。这个时期，科普的对象、形式、内容、方法、渠道都有了大跨度的变化和发展。1956 年，第一次全国职工科学技术普及工作积极分子代表大会召开。1958 年中华全国科学技术普及协会和中华全国自然科学专门学会联合会合并，成立中国科学技术协会（简称"中国科协"）。这个阶段，在广大科学家、工程师、农艺师、医师，以及科普工作者、科普积极分子的共同努力下，全国的科普工作取得了巨大的成绩。在 1958 年后的十年里，全国科普工作进入扎实、稳定的发展时期。科普工作为企业提供技术培训、技术服务，在农村推广先进技术、先进经验，在围绕生产积极开展实验研究活动中取得明显效果，并组织了大量科普讲座、科普展览，制作了大量科教电影、科普读物。许多著名科学家如华罗庚、钱三强、钱学森等积极参与进来，新兴科学技术普及、基础科学知识，以及破除迷信、防治疾病的科学讲座就是由著名的科学家承担的。

在"文化大革命"这一特殊时期，科普工作受到了严重的干扰和破坏。中国科协活动被中止、科学家被批、刊物被关停、科普活动被取消、工作人员被下放……整个中国科协工作陷入"人散、网破、线断"的惨痛局面。

（二）发展阶段（1978～2001）

1978 年全国科学大会召开，1980 年中国科协全国代表大会召开，科普工作全面恢复。1978～1990 年，科普工作的一个最大的特点是青少年科技活动受到各方面的关注和重视。科普读物、科普影视等方面的科普工作取得了巨大的成就。1978～1988 年，全国出版了数以万计包括基础科学、工业科技、农业科技、医药卫生、交叉学科，以及综合学科的多种图书；科普杂志种类增加到 247 种；科普影片和录像片被制作出来，20 世纪 80 年代就有 50 余部影片在各种国际电影节获奖 70 余次。科普创作的繁荣成为继青少年科普活动之后第二个展现科普事业蓬勃发展的标志。另外，在城市、农村也开展了卓有成效的技术培训和技术服务工作。至 20 世纪 80 年代末，经培训的青年农民数以亿计，达到技术员水平的有 180 万人。

1994 年，党中央发布了《中共中央、国务院关于加强科学技术普及工作的若干意见》，这是第一个涉及科普工作的纲领性文件。它从社会主义现代化建设事业的兴旺和民族强盛的角度出发，论述了科普工作的重要意义，指出科普工作是提高全民族素质的关键措施，把提高全民族科学文化素质放在“科教兴国”和立于世界不败之地的战略高度上来考虑。1996 年，江泽民在中国科协第五次全国代表大会上向科技工作者提出了“以提高全民族科学文化素质为己任，弘扬科学精神，普及科学知识、科学思想、科学方法”的号召。1999 年，第二次全国科学技术普及工作会议召开。会议的主题是“崇尚科学、宣传科学、反对迷信、大力推进科学思想和科学精神的普及”。从此，中国科普界发生了科普观念上的大转变。从这一系列的文件和重要讲话可以清楚地看到，党和国家确立的“提高全民族科学文化素质”的方针以及对“科学知识、科学方法、科学思想、科学精神”的高度重视，对科普工作提出了明确的、更有深刻内涵的要求。党和国家的重视推动着科普事业进入一个新的发展阶段。

（三）制度化阶段（2002 年至今）

2002 年，我国第一部关于科普的法律《中华人民共和国科学技术普及法》的公布实施，标志着“依法科普，法兴科普”时代的到来。第三次全国科学技术普及工作会议的召开，也预示着科普开始了新的里程。

随着国家“十一五”计划的制定，《全民科学素质行动计划纲要》（以下简称《科学素质纲要》）由国务院正式颁布实施。这是贯彻执行《中华人民共和国科学技术普及法》和实施《国家中长期科学和技术发展规划纲要》的一项重大举措，体现了党和政府坚持以人为本、落实科学发展观、培育全社会的创新精神、让科技成果惠及全体人民、实现全面小康社会的坚定意志，也反映了广大人民群众获取和运用科技知识、改善生活质量、实现全面发展、提高处理实际问题和参与公共事务能力的强烈愿望。此次发布的《科学素质纲要》，总结和集成了不同部门、不同界别、不同战线的相关经验和智慧，是我国历史上第一个旨在提高全民科学素质的纲领性文件。《科学素质纲要》的实施，对于发展创新文化，提高国家竞争力，建设创新型国家，实现经济社会全面协调可持续发展，构建社会主义和谐社会，具有极其重要的意义。

“十一五”时期，是我们实施全民科学素质行动计划的开局阶段，也是关键阶段。在未来五年内，我们要促进科学发展观在全社会的树立和落实，以重点人群科学素质行动带动全民科学素质的整体提高，加强科学教育与培训、科普资源开发与共享、大众传媒科技传播能力、科普基础设施等基础工程的建设，实现第一阶段的目标，并为下一阶段的公民科学素质建设打下良好的基础。

三、科普研究发展趋势

在新的形势下，科普研究已经发展到深入探索、研究和创新的新阶段，以及涉及理论总结、体系建构等多个方面。科普研究的手段从过去主要以资料研究、定性研究为主，发展到现在注重定性与定量相结合，个案研究与系统的社会调查、数理统计相结合等多种先进手段综合利用的新形式。目前，科普研究的内容涉及科普的发展历史、现状研究、发展战略，科普政策的制定与导向、科普中长期目标和标准的制定、全民科学教育大纲的制定，科普的功能、性质、任务，科普的对象、内容、形式、渠道、机制，科普统计、效果评估指标体系的建立，各种传媒对科普的影响、各种媒介作品的创作研究，科普基础设施的建设与管理、科普队伍的建设、科普工程的组织，国外科普研究、中外科普的比较研究，科普与经济、政治、社会、教育、文化的关系与相互影响，等等。其主要研究内容如下。

中国共产党的四代领导人关于科普战略发展的思想研究。对于科学技术惠及亿万人民群众，提高全民科学素养，推动科技创新方面的作用，毛泽东、邓小平、江泽民和胡锦涛等都有不少重要论述，这些论述是新时期科普发展的指南。

科普促进科技发展的历史规律及其当代启示研究。科普事业的产生和发展有一个历史过程。从历史上看，在世界各国，科学普及对科技发展都起到了不可取代的重要作用。对此，国内外学者均进行了一些重要研究。

科普教育创新与教育体制之间的互补机制研究。科普教育创新能够弥补体制的不足。美国科学社会学家默顿将科学共同体分为社会内在形式（学派）和社会外在形式（学会及国家和社会的科研机构）。显然，社会外在形式又包括两个部分：有形的、学院式、体制化的研究机构和无形的、非体制化的科技社团。科技社团的功能首先体现在它能够弥补体制之不足，同时，教育创新需要有形教育和无形教育的互补。

大科学时代科普创新的精神气质研究。默顿曾经提出科学共同体的精神气质，精神气质一直成为所有科学共同体共同遵守的基本规范。大科学时代的科普创新不仅要普及科学技术知识，倡导科学方法，更为重要的是要传播科学思想，弘扬科学精神，通过同学科的评价、不同学科的评价乃至公众的认可，起到提升科技工作者学风、学术道德、学术纪律建设的自律作用。

公众科学素养及其影响因素观测研究。公民科学素质建设是坚持走中国特色的自主创新道路，建设创新型国家的一项基础性社会工程，是政府引导实施、全民广泛参与的社会行动。改革开放以来，特别是实施科教兴国战略以来，我国公民科学素质建设有了较大的提高，但仍存在许多问题。例如，人均接受正规教育年限低于世界平均水平；因长期受应试教育影响，学生科学素质结构存在明显缺陷；社会教育、成人教育的发展尚不全面和深入，公民缺少接受终身教育的机会。科普长效运行机制尚未形成；科普设施、队伍、经费等资源不足；大众传媒科技传播力度不够、质量不高；公民科学素质建设的公共服务未能有效满足社会需求；公民提升自身科学素质的主动性尚未充分调动。

全国青少年创造能力培养系列社会调查和对策研究。1998 年，该研究由教育部科学技术司、共青团中央学校部和中国科普研究所联合倡导，并以中国科普研究所为主实施。自 1998 年首次开展全国青少年创造能力培养系列社会调查和对策研究以来，取得了一系列的重要成果。

大学科普研究。在大学开展科学家科普和大学生科普理论与实践研究，将对整个科普发展的承上启下起着重要的战略作用。

社区科普、农村科普、企业科普调查和对策研究。中国科普研究所计划从 2001 年开始，分年度对社区科普、科普示范基地、农村科普和企业科普工作的现状（包括机制和效益）、发展中出现的新问题等进行调研，并重点进行政策建议方面的理论研究和分析，为制定有关指导性意见和政策提供依据。

科普创新机制的研究。该研究围绕科普工作的任务，从政府推动机制、市场商业机制、社会公众机制和中外比较研究四个方面进行调查研究（包括 50 年来我国制定的一系列科普政策、科普组织、科普机构、科普设施，主要发达国家的科普政策、设施和投入情况等），并从政府行为在科普创新中的地位和作用、市场机制对科普创新的推动和影响、科普产业化的可行性，以及科普创新的社会属性等方面进行理论研究。

科普创新体系的理论研究。该研究从社会、经济、科学技术、政治和文化等多角度，研究科普体系各方面的变化规律，建设符合当今发展要求的科普创新体系的理论框架，为科普研究工作提出指导性意见，为制定科普工作政策提供理论根据。科普研究是科普的基础性工作，当前科普理论研究滞后于科普实践是相当普遍而且突出的问题，有关部门应进一步加强对科普理论研究的重视与支持。

STS（科学、技术与社会）研究。STS 是一个专门研究科学、技术与社会相互作用关系的综合性学术领域。STS 是科学技术发展到一定阶段的产物，是科学学、科学技术史学、科学哲学、科学伦理学、科学人文学相互综合和交叉的结果，也是为解决科学技术自身发展过程中所面临的一系列问题而产生和发展的。

媒体对科普的现状调查和对策研究。该研究在国内正式发行的期刊、报纸中科技含量的调研，以及科普期刊在科普中的地位、作用、功能的调研等调研基础上，将对广播、电视和信息网络等传播媒体在科普中的作用、现状、问题，以及相关影响因素等进行调研，同时加强对科普基础设施建设与利用的研究，提出有关政策性建议。

科普效果研究以及科普效果评估指标体系的研究设计。科普效果研究是近几年才开展的一项探索性研究。目前，科技部已经立项委托中国科学技术信息研究所进行相关研究，中国科协也于2001年立项委托中国科普研究所进行相关研究。

“破除愚昧迷信，反对伪科学”及对现代迷信和异常现象的调查研究。长期以来，中国科协常委会促进自然科学与社会科学联盟专门委员会、中国科普研究所联合广大的社会力量，对我国存在的种种愚昧迷信和伪科学现象进行了长期研究，并不断揭露愚昧迷信和伪科学现象，对异常现象进行全国范围的调查研究工作，取得了大量的第一手资料。其在充分掌握事实、具有科学理论依据的基础上，通过开展理论研讨、科普展教、编辑文章集萃，以及对一些影响全局的社会现象进行立项研究等方法，把理论研究与实践（说服教育、揭露批判等）结合起来，取得了一定的效果。

国外科普研究。国内科普研究机构中，有些机构对国外的科普工作和研究情况一直进行长期的跟踪，并进行立项研究。其中，中国科学技术信息研究所、中国科普研究所外国室等研究单位根据国外的科普现状，进行了大量的文献翻译、介绍和研究工作，发表了一些重要的研究成果。

此外，许多长期从事科普研究的人员还自行设立课题进行研究，一些离退休的科技工作者利用自己在科普工作中积累的经验，在科普史、科普学、破除愚昧迷信和反对伪科学、科普创作理论等方面进行研究。他们长期在科普领域默默无闻地奉献，为科普理论研究提供了丰富的资料和素材。

科普工作中，存在的“库恩现象”、“科普缺失模型”、“科学的普及与科学的提高”、“大学生科普问题”、“科学偶然科普，科普偶然科学”等问题，不仅在社会上存在，在大学中也同样存在。关于科普工作存在的问题较多，如科普工作在学术交流、科技创新、成果评价等科技活动中起到了什么样的作用，正是因为有了这些问题才使得我们去研究和思考。

第二节 发达国家科普

联合国教科文组织（UNESCO）采取相应的举措，努力将科普活动推向世界各地。联合国教科文组织和国际科学教育协会联合会（IFASE）于1992年共同提出了“2000+计划”（即2000年以后计划）。它是以建设“一个有科学技术素质公民的世界共同体”为重要起点，其目的是唤起世界各国对全民科学技术脱盲的支持，推动有关国际合作。联合国教科文组织指出：“缺乏技术知识，会使一个人在日常生活中越来越依赖他人，同时也限制了他的就业范围，增加了由于滥用技术而产生危害的可能性。”从而提出“为生存而学习”的口号。发达国家的科普活动目前以公众理解科学运动为表现形式，影响面越来越大。国际上的科普活动特征表现在：第一，声势扩大，范围扩大。除欧洲、美洲外，亚洲、非洲(南非等国家)、大洋洲明显加大对科普活动的人力、财力、物力的投入。可以说，科普已成为一项全球性的事业。第二，政府行为加大。过去科普多是民间的自由行为，现在政府介入进来。一些国家开始制定相关政策，并给予一定的政府行为支持。第三，科普地位的提高。这不仅表现在科普的规模不断扩大，还表现在它的学术地位正在逐渐形成。

下面，我们从科普机制方面来了解发达国家的科普状况。部分资料来源于1994年加拿大蒙特利尔科普大会的文件汇编。本书的介绍采用了编译的形式，酌情取舍。

一、英国：公众理解科学

1985年，英国皇家学会在《公众理解科学》报告中提出：“提高公众理解科学的水平是促进国家繁荣、提高公共决策和私人决策的质量、丰富个人生活的重要因素。”我们从英国政府的政策举措、科学组织举措、教育举措、工业举措、新闻媒体举措来了解其科普行动的经验。

(一) 政府的政策与措施

1993年，英国科学技术办公室发布了科学技术白皮书。这是20多年来，英国政府首次对科技政策进行重大检视。白皮书大概勾勒出政府对未来科学技术的规划，重点放在了科学技术与工业的密切结合方面，涉及范围包括教育、经费、研究的组织与管理，同时还涉及学术研究与工业革新，以及当前具有重要意义的公众认识科学、理解科学。白皮书对公众理解科学的认可，在英国科学政策史上是头一次。英国对科学与技术的关心，还表现在1993年成立的议会科学技术办公室。议会上下两院均同意向国家的科技事业提供有保障的经费支持。该办公室是独立建制，不受任何党派约束，专门负责向议会议员报告科技发展的情况。其刊物《议会科学》，一年五期，内含“简报”栏目，议论当年科技发展热门话题。

(二) 科学组织机构的举措

英国的科学组织机构繁多，条脉复杂。这当中包括各种研究委员会，各研究委员会的活动经费来自英国科学技术办公室，主要用于科学研究；老牌的科学学会，如英国皇家学会、英国皇家科普协会、英国科学促进会，其工作方向，一是支持科学研究，二是普及科学；各种专业学会，如生物学学会、物理学学会、皇家化学学会、工程技术委员会，以及各种工程师协会，它们是各学科的专业性学术团体；各高教学府——大学，常常与研究委员会配合行动，开展大量的公助科研活动；各种由研究委员会资助的研究机构。

英国皇家科普协会成立于1799年，其工作内容一开始就定在了科学研究和普及教育方面。该协会在推动科普的活动中，产生过许多声名远播的创举。其主办的《圣诞讲座》，始于1826年，是每年年度精彩节目，现在通过BBC2播出。英国科学促进会建于1831年，建会时的目标是全面推动科学的发展。其工作重点是提高在校学生对科学的兴趣。为此，它建立了一个科学俱乐部网络，该网络已构成其英国青少年协会工程的一部分。英国青少年协会制备各种与国民科技教育相关的辅助材料，分发给各地的俱乐部组织者。此外，英国科学促进会还出版了一份名为《视野》的季刊，发行对象是网络中的所有俱乐部。英国科学促进会日程活动表中的重头戏是一年一度的科学节。科学节每次在不同的地方举办，为期一周，期间设有各个学科的讲座、讨论会、各种展览、家庭集体活动等，还邀请科学家、媒体和公众一并参加。在英国公共场所的广告牌中，除企业商业广告外，还能看到“科学讲座”计划广告。英国科普组织的成功，不仅极大地影响了欧洲的科普发展，而且对世界各国的科普具有极其重要的影响。

公众理解科学委员会组建于1986年，是由英国科学促进会、英国皇家科普协会和英国皇家学会共同创办的。公众理解科学委员会负责协调促进各方面的科普活动，其中包括：一项传播媒体奖学金计划，用于资助科学家和工程师在媒体进行短期的实习体验；一项威斯敏斯特奖学金计划，用于资助科学家和工程师在议会科学技术办公室进行短期实习工作；米歇尔·法拉第年度奖，奖励在公众理解科学领域做出突出贡献的科学家；罗恩·普兰克科学图书年度奖，颁发对象是优秀科普图书作者。

大多数的专业科学学会在向公众宣传它们的学科知识时，也表现得十分积极。英国大学在新闻发布和公共关系等方面表现得十分活跃。它们不是坐等媒体人员的造访，而是积极行动，寻找发布研究成果的机会。许多大学编印了传播媒体指南或手册，用以指导研究人员更方便地与记者接触。

英国还有一些慈善性基金会，它们经常资助科学研究，也资助公众理解科学运动中的活动。比如纳菲尔德基金会，它始终对科学教育非常关注。近年来，在“动手性”或“互动性”的科普活动中，它也对一些项目进行了资金上的支持。同样，莱弗休姆信托公司对一大批研究项目给予了支持，包括科普活动。该公司是英国帝国理工学院科学传播硕士学位项目的主要赞助人。

（三）教育举措

英国的教育在过去的十年（1984～1994）中，经历了重大的变化。自20世纪80年代末实行国民教育课程以来，科学成了所有5～13岁学生的主要公共课程之一（另两项为英语和数学）。这次教育改革大幅度增加了学校的科学教学比例。普通科学教育对14～16岁年龄段的学生分为两种形式。学生可以选修一门科学课程，获单科学业证书，或选修两门科学课程，获双科学业证书。学生如果愿意，可以自行选择本学校所讲授的专业科学知识，如物理、化学和生物。一般来讲，学生如果科学课程成绩良好，可以继续深造，学习A级课程。两年之内，学生修完四门A级课程，才算具备了考大学所需的预备教育水平。但多年来，有关A级制的专业课程程度，一直存有争议。高中目前正在准备引入新的职业资格教育体系。国民职业资格教育将以业余教育为主，施教对象主要是各工作单位的职工。普通国民职业资格教育则以正规教育为主，所设课程要更加系统。

（四）工业举措

英国拥有大量的以科技为支撑的工商业公司。它们大多数都保持着传统的公关业务，此类业务的目的在于促进本公司商业利益的发展。但它们当中也有些公司，活动范围更加宽泛，渗透到公众理解科学活动当中。实际上，这两类活动很难划分得清清楚楚。当好学生不愿意选修理工科课程，导致科技队伍后备力量下降时，许多公司开始关注起科学的公共形象。由于它们的关注，使得工业部门支持公众理解科学活动的赞助费用增加。在地方一级上，企业往往做得卓有成效，各大公司都慷慨解囊，积极支持当地的教育、文化或社区活动。它们采取的做法包括印发宣传册、设定参观日、开办环保活动、在学校举办讲座，或召集公共会议。比如英国石油公司组织大范围的学习辅导活动，资助大学生到中小学去进行辅导，公司的职员也亲自下学校进行辅导。

有的工业集团甚至在全国范围内展开联合行动，大规模开展公众理解科学活动。如化学工业联合公司，它代表着一大批英国的化工企业，开创了许多以小学生为目标的科普活动。它与约克大学合作，建起了化学工业教育中心，专门为科学教师提供资助。它还开办了“讲演与聆听”活动，邀请科学家和工程师讲授公共大课，探讨科学问题。听众对象从小学生到妇女协会的成员，无所不有。据估计，“讲演与聆听”活动每年吸引的听众高达18000人左右。英国工业联合会是工业行业的组织团体，它参与支持了国民教育课程中的技术教育内容。它的“设计制造”计划向各学校提供了基本的教育资源信息，包括由计算机支持的设计软件。它的目的是为学生们提供一种表现现实工业生产的模拟工作环境。

（五）媒体举措

英国的大众传媒——报纸、杂志、广播、电视和博物馆等，在推动公众理解科学运动方面做出了十分显著的贡献。

英国的报纸种类繁多，公众阅读量位居世界前列。总的来看，大报（如金融时报、泰晤士报、卫报、每日电信报和独立报）都刊有严肃的新闻消息、文学报道和评论等内容，读者量各在20万~50万之间；有些非常流行的小报（如每日镜报、太阳报、今日时报）刊登的内容却极不相同，新闻报道也比较随便，读者量在一般在200万~500万之间。大报上的科学内容比各类小报多。所有的大报都有至少一名专职的科学记者，除了常规的科学新闻以外，它们大多数都开设有专门的科学栏目，或每周一次的科学专刊。《新科学家》周刊是一本非专业性的杂志，专登各类科学消息与专题报道，发行量约为10万份。该刊创刊于1956年，读者对象主要是受教育程度较高并有一定科技知识基础的人。《新科学家》办得很成功，但它的读者群多为科学界人士，因此它还算不上是一本面向大众的通俗科普读物。

二、美国："2061计划"

美国科学促进会从1985年起，组织了几百名专家和教育工作者，制定了一项面向未来70多年，致力于提高全体美国人科学素质的长远计划——"2061计划"。该计划直接影响了美国《国家科学教育标准》的制定，在世界范围内引起广泛关注。美国科学促进会出版的《面向全体美国人的科学》一书中指出："懂得科学、数学和技术基础知识的人是具有较强事业和有自知之明的独立的人。"在美国，宣传科普的主要力量是大众传媒。评论家曾说，对于公众理解科学，大众传媒是最具影响力的领域，它是公众获取科学信息最显著的来源。

（一）媒体传播科普

1. 报纸、杂志

1978年，《纽约时报》开辟了每周一次的科学版面。20世纪70年代末到80年代初，科普出现小高潮，科学版面的推出就是这次高潮的一部分。继《纽约时报》之后，一批批的杂志、报纸和电视节目纷纷向公众推出科学知识栏目。连续几年的时间里，效法《纽约时报》的报纸接踵而至。1984年，只有19家，1986

年，发展到66家，到1989年，激增到95家。另有近100家（美国有1600家日报）报纸开辟了每周科学栏目，虽版面不大，但也相当令人瞩目。

早在100多年前，美国就有了科普类的杂志。如《科学美国人》和《大众科学》这样的刊物，虽然历史上有过一些变化，但一直延续了下来。20世纪70年代初期，一些新的科普杂志开始出现。有些以环保为主题，有些以心理学或通俗医学为主题。同时也出现了一些“纯”科学杂志。20世纪70年代末，随着“科学高潮”的到来，新创刊的科普杂志已逾十余家。但是到了20世纪80年代中期，许多雄心勃勃的杂志以失败而告终。有幸生存下来的刊物大致有两类。其中一类是面向专业读者的杂志，如《天文学》和《海洋》。另外一类刊物共同的特点是采用了综合办刊的方法，刊物中既有“纯”科学的内容，又有大众读者十分关心的内容，如《大众科学》和《奥秘》。它们在刊载科学知识性内容的同时，还刊登一些科幻方面的文章。

今天的科普杂志基本上保持了原有的形态，有发行量较小的专题刊物，也有发行量较大的综合刊物，其发行量可达200万份。此外，有些大型刊物或新闻性杂志也经常报道科学方面的内容，如《读者文摘》、《史密森尼》、《时代周刊》、《新闻周刊》等。

2. 广播、电视

美国的无线电广播可以说是无处不在。其中有专门的科学报道，如节目时长为90秒钟，每天在早间新闻中播出的《最新科学报道》（Science Update）。据统计，每天大约有100万人收听这个广播。该节目由美国科学促进会提供内容并资助。尽管商业台上定期播出的科学节目只有《最新科学报道》一例，但许多电台都不定期播出一些有关科学内容的报道，如地球科学、化学、物理学等。信息来源一般由其他的专业科学组织、当地的大学或类似的组织提供。

（二）博物馆向公众开放

在美国，绝大多数的科学中心是私营的非营利机构；少部分是政府办的，或归属于公立学校系统，或设立在国家实验室内。在向公众传播科学技术方面，人们认为科学博物馆的作用仅次于大众传播媒介。美国拥有科学博物馆的历史已有100多年。近年来科学中心发展很快。科学中心最大的特点是展品可以被人用手触动并进行操作，与参观者形成一种互动。科学中心与博物馆的界限并不是特别分明，但多数的科学中心把观众的亲身体验放在了首位，不太注重传统意义上的展品收藏。

根据美国国家科学基金会提供的统计，1983～1992年，大约有25%的美国成年人参观了科学或技术博物馆（包括动物园、水族馆和科学中心等）。其中一半人去的是动物园和水族馆，剩余的一半人去的是各类科学博物馆。1992 年，参观科学中心的观众达到了 6000 万人次。

美国的科普市场运作是很成功的。科学博物馆和科学中心的经费来源非常广泛。根据 1986 年对科学中心的统计：半数的活动经费来自门票收入、会员费、专项活动费，以及馆内的餐饮服务和商品销售。另外的 50% 分别来自：当地政府的支持（17%），州政府的支持（12%），私营企业的赞助（8%），私人及各种赞助（11%），联邦政府所提供的资金仅占 2%。科学博物馆的经费预算，少的不足 5 万美元，多的超过 1000 万美元，大多数则在 25 万～500 万之间。美国科技中心协会 1992 年对所属会员进行调查，结果 300 多家科学中心的总体预算超过了 5 亿美元。据保守估计，其中大约 1 亿美元用到了公众理解科学活动方面。

（三）企业参与科普

企业在美国科普活动中占有重要的地位。许多公司经常要发布大量的科学技术信息，有的是为了宣传企业，有的则纯粹是为了公益事业。它们开展宣传活动的形式也是多种多样的，如 AT&T 和默克制药公司在总部都建有小型博物馆。它们的公关业务非常活跃，宣传活动非常频繁。在 2004 年由美国杜邦公司赞助的“美国宇航员中国行活动”中，阿波罗 16 号宇航员查尔斯．杜克、美国航天员查尔斯．博尔顿来到中国，在北京、重庆、南京、上海举办了四场“听——美国宇航员讲太空的故事”活动。此外，企业经常向博物馆、社区组织、公共广播电台，以及开展科普活动的组织捐款。如科学家公共信息学会和科学写作促进委员会这样的组织，经常开展一些帮助科学记者的活动，它们所收到的资助大部分来自私营的基金会。美国化学学会也经常支持外界的某些公共活动，所用经费也是来源于财团法人的捐款。

（四）科学组织面向科普

美国的科学促进会的章程中已明确包括向公众传播科学的任务，这在公众理解科学活动中起着非常重要的作用。最活跃的两大科学组织是美国科学促进会和美国化学学会。

美国科学促进会开展了一系列的公众理解科学的活动，如它与洛杉矶的 KCET-TV 合作开发了“趣味数学”节目，在全国播放。它还赞助了“黑人教堂计划”，努力将科学活动深入到少数民族社区的教会人员当中去，并制作了 90 分钟的电台广播节目，发往分布在全国的近 500 家广播站，此外，还在制作一个每周播放的系列广播节目，供少年儿童收听。美国科学促进会设有公众理解科学技术委员会（COPUS&T）。该委员会的职责是筹备科学促进会年度会议的单项会议，向科学促进会推荐新的活动内容，宏观把握科学促进会在公众理解科学方面的活动。公众理解科学技术委员会的成员分别来自科学组织、新闻媒体、博物馆领域和专门的科普组织，它所召开的会议为人们探讨公众理解科学问题提供了机会。

美国化学学会也是一个大型的科学组织，做了许多面向公众的科普工作。例如，它经常举办全国化学周，由下属的200多个地方分会举行一些化学演示会，或深入到学校、媒体单位开展各种活动；还赞助华盛顿的美国国家历史博物馆举办“科学与美国人的生活”展览，启用资金达550万美元。美国化学学会常年受到化工产品制造商协会的捐助，捐款数额达100多万美元，利用这些资金，在《今日美国》报纸上开辟了“科学奇迹”专栏。美国化学学会经常将所筹集到的捐款用到史密森尼博物院举办的各类展览上。而它自己所举办的各类活动，如研讨会、化学周、“儿童化学节目”等，经费主要来自本学会出版刊物的收入、会费，以及各类捐赠。美国化学学会每年举办这些活动的支出在400万美元左右。美国化学学会的最大特点是它能调动自己的会员参加科普活动。大约有13 000名会员曾志愿提供服务，深入到学校、新闻单位等处宣传科学和化学知识。他们所做工作的价值是无法用金钱衡量的。

还有一些其他科学组织在做类似的工作，不过规模要小一些。其中有西格玛赛学会、美国地质物理学联盟、美国物理学会等。除此之外，美国的几家非政府组织，例如科学服务通讯社、科学家公共信息协会、促进科学写作委员会、非营利基金会等，也在从事向公众传播科学与技术的工作。活动内容主要是帮助记者获取科学信息，但在提供信息的过程中自然包含了传播科学和技术的内容。

三、其他国家的科普

1985年，英国提出公众理解科学问题后，欧洲国家受到不同程度的影响，最先反应的是欧洲共同体（1993年11月1日后称“欧洲联盟”，以下简称“欧盟”）国家。2000年，欧盟提出了“科学与社会行动计划”。为了实现在2010年成为世界上最具知识活力和最具竞争力的经济实体的目标，欧盟在2003年分别实施了“欧洲研究区”和“科学与社会行动计划”两大计划。其中“科学与社会行动计划”是一项促进科学技术进步、提高公民素质、推动科学与社会融洽的长远战略。

（一）德国：公共教育实现科普

德国的科普活动一直是通过公共教育实现的，被认为是文化档次较高的或学术性的工作。政府没有有关的国策，但也搞过一些相关的活动，如“青少年研究”活动。这是由德国政府主办的，活动主要针对中学生，有时也请大学的教授参加。活动内容是让中学生参加科学实验，撰写科技报告，进行比赛。目的是鼓励他们涉足科学领域。

德国的议会经常组建各种调研委员会，由调研委员会对相关科技问题进行调研，向议会提交报告，为议会制定指导性政策提供依据。这些报告经常会引起媒体的注意，因而有一定的宣传作用。另外，政府时常会开展一些卫生健康方面的运动，电台和电视台往往配合进行报导。与科技工作相关的一些国家部委比较重视新闻媒体，希望能通过它们向公众宣传自己的政策。

德国的企业单位一般都设有公关部门，其任务是广告宣传，目的是消除公众的疑虑，增强公众对工业生产的友好态度。为此它们经常印发宣传材料，开办短期实习班或组织参观游览。其科普的形式主要有：开放日，德国的各大城市每年都有一次为期一周的开放日活动。例如，消防队展示消防车，并做灭火表演；警察部队表演警犬训练；人们可以参观垃圾处理和水处理设施；博物馆免收门票等。各种讲座和趣味性活动也很丰富。许多工厂都对外开放，接待参观者。德国环境日，该活动发起于 1992 年，活动的内容包括关于环保问题的各类会议、讲座和研讨会；环保技术和环保产品的展览；还有各种各样的娱乐性活动，带有“科学节”的意味。德国有许多“科学事务所”，大多数叫“生态事务所”，它们向公众提供各种各样的服务，帮助群众团体联系讲座专家，或组织参观学校。

德国的很多基金会一直在积极从事公众理解科学活动，如罗伯特博士基金会，它的活动的主要目的是促进德国科学新闻事业的发展。它举办讲座会，邀请大众传播学的专家、科学记者和学校的公关部人员到会演讲如何进行科学写作；设立奖学金，奖励理科学生到媒体单位实习写作；资助科学写作者参加赴美深造计划。它还出资帮助柏林的自由大学开设科学新闻课程。还有像公众科学工作委员会基金会，是专为促进公众理解科学事业成立的，它主要通过图书印刷和出版代理展开工作，定期出版优秀的印刷刊物。德国有历史悠久的科学杂志《科技展望》，创刊于 1897 年。还有有关科学、环保、博物学和医学方面的杂志。面向公众的教育服务还有广播大学、报纸大学和电视大学。

（二）法国：有声有色的全国性科普活动

法国政府历来重视科普，早在 20 世纪 30 年代，法国政府就建立了以科学发现为主要内容、面向公众的发现宫，即国家科普展览馆。法国政府把科普工作的重点放在以下四个方面：争取社会的支持、让社会了解科学、用科学的武器与愚昧斗争、使青少年热爱科学。特别是20世纪80年代以来，法国高等教育与研究部十分重视科普，增设了年度的科普节、星之夜和科学假日旅游等全国性科普活动，使法国的科普工作有声有色。

法国政府通过开展科普工作深刻感受到，社会对科学技术的接受程度和公众对科学技术的理解运用程度对科学技术在经济和社会发展中的地位起着重要的作用，它直接影响到社会的发展。因此，法国的科普是科学家、科学工作者、群众同心协力参与的真正意义上的公众科普。

（三）荷兰：有计划地支持各种公众理解科学活动

荷兰在20世纪60年代就有了国家的科学政策，由科学政策顾问委员会主管。1973年，该委员会在给政府的白皮书中就提出了公众理解科学的问题，其中说道："要实现公众理解科学的目标，就应求得科学家的帮助，它的实现应当是科学单位的任务，科学政策部门的负责人在其中可以发挥促动的作用。"为此，该委员会倡导举办科学报道培训班，发展科学博物馆的规模，并在荷兰皇家科学院的扶持下成立了"科学服务"机构，专门负责公众理解科学事宜。

（四）西班牙：公众理解科学和科学家理解社会

西班牙政府没有专门的科普政策，但科学研究高级委员会、各大学和博物馆经常参与公众理解科学方面的活动，活动经费由政府提供。教育科学部办有一份《政治科学》杂志，上面经常刊载有关科学政策的文章。科学调查高级委员会时常举办或资助各种科学会议和科学展览，也发行一些刊物。此外，地方上也举办各类科普活动，如加泰罗尼亚科学文化促进委员会常举办各种会议、座谈会或研讨会，加强科学界与公众的接触。该委员会承担的任务包括研究公众理解科学和科学家理解社会等方面的内容。

西班牙有《科学美国人》西班牙文译本，不过名字改成了《调查与科学》。各类科学家和工程师协会组成一个全国范围内的组织网络，该系统内经常召开会议、举行研讨会、出版刊物、积极宣传科学知识。加泰罗尼亚的科学记者协会已开始筹备组建科学促进协会，目的是动员科学家参加科普活动，更好地把科学、文化和社会三者结合起来。

（五）瑞典：开展公众理解科学工作

瑞典的政治比较开明，公众关心政府事务已有200多年的历史。公众作为纳税人，有权利知道他们的钱是怎么使用的，这已形成传统。了解科研成果所带来的好处，了解新的知识已成了公民生活的一种文化意识和纳税人的要求。

瑞典研究工作计划协调委员会在科普宣传活动中发挥了重大的作用。1979年，它受国会的委托接受了新的任务，即制定计划，开展公众理解科学工作。为此，国会追加了专项拨款，使用范围涉及所有的研究领域，不再仅是自然科学范畴。瑞典研究工作计划协调委员会每年开展全国范围的科普周活动，针对中学的科技教育课程，也有若干项计划，重点在于引入研究方法，并鼓励科学工作者参与学校的科技教育工作。它还组织各研究领域的科学工作者撰写科普图书，给以一定的补贴，降低书的价格。该书已成系列，叫做“研究前沿”。另外，瑞典科学记者也有自己的组织，如瑞典科学记者协会。他们主要报导科学、医学和环保方面的内容。

（六）印度：提高科学文化素质

印度提出了“大众基础科学（MSE）”的概念。1999 年，印度发布了关于“提高科学文化素质”的报告，突出强调公民获得和理解科学知识的重要性；在《2003 年科学技术政策》中又进一步明确科学技术政策的首要目标是：确保科学信息可以传达给每一个公民，以便把科学推向前进，并使得每一个公民都可以参与科学技术的发展及其在人类福利方面的应用。

第三节　著名科学家科普案例

“科学必然要科普，科普必然应科学。”① 科学普及与科学家的科研探索是紧密相连而又互相辉映的。科学家常常义不容辞地扮演着科普的主体角色；而科普专家又把“纯科学”的价值和意义向公众通俗易懂地进行普及。江晓原先生访问重庆大学期间谈到科学家科普问题时有这样一段精辟的比喻：

科学和文学，在大众阅读中的命运是不一样的。文学作品可以长久被大众阅读，比如荷马、莎士比亚或《红楼梦》，今天依然可以感动千千万万读者，可是今天谁还去读欧几里得的《几何原本》或牛顿的《自然哲学之数学原理》呢？其实这种命运是一开始就注定了的。文学本来就是面向公众（至少是一部分公众）的，而《几何原本》或《自然哲学之数学原理》原本就不是供公众阅读的。但是，至少从文艺复兴以后，‘科普’的义务就被历史上一些伟大的科学家自觉或不自觉地承

① 靳萍．科普创新模式——中国高校科协理论与实践．科普研究，2007，(1)：6

担起来了。他们已经开始撰写面向公众的学术作品。如伽利略就是这样的科学家之一。

我们从科学发展的历程来看，哥白尼的“日心说”，没有布鲁诺、伽利略的宣扬和普及，便难以掀起近代科学的革命风暴；爱因斯坦相对论及其理论，没有爱丁顿的极力倡导，也不可能家喻户晓；达尔文的进化论，没有赫胥黎“斗犬”般的维护和宣传，便不会深入人心；证明黑洞面积定理的史蒂芬·霍金，如果不是吴忠超将其著的《时间简史》翻译为中文，他也不会在中国读者中耳熟能详。正是科学家们这种对真理的追求和对社会的高度责任感，才使得科学的理性之光不断照耀着普通大众，使之走进人类智慧的殿堂。

一、日心说的誓死捍卫者——布鲁诺、伽利略

科学的真理不应在古代圣人的蒙着灰尘的书上去找，而应该在实验中和以实验为基础的理论中去找。真正的哲学是写在那本经常在我们眼前打开着的最伟大的书里面的。这本书就是宇宙，就是自然本身，人们必须去读它。

——伽利略

在真理面前，我半步也不退让！

——布鲁诺

欧洲的中世纪，正是封建社会向资本主义社会转变的关键时期。长期以来，为了巩固封建统治的秩序，神权统治的欧洲用神学代替了科学，用野蛮代替了自由。神学家们荒诞地宣称，宇宙是一个充满“各种等级的天使和一个套着一个的水晶球”，而静止不动的地球就居于这些水晶球的中心。他们推崇古希腊天文学家托勒密的“地球是宇宙中心”的学说，因为在神学家看来，太阳是围绕地球运转的，因为上帝创造太阳的目的，就是要照亮地球，施恩于人类。这是永恒不变、颠扑不破的真理。波兰天文学家哥白尼40岁时提出了“日心说”，并经过长年的观察和计算完成了他的伟大著作《天体运行论》。哥白尼的“日心说”沉重地打击了教会的宇宙观，由此，产生了布鲁诺、伽利略誓死捍卫“日心说”的生动故事。

意大利哲学家、思想家布鲁诺，出生于意大利那不勒斯附近的诺拉镇。他幼年父母双亡 ，家境贫寒，靠神父们收养长大。他自幼好学，15岁那年当了多米尼修道院的修道士，凭顽强自学的毅力，后来成长为知识渊博的学者。这位勤奋好学、勇敢的青年人，一接触到哥白尼的《天体运行论》，立刻激起了他火一般的热情。布鲁诺信奉哥白尼学说，所以成了宗教的叛逆，被指控为异教徒并被革除了教籍。从此，他便完全摒弃宗教思想，承认科学真理，并为之奋斗终生。

公元1576年，年仅28岁的布鲁诺逃出修道院，长期流浪在欧洲的瑞士、法国、英国和德国等国家。他四海为家，到日内瓦、图卢兹、巴黎、伦敦、维登堡和许多其他城市宣传科学真理，做报告、写文章，还时常出席一些大学的辩论会，用他的笔和舌毫无畏惧地积极颂扬哥白尼学说，无情地抨击官方经院哲学的陈腐教条。布鲁诺在科学研究方面，提出了千千万万颗恒星都是如同太阳那样巨大而炽热的星辰，这些星辰都以极大的速度向四面八方疾驰不息的观点，并认为各类星体的周围也有许多像我们地球这样的行星，行星周围又有许多卫星。生命不仅在我们的地球上有，也可能存在于那些人们看不到的遥远的行星上。布鲁诺在著作《论无限宇宙和世界》一书中，捍卫哥白尼的日心说，并明确指出"宇宙是无限大的"，"宇宙不仅是无限的，而且是物质的"。布鲁诺以超人的预见大大丰富和发展了哥白尼学说。他还著有《诺亚方舟》，抨击死抱《圣经》的学者。

由于布鲁诺不遗余力的大力宣传，哥白尼学说传遍了整个欧洲。天主教会深深知道科学对他们是莫大的威胁，于是公元1619年，罗马天主教会议决定将《天体运行论》列为禁书，不准宣传哥白尼的学说。但是，布鲁诺以勇敢的一击，将束缚人们思想达几千年之久的"球壳"捣得粉碎。天主教会的人在绝望中恼羞成怒，建议当局将布鲁诺活活烧死。布鲁诺似乎早已料到，当他听完宣判后，面不改色地对这伙凶残的刽子手轻蔑地说："你们宣读判决时的恐惧心理，比我走向火堆还要大得多。"1600年2月17日，在罗马的鲜花广场上，他被赤身绑在火刑架上，但是他的精神却一点也不颓废，两眼熠熠发光。当火点燃了，也就是在他生命的最后一刻，他庄严地呼唤道："火并不能把我征服，未来的世纪会了解我，知道我的价值的。"

伽利略与布鲁诺是同时代的人。伽利略也是读了哥白尼的《天体运行论》后才相信哥白尼学说的。太阳是太阳系的中心，地球和其他行星都围绕着太阳运转的理论，即太阳中心说，引起了伽利略的极大兴趣。伽利略还用望远镜观察到太阳表面的黑子，月球表面的山峦起伏。他发现月球表面远非人们原来想象的那般平滑光洁。通过自己的观测和研究，伽利略逐渐认识到哥白尼的学说是正确的，而托勒密的地心说是错误的，亚里士多德的许多观点也是站不住脚的。伽利略的著作《太阳黑子通信集》和《星际使者》明确表示他已是一个哥白尼天文学观点的坚定支持者。后来，伽利略的名著《关于托勒密和哥白尼两大世界体系的对话》流芳百世，正如江晓原先生所说："这真是一本极妙的科普著作啊！"

伽利略和那时禁锢着人们思想的亚里士多德学说学派进行着斗争。他不仅发表了批驳亚里士多德学说的论文，还通过书信毫不掩饰地支持哥白尼的学说，甚至把信件的副本直接寄给罗马教会。由此，科学和神学不可调和的斗争爆发了。

人类历史上一次骇人听闻的迫害就这样开始了。这时候的伽利略已是一位

69 岁的老人，疾病缠身，行动不便。许多关心他的人到处为他说情，但是罗马教皇恼怒地说："除非证明他不能行动，否则在必要时就给他戴上手铐押来罗马！"就这样，1633 年初，伽利略抱病来到罗马。在罗马宗教裁判所充满血腥和恐怖的法庭上（图 10-1），真理遭到谬误的否决，科学受到神权的审判。那些满脸杀机的教会法官们，用火刑威胁伽利略放弃自己的信仰，否则他们就要对他处以极刑。年迈多病的伽利略绝望了，他知道，真理是不可能用暴力扑灭的。尽管他可以声明放弃哥白尼学说，但是宇宙天体之间的秩序是谁也无法更改的。在审讯和刑罚的折磨下，伽利略被迫在法庭上当众表示忏悔，同意放弃哥白尼学说，并且在判决书上签了字。

"为了处分你这样严重而有害的错误与罪过，以及为了你今后更加审慎和给他人做个榜样和警告，"穿着黑袍的主审法官当众宣读了对伽利略的判决书，"我们宣布用公开的命令禁止伽利略的《关于托勒密和哥白尼两大世界体系的对话》一书；判处暂时正式把你关入监狱内，根据我们的意见，以及使你得救的忏悔，在三年内每周读七个忏悔的圣歌……"伽利略眼前顿时一片黑暗，等待他的命运是终身监禁和失去科学研究的自由。但是这个倔强的科学家最后在判决书上签字时，嘴里仍然自言自语地说："地球确实是在转动的啊！"

图 10-1　伽利略在罗马教廷受审

伽利略的晚年是非常悲惨的。这位开拓了人类的眼界，揭开了宇宙秘密的科学家，1637 年双目完全失明，陷入无边的黑暗之中。他唯一的亲人——小女儿玛丽亚先他离开人间，这给他的打击是很大的。但是，即使这样，伽利略仍旧没有失去探索真理的勇气。1638 年，他的一部《关于两门新科学的对话》在朋友的帮助下得以在荷兰出版，这本书是伽利略长期对物理学研究的系统总结，也是现代物理学的第一部伟大著作。后来，宗教裁判所对他的监视有所放宽，他的几个学生，其中包括著名物理学家、大气压力的发现者托里拆利来到老人身边，照料他，同时也是向他请教。他们又可以愉快地在一起讨论科学发明了。

1642 年 1 月 8 日，78 岁的伽利略停止了呼吸。但是他毕生捍卫的真理却与世长存。具有讽刺意味的是，300 多年后的今天，1979 年 11 月，在世界主教会议上，罗马教皇提出重新审理“伽利略案件”。为此，世界著名科学家组成了一个审查委员会，负责重新审理这一冤案。其实，哪里还用得着审理呢？宇宙飞船在太空飞行，人类的登月探索，人造卫星的上天，宇宙测探器飞出太阳系发回的电波……所有这些现代科学技术的进步，早已宣告了宗教神学的彻底破产，人类将永远记住伽利略这个光辉夺目的名字。

布鲁诺和伽利略不畏宗教势力的野蛮摧残，最终以生命的代价捍卫了科学真理的尊严！值得我们永远敬仰和学习。

二、广义相对论的倡导者——爱丁顿

亚瑟·斯坦利·爱丁顿（Arthur Stanley Eddington，1882 ~ 1944）（图 10-2），英国天文学家、物理学家、数学家。在第一次世界大战期间，英国人并不太清楚德国的科学进展，爱丁顿在 1919 年撰写了《重力的相对理论报导》，第一次用英文向世界传播了爱因斯坦的广义相对论理论。

爱丁顿出生于英格兰肯达尔一个贵格会家庭。他的父亲是一位中学校长，死于 1884 年席卷英格兰的伤寒大流行，他的母亲独立承担抚养他们姐弟俩的责任。爱丁顿幼年在家中随母亲学习。1893 年，他进入布里麦伦学校，显示出数学和英国文学方面的天赋。1898 年，他获得 60 英镑的奖学金，因此得以进入曼彻斯特维多利亚大学的欧文斯学院学习物理学，并于 1902 年以优异成绩获得科学学士学位。因为突出的成绩，他获得剑桥大学三一学院 75 英镑的奖学金，于 1905 年获三一学院硕士学位，进入卡文迪许实验室研究热辐射。爱丁顿对数学、物理学和天文学有着极大的兴趣，特别是对大数的

图 10-2　爱丁顿

研究。比如，1926 年，爱丁顿在牛津给英国学术协会做晚会演讲时是这样开头的：恒星具有相当稳定的质量，太阳的质量为——我把它写在黑板上：2000000000000000000000000000 吨。但愿没写错数字零的个数，我知道你们不会介意多或者少一两个零，可大自然在乎。1905 年，他到格林尼治天文台（也称"格林尼治天文台"）工作，分析小行星爱神星的视差，他发现了一种基于背景两颗星星的位移进行统计的方法，因此于 1907 年获得史密斯奖。这个奖项使他获得剑桥大学的研究员资格。1912 年，达尔文的儿子，剑桥大学的终身教授去世，爱丁顿被推荐接替他的职位。1913 年初，爱丁顿被任命为剑桥大学天文学和实验物理学终身教授。1914 年，爱丁顿被任命为剑桥大学天文台台长，不久就被选为英国皇家学会会员。①

众所周知，相对论的创立者是爱因斯坦，但提到对相对论的推广，则离不开爱丁顿。第一次世界大战后，1918 年，虽然英国与德国是敌对国，但在科学界朋友们的协助下，对科学成就最新进展极为关注的爱丁顿还是很快地得到了爱因斯坦的论文。他经过仔细地阅读和研究，不禁为爱因斯坦的卓越见解而喝彩。正如爱因斯坦在系统阐述自己理论的最后一段写道："任何一个人，只要对这一理论有着充分的理解，那么要从不可思议的魔法中逃脱出来几乎是不可能的。"毫无疑问，爱丁顿就是陷入到这个理论的魔法之中了。因为在随后的两年里，他花了很多的精力去品味爱因斯坦的相对论，并完成了一篇题为《关于相对论引力理论的报告》的科学论文。爱丁顿的这篇论文条理清楚、简明扼要，直到今天，对于相对论的初学者来说，仍然是一篇优秀的科普入门读物。

正是由于爱丁顿对广义相对论的投入与热情，影响了一批天文学家和物理学家，如戴逊等天文学家就被广义相对论理论的深奥与精彩所深深吸引住。不过，这一理论，还得在一种非常罕见的天文现象——日全食发生的条件下，通过实地观测来解释。幸运的是，1919 年 5 月 29 日，在南半球的中纬度地区就有一次日全食发生。

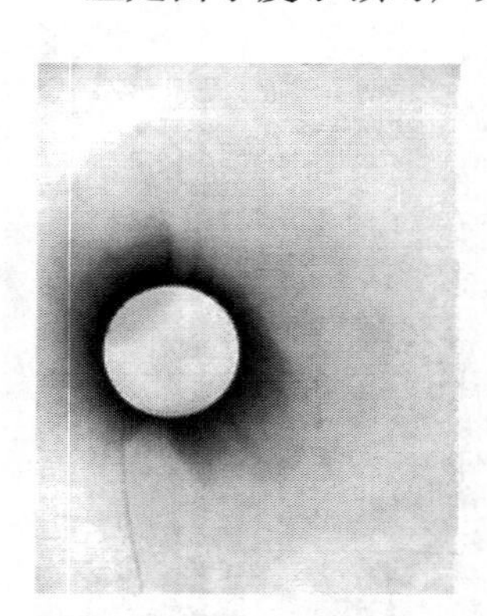

图 10-3 爱丁顿拍摄的日全食

在 1918 年，也就是第一次世界大战后最黑暗的年月里，格林尼治天文台与剑桥大学各筹划了一支考察队，到西非普林西比岛去观测这次日全食，其目的是对爱因斯坦的广义相对论进行一次有决定性意义的检验。爱丁顿率领的观测队，观察拍摄了发生日全食时太阳附近的星星位置（图 10-3）。根据广义相对论理

① Chandrasekhar S. 爱丁顿：当代天体物理学家. 吴智仁，王恒碧译. 上海：上海远东出版社，1991

论，太阳的重力会使光线弯曲，太阳附近的星星视位置会变化。

在爱丁顿的科学日志中，对于这次考察他作了如下的论述：

光线的弯曲影响到出现在太阳附近的恒星，因而，只有当月亮把太阳耀眼的光辉完全遮去之时，也就是日全食期间才能进行这种观测。即使在那时候，还是有大量的太阳日冕光线伸展到离日面很远的地方。因此，在观测时还是需要在太阳附近有一些足够亮的星，它们不会被日冕的光芒所淹没，这样就可以以它们为参考点进行观测了。

在迷信时代，希望完成一项重要实验的自然科学家往往会去请教占星家为他的实验确定一个黄道吉日。随着科学技术的发展的今天，向星星请教的天文学家则有更充分的理由宣布：一年中考察光线的最佳日期是5月29日。其原因是太阳沿着黄道作周年运动，在它所经过的地方恒星的密集程度是不同的，但是在5月29日这一天，太阳正好位于非常少有的一片亮星——毕宿星团之中，这是它最好的星场，比其他的任何地方都要好得多。那么如果是在历史上另外某个时期提出这一问题的话，也许要等上几千年才能在这个幸运的日子里发生一次日全食。1917年3月，皇家天文学家戴逊爵士就已意识到这个大好的时机，在他的建议下，由皇家协会与皇家天文学会组成的一个委员会开始为进行观测做准备工作。计划始于1918年，而人们直到最后时刻还在怀疑是否存在着能使考察队出发的任何可能性，但事实否定了这种怀疑。戴逊爵士在格林尼治组织了两支考察队，一支奔赴巴西的索布拉尔，另一支则开到西非的普林西比岛。索布拉尔考察队由克洛梅林博士与戴维逊先生带领；普林西比考察队则由科丁汉先生和我带领。巴西组日食时的天气是理想的，最终是由他们提供了最有决定性意义的证明。而普林西比的情况则相当糟，日食那天层云密布，天上还下着雨，几乎是没有任何希望了。

在停战之前要仪器制造商完成全部工作是不可能的，而且因为考察队必须在2月份起航，大量的准备工作急待完成。直到接近全食阶段时，太阳才开始隐隐约约地露面；我们的工作按计划进行，希望情况也许不会像看上去那么坏。全食终了之前云层一定是变薄了，因为在多次失败中得到了两张星相的底片，将它们与太阳处于其他位置上时对同一星场所拍摄的底片进行比较，这样它们的差异就表示了因光线在太阳附近经过时的弯曲现象所造成的恒星的表观位移。以当时面前的问题存在着三种可能性。也许光线没有发生任何偏折，这就是说光线可能不受引力的影响。也许光线出现“半偏折”，这表示如牛顿所以为的那样光线要受到引力的影响，它服从于简单的牛顿定律。也可能是“全偏折”，从而证实了爱因斯坦定律而并非牛顿定律。到底是哪一种呢！日食后计算工作最终完成了，是“全偏折”，我知道爱因斯坦的理论经受住了这次考验，这种崭新的科学思想一定会被大家所接受的。

1919年11月6日，在英国皇家学会和皇家天文学会联席会议上，戴逊与爱丁顿就这次考察的科研成果作了报告。会议经过讨论之后，由皇家学会的会长汤姆孙发表了如下的意见：

事实上，牛顿确已在他的《光学》一书中就光线弯曲现象，以提问的形式指出了这一点，而根据他的看法大体上应当得出偏值的一半。但是这项结果并非是一个孤立的结果；它是由许多科学观念构成的某种整体结构的一部分，并且影响到物理学中的一些最基本的概念。这次科学考察的研究成果，可以称得上是牛顿时代以来，在引力理论方面所取得的最重要结果，因而把它们放在和牛顿密切有关的皇家学会的会议上来加以宣布，无疑是十分恰当的。①

汤姆孙的发言，无疑已经表明了古典力学的大本营——英国科学界已经承认了爱因斯坦广义相对论的正确性。会议最后，由皇家天文学会会长琼斯将两枚金质奖章颁发给戴逊和爱丁顿。随之，《伦敦时报》的新闻以横栏标题“科学革命推翻了牛顿的观念——空间‘会弯曲’”发布了这一消息。接着，美国的《纽约时报》及世界各地的媒体都以同样的方式进行了及时报道。从此，爱因斯坦名声大震，几乎成了全世界家喻户晓的科学人物，成为理性革命精神的象征。爱丁顿做了许多工作，把爱因斯坦的理论建筑在严格坚实的基础之上。爱丁顿在他的《相对论的数学原理》中，还极为精辟地阐述了这一理论。据说当时有记者问爱丁顿是否全世界只有三个人真正懂得相对论，爱丁顿回答“谁是第三个人?”正是由于爱丁顿的传播，爱因斯坦的广义相对论才推广到了讲英语的国家之中……

三、“达尔文斗士”——托马斯·赫胥黎

在事实面前要像小孩子那样老老实实地坐下来，准备放弃一切先入之见，谦卑地追随大自然引向的任何地方和任何深渊，否则，你什么也学不到。我是达尔文的斗犬。我准备接受火刑，如果必要！……我正在磨利的牙爪，以备来保卫这一高贵的著作！

——托马斯·赫胥黎

① Coles P. 爱因斯坦与大科学的诞生．李醒民译．北京：北京大学出版社，2005

1859年11月3日，达尔文的科学名著《物种起源》出版了。这一天，伦敦街头的几家书店门前，人声鼎沸，挤满了许多前来购买这本刚出版的新书的读者。初版的1250册新书，当天就被争购一空。这本观点新奇、内容独特的著作一出版，立即在英国学术界掀起轩然大波：一些人兴高采烈，拍手称赞；一些人恼羞成怒，暴跳如雷；更多的人则把它当成奇闻传说，到处宣扬。就连达尔文在剑桥大学的老师、地质学家塞茨威克都写信给达尔文说："当我读着你的这本书时，感到痛苦多于快乐。书中有些部分使我觉得好笑，有些部分则使我忧愁。"他还在杂志上发表不署名的文章，讽刺挖苦达尔文的学说是企图"用一串气泡做成一条坚固的绳索"。一位美国地质学家则攻击达尔文的著作是"恶作剧"，一批教会首领对达尔文的著作更是咬牙切齿，恨之入骨，企图组织反进化论者群起而攻之。他们有人写匿名信威胁达尔文："你是英国最危险的人！""打倒达尔文！"一场大论战已经不可避免了。

当时，进化论思想还没有普及，进化论者的队伍也不够壮大，在这场大论战中支持达尔文的人处于少数。为了有力地反击教会反动势力的围攻，捍卫进化论思想的纯洁性，达尔文是多么希望得到同道之士的支持啊！于是，达尔文给伦敦矿物学院地质学教授赫胥黎（图10-4）郑重地寄去一本自己的作品，请他谈谈对这本书的看法和评价。赫胥黎以极大的兴趣，一气呵成读完了这本书。他认为，尽管书中的某些不甚重要的结论，还有待研究与探讨，但通篇而论，这部论著有着极宝贵的价值，是一本划时代的杰作，它必将引起一场深刻的科学思想革命。赫胥黎告诉达尔文，他将全力以赴地投入到这场捍卫科学思想革命的大论战中去。他在信中说："为了自然选择的原理，我准备接受火刑，如果必要的话。""我正在磨利的牙爪，以备来保卫这一高贵的著作。"赫胥黎郑重地宣布："我是达尔文的斗犬。"①

图10-4　托马斯·赫胥黎

1860年6月30日，英国科学促进会在牛津大学会议厅召开了关于进化论的辩论会。以大主教威尔伯福斯率领的一批阵容庞大的教会人士和保守学者为一方；以赫胥黎、胡克等达尔文学说的坚决支持者为一方，如图10-5所示。从步入会场，赫胥黎就感受到人们投来的种种不同的目光，有大学生新鲜和好奇的目

① Murray N. 赫胥黎传．夏平，吴远恒译．上海：文汇出版社，2007

光，有科学界同行热情和期待的目光，也有那些主教、“权威”们攻击和嘲弄的目光，他仿佛还听到哪些浑身珠光宝气的太太小姐们的窃窃私语。当时，进化论创立者达尔文由于健康的原因没有到会，这更加剧了人们的种种猜测。因此，赫胥黎便更加引人注目。而他却镇定自若，明白自己的处境。

图 10-5 威尔伯福斯与赫胥黎

首先登上讲坛挑起争端的是英国杰出的解剖学家欧文，他从解剖学的角度强调了大猩猩的脑和人脑的差异，并企图以此否定人类是由猿进化而来的观点。赫胥黎当场予以驳斥。接着，另外有一些学者继续攻击达尔文的进化论，由此形成反进化论的浓浓气氛。英国圣公会主教威尔伯福斯以为时机成熟，得意洋洋地起来发难。这是一个宗教教义的顽固维护者，青年时在牛津数学院得过头奖，一贯恃才自傲，大家也认为他对自然科学各个领域无不精通。同时，他又能言善辩，以“油嘴的山姆”著称，因而教会选他出来维护正统教义。果然，主教趾高气扬地走上讲台，肆无忌惮地攻击起进化论。他摇唇鼓舌，耸人听闻说：“朋友们，从达尔文先生的道理中，我们只能得出两种结论：要么是人类缺少一个不朽的灵魂；或者相反，每个动物、每种植物都有一个不朽的灵魂。每只虾、每只土豆……甚至一条低级的蚯蚓都有不朽的灵魂。如果是这么一回事，我想，今天晚上我们回家以后，就谁也别打算能吃下一份烤牛肉了。”主教对进化论肆意歪曲一通之后，转向坐在旁边的赫胥黎，以讥讽的口吻问道：“我要请问一下坐在我的旁边，在我讲完以后要把我撕得粉碎的赫胥黎教授，请问他关于人从猴子传下来的信念。请问：

‘跟猴子发生关系的，是你的祖父的一方，还是你的祖母的一方？’”①

然后，他转用庄严的口吻，结束了他的恶毒的攻击。他蛮横地声称，达尔文学说是异端邪说，严重违反教义，千万不可相信。这些刻薄的话音刚落，坐在会场前面的教徒团就喧嚷附和起来，并且拼命鼓掌，那些看热闹的太太小姐们也疯狂地挥动着白手帕呐喊助威。主教得意地看着赫胥黎，以为这个群起而攻之的场面一定会吓退赫胥黎。

赫胥黎的嘴角掠过一丝轻蔑的笑容。他从容不迫地站起身来，用充满自信的语调开始陈述自己的观点。他首先点明了人类起源问题的艰难性和重要性，然后引用了解剖学、人猿比较学、胚胎发生学等学科的知识，以确凿的事实和严密的逻辑推理，旁征博引，论述了人猿同祖的理论。他那生动而又深入浅出的说明，使在场的听众中即使没有解剖学专门知识的人也能明白，而且不容置疑，许多人都被他那雄辩的话语所折服和吸引。

对于主教威尔伯福斯的嘲讽，赫胥黎蔑视地回答道："关于人类起源于猴子的问题，当然不能像主教大人那样粗浅地理解，这只是说人类是由类似猴子那样的动物进化而来的。但是主教大人并不是用平静的、研究科学的态度向我提出问题，因此我只能这样回答……一个人没有理由因猴子是他的祖先而感到羞耻，而不学无术、信口雌黄……企图用煽动一部分听众的宗教偏见来压倒别人，这才是真正的羞耻呀！"最后赫胥黎说，他宁愿"要一个可怜的猿猴作自己的祖先"，也不要一个运用自己优厚的天赋和巨大的影响，却把"嘲讽奚落带进庄严的科学讨论"的人作祖先。这样，赫胥黎便巧妙地把这位主教大人比得连一只猴子也不如了。赫胥黎这一番义正词严、有理有据的话语，无情地揭露了主教的愚昧无知，震惊了所有的听众，令主教威尔伯福斯张口结舌、羞愤交加，当即退出了会场。

赫胥黎驳斥完了以后，人群中爆发出一阵热烈的掌声。接着很多有正义感的学者、牛津大学的一些教师纷纷站出来，从不同方面阐述进化论，宣扬人猿同祖论，支持赫胥黎，拥护达尔文的进化论。而宗教神学的卫道士们则手足无措，无言以对。1860 年 6 月 30 日，赫胥黎与主教威尔伯福斯的这场短兵相接、针锋相对的大论战，最后以赫胥黎为代表的进化论者大获全胜而载入科学史册，赫胥黎本人也以其正直无畏、机智勇敢而赢得了"达尔文斗士"的称号。

四、中国航天之父——钱学森

钱学森于 1911 年 12 月 11 日出生在上海，3 岁时随父亲到了北京。1929 年

---

① Hellman H. 真实地带：十大科学争论．赵乐静译．上海：上海科学技术出版社，2005

毕业于北京师范大学附属中学。1934 年毕业于国立交通大学。1935 年赴美留学。1938 年在加利福尼亚理工学院著名航空航天专家冯・卡门指导下获博士学位。1955 年，钱学森冲破美国当局的层层阻挠回到了祖国，投身于创建中国航天事业之中。

早在 20 世纪 30 年代末到 40 年代期间，钱学森与冯・卡门合作研究出了诸多成果，并由他们共同署名发表了许多论文。在他们师生之间，充满了深厚的情谊和合作的精神。这在美国的科技界也成为佳话。在 1940 年年底的美国航空学会年会上，钱学森宣读了一篇关于薄壳体稳定性的研究论文。这是一个难度极大而实用价值极高的科研课题。这篇论文对这个领域中的一系列艰深的问题做出了开拓性的解释和回答，受到与会者的高度评价。这项独立研究的成果，成为了钱学森的成名之作。他后来的许多重要论述，一再引起国际动力学界极大的兴趣和重视。尤其是，他和冯・卡门共同创造的著名的"卡门 – 钱学森公式"，更是翻开了人类航空科学史上闪光的一页。

所谓卡门 – 钱公式，又称卡门 – 钱学森法，是指由冯・卡门和钱学森名字命名的定律。该定律第一次发现了在可压缩的气流中，机翼在亚音速飞行时的压强和速度之间的定量关系，通俗地说，就是关于当飞机的飞行速度接近每秒为 340 米的音速时，空气的可压缩性对机翼和机身的升力的影响究竟有多大的探讨，卡门 – 钱公式回答了这个问题，准确地表达了这种量的关系，并且为实验所证明。卡门 – 钱公式成为空气动力计算上的权威公式，并被用于高亚音速飞机的气动设计。如今，几乎每个从事空气动力学研究的人员都熟知卡门 – 钱公式。德国著名的空气动力学家科柯・奥斯瓦梯许，在 1952 年出版的《气体动力学》一书中，用了一节的篇幅专门介绍了卡门 – 钱公式。冯・卡门在他的一篇回忆文章中写道："我和钱在那一段密切合作时期，他给我留下的印象很深。他有饱满的热情，充沛的精力和智慧的大脑，同时有很高探索未来科学的激情。我们之间的合作是饶有成果的。"①

一篇科学论文，可能只有几十页文字，与洋洋洒洒的长篇小说简直不可比拟。可是，它究竟有多大的劳动含量，这是许多人所不了解的。对此，钱学森曾经做过说明。那是在 1962 年北京电力学会举办的学术报告会上，他说：

> 发表一篇科学论文，大家所能看到的内容，这是作者在科研工作中"校对了"的那一部分，而错的部分以及从错到对的那个过程，都不能写到论文里去的。往往以论文形式发表出来的这一部分正确的东西，只是作者对这个问题全部科学研究工作量的十分之一的，甚至是百分之

① 上海交通大学．钥匙——走进钱学森晚年学术世界．上海：上海交通大学出版社，2005

一，其他十分之九，或百分之九十九的曲折和错误，都只记在他自己的笔记本里，锁在抽屉里。因此，每一项科学研究成果，写出来清清楚楚的，看起来头头是道，都是经过自己大量劳动的结晶，是来之不易的。

我过去发表过一些重要论文，关于薄壳方面的论文，只有几十页。可是，我反复推敲演算，仅报废的演草纸就有700多页。要是拿出一个可以看得见的成果，它仅仅像一座宝塔上的塔尖。①

人们常说：成就是苦根上结出的甜瓜。由此可知，胜利者头上的桂冠，都是用荆棘编成的。钱学森之所以能够从一个胜利走向另一个胜利，毫不停顿，是因为他把有意义的科学研究，看做是一个没有穷尽的过程，并以不间断地探索为乐趣。

1943年，钱学森与马林纳合作完成的研究报告《关于远程火箭的评论与初步分析》，为美国20世纪40年代成功研制地对地导弹和探空火箭奠定了理论基础。其设计思想被用于“女兵下士”探空火箭和“二等兵A”导弹的实际设计中，所获经验直接导致了美国“中士”地对地导弹的研制成功，并成为后来美国采用复合推进剂火箭发动机的“北极星”、“民兵”、“海神”导弹和反弹道导弹的先驱。由于他对火箭技术理论卓有建树，并于1949年提出核火箭的功能设想，因而在当时被公认为火箭技术方面的权威学者。

20世纪50年代以来，钱学森的名字与中国航天事业的发展紧密地联系在一起。钱学森回国后，于1956年2月17日，向国务院提交了一份《建立我国国防工业意见书》，为我国火箭技术的发展提出了极为重要的实施方案。同年10月，他又受命组建我国第一个火箭研究院——国防部第五研究院，并担任第一任院长。接着，他长期担任航天研制的技术领导。在他的参与下，1960年11月，我国成功发射第一枚仿制火箭；1964年6月，我国第一枚自行设计的中近程火箭飞行试验取得成功；1965年，钱学森建议制定人造卫星研制计划并列入国家任务，最终使我国第一颗卫星于1970年奔向太空。多年来，钱学森如同一颗钉子，牢牢地钉在使火箭腾飞的岗位上，岿然不动。他头上曾经带了许多头衔，闪烁着一层层光环。但是，不论他的地位，他的处境如何变换，钱学森总是一脸的自信和坦然。就是在这种自信和坦然中，一枚枚赶超世界先进水平的火箭，从中国的大漠腹地，从晋北的山窝，从川藏高原，挟时代风雷，频频射入蓝天……中国人“飞天”与“奔月”的梦想，正在逐步变为现实。中国继2003年成功发射“神舟”五号载人飞船后，于2005年成功发射“神舟”六号载人飞船，并完成航天员在太空中操作仪器，开展空间科学实验等任务。2008年，中国成功发射了“神舟”七号载人飞船，实现了中国宇航员在太空遨游，未来还将发射“神舟”

① 王文华．钱学森实录．成都：四川文艺出版社，2001

八号……

钱学森（图 10-6）把控制论发展为一门技术科学——工程控制论，为飞行器的制导理论提供了基础。他还创立了系统工程理论，在实践中广泛应用。由于钱学森在中国航天科技方面的卓越成就，他得到了国际上同行的关注。1989 年 6 月，国际理工研究所向他颁发了小罗克韦尔奖章；1991 年 10 月，我国政府授予他“杰出贡献科学家”的称号。国际科学技术协会主席塔巴致信中国驻美大使韩叙，信中称：中国著名科学家钱学森获 1989 年威拉德·罗克韦尔技术杰出奖，钱学森的名字已正式列入《世界级工程、科学、技术名人录》，并同时授予“国际理工研究所名誉成员”的称号，表彰他对火箭导弹技术、航天技术和系统工程理论做出的重大开拓性贡献。世界超音速时代之父冯·卡门说道：“钱氏作为加州理工学院学生时，我就因他在喷气推进和超声速飞机设计方面的才智而对他宠爱。”“人们都这样说，似乎是我发现了钱学森，其实，是钱学森发现了我。”

图 10-6　钱学森在讲台上

钱学森对中国科普事业给予的希望。20 世纪 80 年代我国著名科学家、中国现代物理学家、世界著名火箭专家、中国科协第三届主席钱学森对科普工作给予了殷切的希望，他说：

> 我近来同中国科协的同志谈，科学普及工作在今天已有发展：可以分为两大方面，一方面是大面积的科普，另一方面是对广大机关工作的干部的科普。前者又可分为农村、集镇的“大农业”（即农、林、牧、副、渔、工、商贩、运输）的科普，和为城市的“大工业”（即工业生产、第三产业）的科普。这种大面积科普对提高劳动生产率关系极大，

可以大大提高生产技术，叫产值翻番。这方面我们不是发明人，我们是从资产阶级那里学来的，但我们要加以发展罢了。现在这项重要工作由省、市、地、县、乡的科协在抓。科技工作者的任务是提供教材。后一方面对干部的科普，也可以归入干部的继续教育，这也非常重要，“科盲”是当不好干部的。这里也是一个提供教材的工作；科协出版的《现代化》杂志可以进一步充实为面对干部科学教育刊物。我以前称此工作为“中级科普”。从前我还有一档，叫“高级科普”，为了科技专家们了解非各自领域的新发展，以开阔思路用的。我现在看，这个名称太泛，没有标明其特性，所以改为“宏观学术交流”。这样，经典意义的科普是上面讲的大面积科普，对象在我国有几亿人。派生出来的是对干部的科学教育，对象有千万人。至于宏观学术交流，即不是科普，是一种跨学科、跨行业的学术活动。以上是我对科普及有关问题的一些思考。

一个专业科技工作者如果不能够向非专业的或不在行的人说清楚一个科学技术问题，他的学习和知识就是不完全的。一个专业科技工作者要会写学术论文，同时也应该会写科普文章，要把科学领域里的成就写得通俗易懂，人们爱看，才算够格。

科普读物并不只限于对青少年。现代科学技术都是各干各的，各式各样的专家，所谓隔行如隔山，不互相了解，不知道科学技术发展的全貌，对于钻一门科学技术的科学家是不利的。所以现在世界上也很重视对专业的科学技术人员做科普工作，就是介绍其他学科的科学技术的最新发展。这个我们有时候叫“高级科普”。

科协的工作要大胆地干，不要缩手缩足，要有工人阶级的气概。除了组织学术交流外，科协一定要把科普当成一项伟大的战略任务来抓。每一个科协的会员，每个科学技术工作者都有科普的责任。①

钱学森历来主张，一个有责任感的科技工作者应当把科普视为自己事业的一部分。钱学森认为一个科学专家，如果不能把本专业知识通俗地表达出来，怎么能说他精通了本行的专业呢？我们现在一些科技工作者，讲起话来，专业术语满天飞，也不分什么场合，什么对象，都是那一套术语，别人能听懂吗？能不能把语言说得通俗一些呢？

钱学森还提议：大学生毕业时除了交一篇毕业论文外，还要写一篇通俗易懂的科普文章。研究生应该完成两个版本的硕士或博士毕业论文，一个是专业版本，一个是科普版本。

---

① 王文华．钱学森实录．成都：四川文艺出版社，2001

综上所述，钱学森不仅对中国的科学事业做出了重要贡献，而且对中国的科普事业也给予了希望。他对科学与科普提出的“宏观学术交流”、“高级科普”等经典论述，值得我们在今天大学科普这个新兴领域里去反思。

实现钱老的遗愿，也是本书提出大学科普试探性研究的重要缘由之一。

五、世界科普大师——史蒂芬·霍金

当你面临着夭折的可能性，你就会意识到，生命是宝贵的，你有大量的事情要做。

——斯蒂芬·霍金

是先有鸡，还是先有蛋？宇宙有开端吗？如果有的话，在此之前发生过什么？宇宙从何处来，又往何处去？

——斯蒂芬·霍金

活着就有希望。时间有没有尽头？我注意过，即使是那些声称“一切都是命中注定的而且我们无力改变”的人，在过马路前都会左右看。

——斯蒂芬·霍金

史蒂芬·威廉·霍金（Stephen William Hawking，1942～）（图10-7）是剑桥大学应用数学及理论物理学系教授，量子宇宙学之父，也是本世纪享有国际盛誉的伟人之一。20世纪70年代霍金与彭罗斯一道证明了著名的奇性定理，为此他们共同获得了1988年的沃尔夫物理奖。他还证明了黑洞的面积定理。由霍金提出的“霍金辐射”理论修正了人类对黑洞的认识，将现代宇宙学推向了一个新的高峰。由此，霍金被誉为继爱因斯坦之后世界上最著名的科学思想家和最杰出的理论物理学家。

图10-7　霍金

霍金是一位非常富有传奇性的科学家。目前，他就职于英国剑桥大学数学科学中心，担任的职务是剑桥大学有史以来最为崇高的教授职务，就是牛顿和狄拉克担任过的卢卡斯数学教授。

霍金也是现代科普作家，他的科普代表作是1988年撰写的《时间简史》，这是一部优秀的天文科普著作。作者想象丰富，构思奇妙，语言优美，字字珠玑，描述了世界之外、未来之变和神奇而美妙的宇宙。这本书至今被译成近40种语言，累计发行量约2500万册。霍金在书中，试图勾勒出我们心目中的宇宙历史——从大爆炸到黑洞。在第一讲里，他简要地回顾了过去关于宇宙的构想，并说明人类是如何得到目前的世界图景的。这或许可以称之为宇宙史的历史。第二讲里，他解释了牛顿和爱因斯坦的两种引力理论为什么都会得出这样的结论——宇宙不可能是静态的，它不得不或是膨胀，或是收缩。而这又意味着，在前200亿年到前100亿年之间，必定有某一时刻，那时宇宙的密度为无穷大，这就产生了所谓的宇宙大爆炸。很有可能这就是宇宙的开端。第三讲里，他谈到黑洞。黑洞是当某个巨大的星球，或者更大的天体，受其自身引力吸引而自行塌缩（塌陷并紧缩）形成的。根据爱因斯坦的广义相对论，任何蠢得掉进黑洞的傻瓜都会永远消失，他们将无法再逃出黑洞。而有关他们的历史，则将到达一个奇点，一个痛苦的终点。不过，广义相对论是经典理论——也就是说，它没有考虑量子力学的不确定原理。第四讲里，他论述了量子力学如何允许能量从黑洞泄漏出来。黑洞并不像人们所描绘的那样黑。第五讲里，他却把量子力学思想应用于宇宙大爆炸和宇宙的起源，得出了这样的设想：时空可能在范围上有限，但没有边缘。这或许类似于地球表面，但它多了两维。第六讲里，他说明了这个新的边界条件如何能解释这个问题：尽管物理学定律是时间对称的，但过去与未来为什么如此大不相同？最后在第七讲中，阐述人类正如何试图找寻一种统一的理论，它能把量子力学、引力，以及物理学中其他所有的相互作用都包容在内。如果我们做到了这一点，我们就真正理解了宇宙以及人类在其中的位置。这部20世纪人类最伟大的科普专著，对于非专业读者，无疑他们享受人类文明成果的机会和滋生宝贵灵感的源泉。《时间简史》是关于探索时间本质和宇宙最前沿的通俗读物，是一本当代有关宇宙科学思想最重要的科普经典著作，它改变了人类对宇宙认识的基本观念。①

霍金的研究成就和生平一直吸引着广大的读者，《时间简史续篇》是为想更多了解霍金生命及其学说的读者而编的。该书以坦白真挚的私人访谈形式，叙述了霍金的生平历程和研究工作，展现了在巨大的理论架构后面真实的“人”。

《霍金讲演录——黑洞、婴儿宇宙及其他》，是由霍金1976～1992年间所写文章和演讲稿共13篇结集而成。该书讨论了虚时间、由黑洞引起的婴儿宇宙的诞生，以及科学家寻求完全统一理论的努力，并对自由意志、生活价值和死亡做出了独到的见解。

《时空本性》，是以数学形式表达出来的完整广义相对论以及量子理论的基本原理，然而这两种整个物理学中最精确、最成功的理论能被统一在单独的量子引力中吗？世界上最著名的两位物理学家就此问题展开一场辩论。本书是基于霍

---

① 杜欣欣，吴忠超．无中生有：霍金与《时间简史》．长沙：湖南科学技术出版社，2006

金和彭罗斯在剑桥大学的6次演讲和最后辩论而成。

《未来的魅力》是以史蒂芬·霍金预测宇宙今后十亿年前景开头，以唐·库比特最后的审判的领悟为结尾，介绍了预言的发展历程，以及我们今天预测未来的方法。该书文字通俗易懂，在阐述作者观点的同时，还穿插解答了一些有趣的问题，读来也是饶有趣味。

2002年8月18日，北京国际会议中心二层第一报告厅（图10-8）。应中国科学院邀请，前来参加2002国际数学家大会的英国著名物理学家史蒂芬·霍金教授，以“膜的新奇世界”为题向人们描述了一个激动人心的，并有可能会改变宇宙本身的新思想。白春礼院士代表中国科学院对霍金的到来表示欢迎。美国科学院院士、中国科学院外籍院士、美国哈佛大学教授邱成桐向与会听众介绍了霍金的学术成就。3点30分，身着浅色休闲西服的霍金坐到了主席台正中央，灰白的头发梳理得非常整齐，他用明亮而清澈的眼睛注视着台下的每一个人。在热烈的掌声后，突然传来“你们能听到我说的话吗?”当在场的大多数人第一次听到这个游离于体外的来自语音合成器的声音后，短暂的一愣，随后全场迸发出一个声音——YES。霍金笑了。

图10-8 霍金报告会现场

“膜的新奇世界”是霍金最新科普著作《果壳中的宇宙》最后一个章节的名称。正是在这个“新奇世界”中，凝聚了他近年来最具突破性、最受瞩目的研究成果。因为爱因斯坦的广义相对论在解释宇宙开端、黑洞这些问题时遇到难题，显示出理论的不完善，所以30多年来科学界一直在寻找一种更加宏大的理论框架，能够将广义相对论和量子力学完美统一起来。而霍金近年研究的“M理论”，极有可能就是这样一种理论体系。在霍金长达70多分钟的演讲中，他多次用巧妙的比喻为普通听众打开一扇通往宇宙奥秘的大门。什么是维度·霍金说，这就像一根头发，远看是一维的线，在放大镜下，它却是三维的。面对时空，如果有足够高倍的放大镜的话，也应该能揭示出其他可能存在的4维、5维空间，直至11维空间。讲到膜的产生，他说这有点像水沸腾后蒸汽泡形成的过程，膜形成泡的表面，内部是高维空间。霍金的讲演不乏幽默，为了让大家理解“全息图”的概念，霍金在投影屏幕上播放了一段《星际航行》电影的片段，在影片中他和牛顿、爱因斯坦等人在一张桌子前打牌，并在牌局中赢了他们，此时现场气氛达到了最高潮。膜世界和弦理论是当今理论物理学研究的热门课题，霍金最后自信地说：“通过发现一个膜的新奇世界，诺贝尔奖非我莫属。”听众再次以热烈的掌声表达了对霍金的敬意。霍金的夫人爱莲纳激动地向全场听众说：“17年前霍金曾来到过中国，并留下了美好的印象，这次我们又一次来到中国，再次感受到了中国人民的热情，谢谢你们。”现场听众中有很多是高校的学生，他们说像霍金这样优秀的科学家，特别是在身体残疾的情况下还取得了巨大的成就，其意义远远超过了科学研究的本身。霍金通过写科普书籍，为公众作演讲，将深奥的理论用生动朴实的语言告诉大家，这些都是值得我们学习的。

霍金的报告是短暂的，但我们希望“霍金热”不是短暂的。如果我们把“霍金热”当成我们亲近科学、弘扬理性精神的契机，把它升华为持久的科学热，“手摇”轮椅来到中国的霍金就会不虚此行。

对于霍金的生平，大多数人或许并不知晓。吴忠超先生在《无中生有：霍金与〈时间简史〉》一书向我们全面介绍了霍金令人百感交集的一生。霍金科普著作的中译本，由吴忠超翻译，包括《时间简史》、《时间简史：普及版》、《果壳中的宇宙》等。1992年，耗资350万英镑的电影《时间简史》问世。霍金坚信关于宇宙的起源和生命的基本理念可以不用数学来表达，世人应当可以通过电影——这一视听媒介来了解他那深奥莫测的学说。

霍金的奇迹不仅在于他是一个充满传奇色彩的物理天才，也因为他是一个令人折服的生活强者。他不断求索的科学精神和勇敢顽强的人格魅力深深地吸引了每一个知道他的人。霍金创造了三个奇迹，即生命的奇迹、科学的奇迹、科普的奇迹。

（一）生命的奇迹

霍金童年时代即表现出对自然界事物的强烈好奇心与积极探索精神。他17岁时进入牛津大学攻读物理学，两年后被诊断出患有罕见的“卢伽雷氏症”，即运动神经细胞萎缩症。医生对他说，他的身体会越来越不听使唤，只有心脏、肺和大脑还能运转，到最后，心脏和肺也会失效。霍金被“宣判”只剩两年的生命，但他却奇迹般地活了下来。在全身器官仅有心脏、肺和大脑尚能运转的情况下，霍金的科学研究艰难起步。他被禁锢在一张轮椅上，却身残志不残，克服了残废之患而成为国际物理学界的超新星。他不能写，甚至口齿不清，但他超越了相对论、量子力学、宇宙大爆炸等理论而迈入创造宇宙的“几何之舞”。时至今日，这位轮椅上的当代科学巨人仍然在执著地追寻他所挚爱的真理……

（二）科学的奇迹

霍金被誉为继爱因斯坦之后世界上最著名的科学家和最杰出的理论物理学家，堪称“当代的爱因斯坦”。他在理论物理学、现代宇宙学等基础科学领域做出了跨时代的贡献。尽管他那么无助地坐在轮椅上，他的思想却出色地遨游到广袤的时空，解开了宇宙之谜。霍金在量子宇宙学方面所做出的工作，成为了当代物理学界统一相对论物理与量子物理的基石。如果你不知道这个时代科学的触角已伸向何方，就快去聆听霍金的声音。

（三）科普的奇迹

霍金作为一位杰出的物理学家，同时也是一位优秀的科普作家。他坚信人们可以通过流畅的自然语言而非晦涩艰深的数学方程来理解那些高深莫测的物理理论，进而领略到宇宙伟岸深邃的壮丽。他的科普著作《时间简史》在全世界的影响无与伦比。霍金的科普著作使他不仅是一个伟大的科学家，更成为一代科普大师。人类对宇宙星空怀有如此强烈的热情，很大程度上应当归功于霍金的引领。

这，就是穿越黑洞的轮椅勇士；这，就是“霍金精神”（图 10-9）。

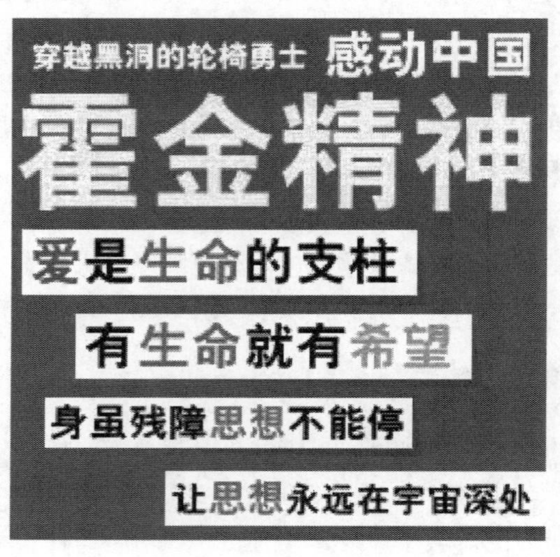

图 10-9 霍金精神

主要参考文献

艾伦·查尔默斯.2002. 科学究竟是什么？[M]. 邱仁宗译. 石家庄：河北科学技术出版社

保罗·哈尔彭.1998. 宇宙的结构 [M]. 许槑译. 北京：中国青年出版社

贝尔纳.1959. 历史上的科学 [M]. 伍况甫译. 北京：科学出版社

贝尔纳.1982. 科学的社会功能 [M]. 陈体芳译. 北京：商务印书馆

毕孔彰.2002. 对未来地学教育的几点思考 [EB/OL]. http://www.crcmlr.org.cn/results_zw.asp? newsid=1709170942164758 [2010-12-7]

波珀.1986. 科学发现的逻辑 [M]. 查汝强，邱仁宗译. 北京：科学出版社

常艳芳.2004. 大学精神的人文视界 [D]. 东北师范大学博士学位论文

陈波.1990. 哲学逻辑 [M]. 重庆：重庆出版社

陈波.2003. 逻辑学是什么 [J]. 科学中国人，(9)

陈静生，王晋三.2002. 地学基础 [M]. 北京：高等教育出版社

陈曦，陈静，姜惠莉等.2002. 学术期刊重复发表的编辑因素 [J]. 编辑学报，14 (6)：415，416

储朝晖.2005. 省思中国大学精神 [J]. 邯郸学院学报，(1)

邓从豪.1987. 现代化学的前沿和问题 [M]. 济南：山东大学出版社

刁培萼.1992. 教育文化学 [M]. 南京：江苏教育出版社

杜作润.1994. 世界著名大学概览 [M]. 成都：四川人民出版社

方八另.2006-02-20. 吴忠超解读霍金的人生科学 [N]. 光明日报

方在庆.2006. 爱因斯坦、德国科学与文化 [M]. 北京：北京大学出版社

冯辉霞，王毅.2005. 生态化学与人类文明 [M]. 北京：化学工业出版社

冯烨，梁立明.2000. 世界科学中心转移的时空特征及学科层次析因（上，下）[J]. 科学学与科学技术管理，(5，6)

伏古勒尔 G. 2003. 天文学简史 [M]. 李珩译. 桂林：广西师范大学出版社

郭奕玲，沈慧君.2005. 物理学史. 第二版 [M]. 北京：清华大学出版社

郭奕玲.1985. 著名物理实验及其在物理学发展中的作用 [M]. 济南：山东教育出版社

韩志伟.2004. 科技期刊涉及的优先权问题及其争优模式建构 [J]. 编辑学报，16 (6)：394-396

韩志伟.2004. 科技期刊的相关时滞分析 [J]. 编辑学报，16 (5)：316-318

郝维谦，龙正中.2000. 高等教育史 [M]. 海口：海南出版社

华青，白水.1987. 数学家小辞典 [M]. 北京：知识出版社

黄宝铮.2003. 科学文化的普及传播 [J]. 学会月刊，(5)

惠和兴等.2005. 文科大学物理 [M]. 北京：北京理工大学出版社

江晓原.1994. 托勒密评传 [M]. 北京：科学出版社

金华. 2005. 什么是数学 [EB/OL]. http://www.mathedu.cn/article/intro/200503/20050303131705.shtml [2010-12-7]

金健民.2006. 科技传播与科学普及 [M]. 青岛：中国海洋大学出版社

金耀基 . 2001. 大学之理念［M］. 北京：生活・读书・新知三联书店
靳萍 . 2007. 科普创新模式探索——中国高校科协理论与实践科普研究［J］. 科普研究，(1)
居云峰 . 2008. 关于现代科普的几个问题［EB/OL］. http://www. cpst. net. cn［2010-12-7］
卡尔・萨根 . 1998. 魔鬼出没的世界：科学，照亮黑暗的蜡烛［M］. 李大光译 . 长春：吉林人民出版社
科恩 I B. 1998. 科学中的革命［M］. 鲁旭东，赵培杰，宋振山译 . 北京：商务印书馆
科技部 . 2005. 中国科技发展历程［EB/OL］. http://www. gov. cn/test/2005- 09/23/content_69616. htm［2010-12-7］
科学技术普及概论编写组 . 2002. 科学技术普及概论［M］. 北京：科学普及出版社
库恩 . 1980. 科学革命的结构［M］. 李宝恒，纪树立译 . 上海：上海科学技术出版社
蓝劲松 . 2008. 中西大学起源简考［EB/OL］. http://www. daxuewenhua. cn/newshtml/174. jsp［2010-12-7］
李兵，朱汉民 . 2005-11-23. 书院文化是中国古代大学文化的核心［N］. 光明日报
李传忠，赵丽 . 2003. 政府为主导，创新红三角科普文化制度［J］. 韶关学院学报（社会科学版），(10)
李大庆 . 1991-10-24. 科学家职业声望最高［N］. 科技日报
李娜 . 2002. 我看 21 世纪的逻辑学［J］. 南开学报（哲学社会科学版），(1)
李三虎 . 2002. 热带丛林苦旅：李比希学派［M］. 武汉：武汉出版社
李宗伟，肖兴华 . 2000. 天体物理学［M］. 北京：高等教育出版社
廖小平 . 2006. 论大学文化的三种关系［J］. 河南大学学报（社会科学版），(5)
刘邦凡 . 2005. 论规范逻辑的应用功能［J］. 广西社会科学，(5)
刘宝存 . 2005. 科学主义与人文主义大学理念的冲突与融合［J］. 学术界，(1)
刘青峰 . 2006. 让科学的光芒照亮自己［M］. 北京：新星出版社
刘新友 . 1988. 逻辑问答［M］. 长春：吉林教育出版社
刘学富 . 2004. 基础天文学［M］. 北京：高等教育出版社
刘学礼等 . 2005. 重塑人类常识的 20 大科学实验——颠覆［M］. 上海：上海文化出版社
卢介景 . 1989. 数学史海览胜［M］. 北京：煤炭工业出版社
吕淑琴，陈洪 . 2007. 科学发现的优先权与科学规范［J］. 北京工商大学学报（自然科学版），(4)
马来平 . 2003. 科学发现优先权与科学奖励制度［J］. 齐鲁学刊，(6)
马玉珂 . 1987. 西方逻辑史［M］. 北京：中国人民大学出版社
梅朝荣 . 2006. 人类简史［M］. 武汉：武汉大学出版社
梅贻琦 . 1941. 大学一解［J］. 清华学报，13 (1)
美国科学，工程与公共政策委员会 . 2004. 怎样当一名科学家［M］. 刘华杰译 . 北京：北京理工大学出版社
美国医学科学院，美国科学三院国家科研委员会 . 2007. 科研道德倡导负责行为［M］. 苗德岁译 . 北京：北京大学出版社
内田种臣 . 1991. 模态逻辑［M］. 何向东，翟麦生译 . 重庆：西南师范大学出版社

潘锋 . 2002-8-19. 应中科院邀请，霍金到京作“膜的新奇世界”演讲 [R]. 科学时报
启君 . 2002. 霍金热带来的思考 [J]. 民主与科学，(5)
钱锋 . 2003. 对学术期刊一稿多投现象的理性思考 [J]. 科技与出版，(6)：20，21
乔治 · 萨顿 . 2007. 科学的生命 [M]. 刘珺珺译 . 上海：上海交通大学出版社
生物科学与工程教学指导委员会 . 2008. 生物学科战略发展报告 [EB/OL] . http://www.edu.cn/20051121/3161918.shtml [2010-12-7]
史蒂芬 · 霍金 . 2002. 果壳中的宇宙 [M] . 吴忠超译 . 长沙：湖南科学技术出版社
史蒂芬 · 霍金 . 2002. 时间简史 [M]. 许明贤，吴忠超译 . 长沙：湖南科学技术出版社
斯诺 C P. 1994. 两种文化 [M]. 纪树立译 . 北京：生活 · 读书 · 新知三联书店
孙敬姝，李志有，梁浩 . 2003. 牛顿的三棱镜分解太阳光——“最美丽”的十大物理实验之七 [J]. 物理通报，(10)
孙敬姝，李志有，梁浩 . 2003. 托马斯 · 杨的干涉实验——“最美丽”的十大物理实验之六 [J]. 物理通报，(10)
孙普男，李淑侠 . 2003. α 粒子散射实验与原子核的发现——“最美丽”的十大物理实验之三 [J]. 物理通报，(10)
孙为银 . 2004. 21 世纪化学前沿问题——配位化学 [M] . 北京：化学工业出版社
孙伟林，孟玮 . 2006. 追寻世界科学中心转移的轨迹 [J]. 民主与科学，(100)
谈祥柏 . 2005. 乐在其中的数学 [M]. 北京：科学出版社
唐鑫 . 2004. 科技进步对世界经济的决定作用 [J] . 瞭望新闻周刊，(3)
汪丁丁 . 2005. 数学对社会进步的推动作用 [EB/OL]. http://jnumis0001.bokee.com/3351757.html [2010-12-7]
王佛松 . 2003. 展望 21 世纪的化学 [M]. 北京：化学工业出版社
王明华 . 1998. 化学与现代文明 [M]. 杭州：浙江大学出版社
王青建 . 2004. 数学史简 [M]. 北京：科学出版社
王树禾 . 2004. 数学演义 [M]. 北京：科学出版社
王顺金 . 2005. 物理学前沿问题 [M]. 成都：四川大学出版社
王文全，王岩松，苗元华等 . 2003. 伽利略的加速度实验研究——“最美丽”的十大物理实验之五 [J]. 物理通报，(10)
王文全，王岩松，曾敏等 . 2003. 密立根油滴实验——“最美丽”的十大物理实验之十 [J]. 物理通报，(10)
王向群，张哲 . 2003. 埃拉托色尼对地球周长的巧妙测量——“最美丽”的十大物理实验之九 [J]. 物理通报，(10)
王言法 . 2004. 论中国现代大学对社会发展的先导作用 [D]. 山东大学硕士学位论文
王岩松，王文全，苗元华等 . 2003. 地球真的在自转啊——米歇尔 · 傅科摆实验 ——“最美丽”的十大物理实验之四 [J]. 物理通报，(10)
王雁 . 2005. 创业型大学：美国研究型大学模式变革的研究 [D]. 浙江大学博士学位论文
王翼生 . 2007. 大学理念在中国 [M]. 北京：高等教育出版社
王渝生 . 2005. 科普工作要有新思路新举措 [J]. 中国青年科技，(3)

吴百诗.2001. 大学物理（新版）［M］. 北京：科学出版社
吴承埙.2003. 伽利略的自由落体定律研究——“最美丽”的十大物理实验之一［J］. 物理通报，（10）
吴家麟.1983. 法律逻辑学［M］. 北京：群众出版社
吴柳.2003. 大学物理学［M］. 北京：高等教育出版社
吴式颖，赵荣昌.1988. 外国教育史简编［M］. 北京：教育科学出版社
吴述尧.2002. 科学进步与同行评议范［J］. 中国科学基金，（4）
吴松.2006. 大学正义［M］. 北京：人民出版社
吴延涪，肖兴华，朱光华等.1987. 天文学概论［M］. 北京：中国人民大学出版社
谢东，王祖源.2006. 人文物理［M］. 北京：清华大学出版社
谢鸿昆.2004. 默顿科学社会学述评［J］. Journal of Tangshan College，9
熊安明.1983. 中国高等教育史［M］. 重庆：重庆出版社
许志峰.2007. 论高校大学生的高级科普内容与形式［J］. 科普研究，（5）
雅斯贝尔斯.1991. 什么是教育［M］. 邹进译. 北京：生活·读书·新知三联书店
亚里士多德.2004. 物理学［M］. 张竹明译. 北京：商务印书馆
杨庆鑫，吕天全，孙敬姝.2003. 托马斯·杨的双缝演示应用于电子干涉实验——“最美丽”的十大物理实验之八［J］. 物理通报，（10）
叶壬癸.2003. 天文知识选讲［M］. 北京：科学出版社
英格利斯 S J. 1979. 行星－恒星－星系［M］. 李致森，李宗伟，何香涛等译. 北京：科学出版社
余德华.2000. 一稿多投与一稿多发［J］. 编辑之友，（4）
袁清林.2002. 科普学概论［M］. 北京：中国科学技术出版社
袁锐锷.2002. 外国教育史新编［M］. 广州：广东高等教育出版社
张继平.2008. 数学的发展与未来［EB/OL］. http://www.cycnet.com/cysn/kijj［2010-12-7］
张世宁.2007. 试论逻辑学发展趋势与展望［J］. 社科纵横，（1）
张永生.2003. 关于避免“一稿多投”“一稿多登”的建议［J］. 编辑学报，15（2）：98，99
张振华.2001. 逻辑学在人工智能中的应用及其前景研究综述［J］. 哲学动态，（9）
章道义.2000-1-17. 有关科普和科学家的四个问题［N］. 光明日报
赵铧，吴驰.1997. 挑起地球的力量：物理. 沈阳：沈阳出版社
周孟璞，松鹰.2008. 科普学［M］. 成都：四川科学技术出版社
周祯祥.1999. 道义逻辑——伦理行为和规范的推理理论［M］. 武汉：湖北人民出版社
Mayr E. 1990. 生物学思想发展的历史［M］. 涂长晟译. 成都：四川教育出版社